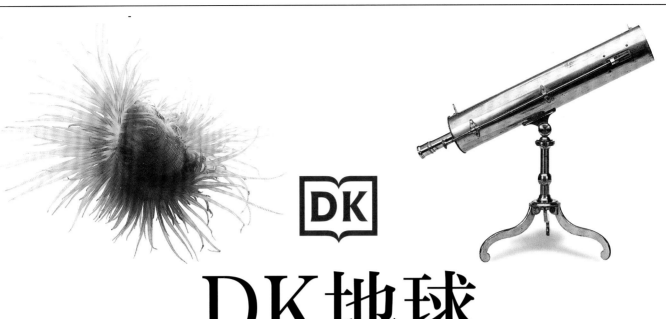

DK地球
大百科
（修订版）

本书中文简体版专有出版权由Dorling Kindersley授予电子工业出版社。未经许可，不得以任何方式复制或抄袭本书的任何部分。

本书各部分的作者、译者、审校者如下：
《海洋》 米兰达·马奎提 著，卞云云 译，何鑫 审
《火山》 苏琳娜·凡·罗斯 著，纪阳阳 译，郝黎明 审
《天文》 克里斯廷·利宾考特 著，王纯纯 译，张昶，张磊 审
《晶体和宝石》 R.F.西姆斯 R.R.哈丁 著，刘利 译，郝黎明 审
《自然灾害》 克莱里·瓦特 著，高明明 译，郝黎明 审
参与本书编译工作的还有李璇。

版权贸易合同登记号 图字：01-2018-3987

审图号：GS（2020）4473 号
本书中第16、30、68、69、76、77、90、101、115、116、128、129、149、155、162、166、258、260、285、289、296、302、306、307、318页地图系原文插图。

图书在版编目（CIP）数据
DK地球大百科 / 英国DK公司编著；王纯纯等译. -- 修订本. -- 北京：电子工业出版社，2019.1
ISBN 978-7-121-35135-8

Ⅰ.①D… Ⅱ.①英…②王… Ⅲ.①地球－少儿读物 Ⅳ.①P183-49

中国版本图书馆CIP数据核字(2018)第222158号

策划编辑：董子晔
责任编辑：吕姝琪
印　　刷：鸿博昊天科技有限公司
装　　订：鸿博昊天科技有限公司
出版发行：电子工业出版社
　　　　　北京市海淀区万寿路173信箱　邮编：100036
开　　本：889×1194　1/16　印张：20.75　字数：669千字
版　　次：2013年1月第1版
　　　　　2019年1月第2版
印　　次：2023年10月第28次印刷
定　　价：158.00元

凡所购买电子工业出版社图书有缺损问题，请向购买书店调换。若书店售缺，请与本社发行部联系，联系及邮购电话：（010）88254888，88258888。
质量投诉请发邮件至zlts@phei.com.cn，盗版侵权举报请发邮件至dbqq@phei.com.cn。
本书咨询联系方式：（010）88254161转1865，dongzy@phei.com.cn。

www.dk.com

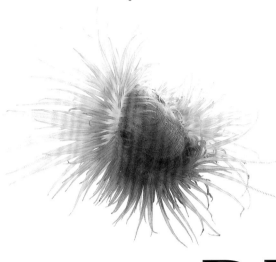

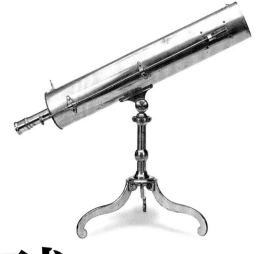

DK地球
大百科
（修订版）

英国DK公司/编著

王纯纯 等/译　　郝黎明 等/审

电子工业出版社
Publishing House of Electronics Industry

北京·BEIJING

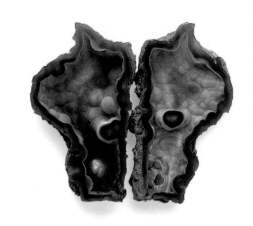

目　录

第三章　天文

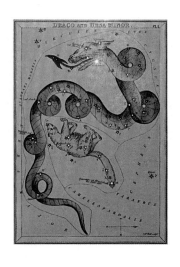

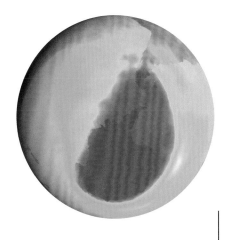

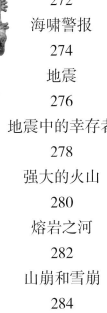

第一章
海 洋

地球已经存在了45-46亿年，而今天浩瀚的海洋是在地球诞生后的最初2亿年后才形成的。在早期的地球上，水是以水蒸气的形式存在的。当地球变冷，水蒸气凝结成云，从而产生了降雨，最终形成了海洋。

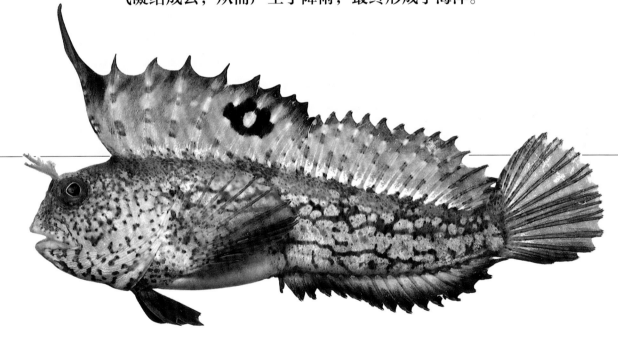

早期的海洋

过去的海洋和现在并不一样。亿万年里，大陆板块漂移，新的海洋不断形成，旧的海洋不断消失。今天的海洋是在地球诞生后的最初2亿年后才成形的。当海洋自身变化时，海洋里的生命也随之改变。35亿年前，海洋中出现了简单的生命，它们随后演化出了复杂的物种。

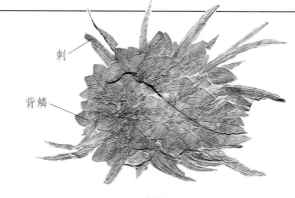

刺

背鳞

纷乱的世界

威瓦亚虫（Wiwaxia）是一种生活在5.3亿年前的海底生物，然而，我们在落基山脉（加拿大段）发现了它的化石。这说明落基山脉原本是处在海底的。地表的变化多么巨大啊！

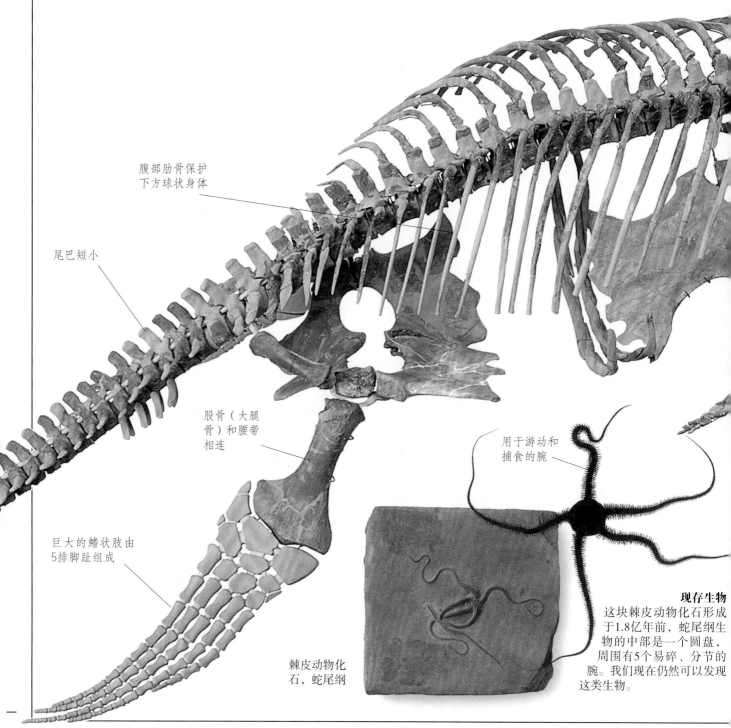

腹部肋骨保护下方球状身体

尾巴短小

股骨（大腿骨）和腰带相连

用于游动和捕食的腕

巨大的鳍状肢由5排脚趾组成

棘皮动物化石，蛇尾纲

现存生物

这块棘皮动物化石形成于1.8亿年前，蛇尾纲生物的中部是一个圆盘，周围有5个易碎、分节的腕。我们现在仍然可以发现这类生物。

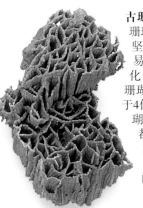

古珊瑚
珊瑚的骨架十分坚硬，比较容易成为完好的化石，左边这块珊瑚虫化石就形成于4亿年前。每个珊瑚虫与邻居之间都连接着一个骨架，形成了一张巨大、交错的网。

1　　　　2　　　　3　　　　4

变化中的海洋
2.9亿年前到2.4亿年前，地球上只存在一个巨大的泛大洋，它包围着泛大陆（图1）。在这个时代末期，泛大陆破裂了，以古地中海为中心，一部分向北漂移，一部分向南漂移。

大陆漂移
2.08亿年前到1.46亿年前，泛大陆北面的部分裂开，形成了北大西洋（图2）。1.46亿年前到6600万年前，南大西洋和印度洋开始形成。今天，海洋形状仍然在改变，比如大西洋正在以每年几厘米的速度变宽。

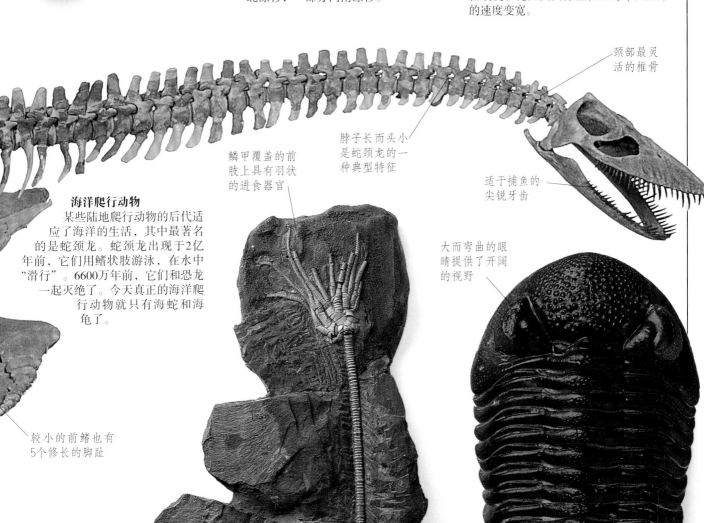

颈部最灵活的椎骨

脖子长而头小是蛇颈龙的一种典型特征

适于捕鱼的尖锐牙齿

鳞甲覆盖的前肢上具有羽状的进食器官

海洋爬行动物
某些陆地爬行动物的后代适应了海洋的生活，其中最著名的是蛇颈龙。蛇颈龙出现于2亿年前，它们用鳍状肢游泳，在水中"滑行"。6600万年前，它们和恐龙一起灭绝了。今天真正的海洋爬行动物就只有海蛇和海龟了。

较小的前鳍也有5个修长的脚趾

大而弯曲的眼睛提供了开阔的视野

海百合
现在很难找到一块完整的海百合化石。海百合的骨架由小骨片组成，死后身体通常会破裂。今天在100米深的水下，仍然能够发现它们的踪影，不过它们的口朝向上方，边上围绕着一排捕捉食物微粒的触手。

长而柔韧的茎将海百合固定在海底

分段的结构使三叶虫能卷起

灭绝了的三叶虫
三叶虫曾经是古代海洋中最常见的生物，兴盛于5.1亿年前。它们具有分节的肢体，外骨架类似于昆虫和甲壳动物，大约在2.5亿年前灭绝了。

现在的海洋

树状海龙

地球上的海水是一个相关的整体。人们一般将海洋中部的主体部分称为"洋"，靠近大陆的部分称为"海"。地球71%的表面被海水覆盖着，海水占地球上水的总储蓄量的97%。不同地区的海水温度不同，极地附近的海水比回归线附近的海水冷。一般来说，海水会随着深度而变冷。不同海域海水的含盐量也各不相同，红海是世界上含盐度最高的海域，波罗的海是世界上含盐度最低的海域。海底地形与陆地地形一样复杂，存在着高山、高原、平原、海沟。

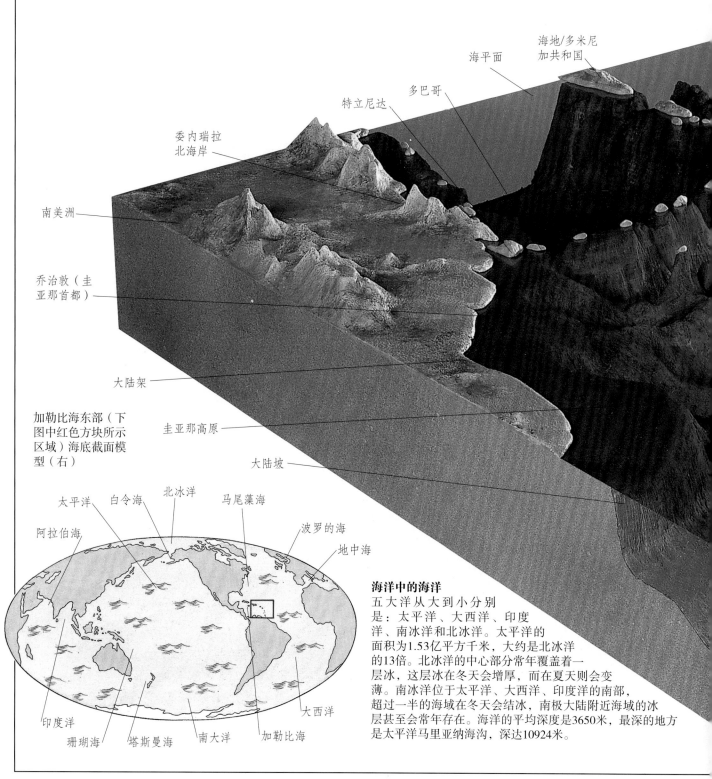

海地/多米尼加共和国

海平面

多巴哥

特立尼达

委内瑞拉北海岸

南美洲

乔治敦（圭亚那首都）

大陆架

加勒比海东部（下图中红色方块所示区域）海底截面模型（右）

圭亚那高原

大陆坡

太平洋　白令海　北冰洋　马尾藻海

阿拉伯海　　　　　　　　　　　波罗的海

地中海

印度洋　　珊瑚海　塔斯曼海　南大洋　加勒比海　大西洋

海洋中的海洋
五大洋从大到小分别是：太平洋、大西洋、印度洋、南冰洋和北冰洋。太平洋的面积为1.53亿平方千米，大约是北冰洋的13倍。北冰洋的中心部分常年覆盖着一层冰，这层冰在冬天会增厚，而在夏天则会变薄。南冰洋位于太平洋、大西洋、印度洋的南部，超过一半的海域在冬天会结冰，南极大陆附近海域的冰层甚至会常年存在。海洋的平均深度是3650米，最深的地方是太平洋马里亚纳海沟，深达10924米。

海还是湖?

死海中的水比任何海洋中的水都咸，因为流入的水大部分已经蒸发了，留下了大量的盐。这种海水浮力大，人很容易浮起。死海是个湖，因为它完全被陆地包围。真正的海会与大洋相连。

在死海中漂浮

海神

波塞冬是罗马人的海神，他常常被画成骑着海豚、拿着三叉戟的样子。据说他也掌握着新鲜海水的供应，所以在最干旱的季节，人们常常祭奉他。

正在消失的一幕

地壳上的大陆板块像传送带一样移动着，洋壳在洋中脊处生成之后，向其两侧产生对称漂移，然后在海沟处消亡。这个示意图显示，马里亚纳海沟中一个海洋板块被底下板块顶起，形成了一个岛弧。

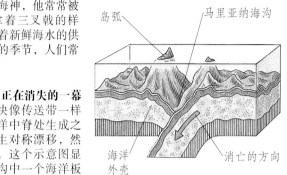

岛弧　马里亚纳海沟

海洋外壳　消亡的方向

马里亚纳海沟的形成

哈特拉斯深海平原

波多黎各海沟

纳勒斯深海平原

大西洋中脊

凯恩断裂带

维玛断裂带

德麦拉拉深海平原

海底

这个模型展示了从南美圭亚那到委内瑞拉东北海岸的大西洋海底地形。大陆架水较浅，水深只有200米。这里的大陆架大约有200千米宽，但是在北美洲的大陆架大约有1600千米宽。在大陆架的外沿，海底地势陡然下滑，形成了大陆坡。陆地上的沉积物最终会在这个大陆坡上沉积下来。接下来是平坦的深海平原，被又厚又柔软的沉积物覆盖着。一个板块沿另一个板块（如北美板块与加勒比板块）边滑动时，其交界处会形成海沟（如波多黎各海沟）。当北美板块被加勒比板块顶起时，就形成火山岛链，断裂区是大西洋中脊的分支。

13

海洋中的生命

海洋动物生活在海滩或者海水中。海洋植物只能生活在透光层，它们固定在海底或是漂浮在水中。海洋动物可在各种深度的海水层中活动，但大多数还是生活在透光层中，因为那里食物充足。自由游动的动物待在不同水层和海域——抹香鲸能够潜入超过500米的水下捕食乌贼，然后回到海面呼吸。大西洋深海中的格陵兰鲨有时也会出现在极地水面上。超过90%的海洋物种生活在海底。大多数海洋动植物的祖先都生活在海里，鲸和海草等物种的祖先是生活在陆地上的。

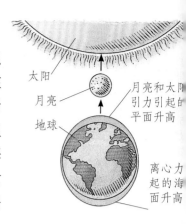

时间和潮汐

潮汐是月球引力牵引海水引发的现象。在月球引力和地球运动离心力的合力作用下，海水就会时涨时落。当月亮和太阳位于同一条线上时，产生的引力合力最强，这时就出现最高潮和最低潮。所以朔日和望日潮汐最强。

普通海星

血腥亨利海星

海岸生命

海星常出现在海滩上，但也可以生活在深海中。在海岸上生活的海洋生物生命力顽强，可以抵御干旱，也能够隐藏在岩石丛中。生命力最强的动植物生活在海岸高处。

黏糊糊的枪乌贼

枪乌贼是最常见的海洋动物之一，通常成群结队地行动。它们的身体呈流线型。

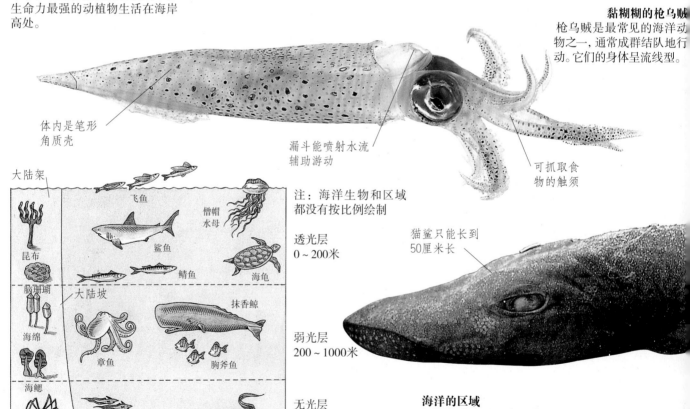

体内是笔形角质壳

漏斗能喷射水流辅助游动

可抓取食物的触须

注：海洋生物和区域都没有按比例绘制

猫鲨只能长到50厘米长

大陆架

飞鱼

僧帽水母

鲨鱼

鲭鱼

海龟

昆布

脑珊瑚

大陆坡

抹香鲸

海绵

章鱼

胸斧鱼

海鳃

鼠尾鱼

吞噬鳗

海蜘蛛

鮟鱇鱼

海黄瓜

深海平原

蛇尾

花篮海绵

短吻三角鲀

深海海葵

透光层
0～200米

弱光层
200～1000米

无光层
1000～4000米

深海
4000～6000米

海沟
超过6000米

海洋的区域

根据水中光照强度、水温和水压，海洋可以划分为很多层。透光层有足够的光线，水流动得很快，水温随季节而改变。下面是弱光层，它处在阳光能穿透的最大深度范围内。这里的温度随着深度下降得很快，始终保持在5℃左右。再深一些的区域是无光层，那里没有光线，温度下降到1℃～2℃。最深的区域是深海和海沟。海水层也可以根据海床的地形来划分，最浅的区域位于大陆架，在这之下的是大陆坡、深海平原和海底海沟。

桧叶螅中的庞然大物
大型桧叶螅大约有1米高，在1875年被
"挑战者"号潜艇中的海员首次发现。
1985年，日本"新海2000"号潜水
器对它的活标本进行了首次观察。
桧叶螅那长长的触须可以捕捉漂流过
来的食物。它们一般出现在太平洋
50～5300米深的水下，在大西洋也
是如此。这种大型桧叶螅一般单独
生长。

盘绕在嘴
边的锋利
的触须

叶子可长到45米，
形成漂流的遮篷

巨藻
巨藻生长在海底，中部的柄
上覆盖着叶片。叶片中含有
气泡，使海藻保持漂浮状态。
海藻可展开叶片来吸收阳光，
生产营养物质。巨藻是世界上生
长最快的植物，每天生长超过0.3
米。太平洋海岸的海藻林成为一些
动物（如海獭和海胆）的家。人们也
收获藻酸盐，用于制作冰激凌和其他
产品。

长长的触
须可以捕
捉食物

第一背鳍

桧叶螅的茎生
长在泥沙中

大型桧叶螅的模型

大的胸鳍

深海鲨鱼
猫鲨是完全没有危险的。这种鲨
鱼来自于太平洋，生活在深水中
的鲨鱼都生有富含油脂的肝脏，
这样可以减轻重量。

很长的
尾鳍

海冰
海冰主要有两种：一种是
形成于广海（右图为
加拿大哈得孙海湾）
的浮冰群，另一种
是形成于陆地和浮
冰群之间的固定
冰。海水要比淡
水花更多的时间才
能结冰。冰山有的
是由陆地上的淡
水凝结形成的，
有的是极地破裂
的巨大冰块。

海浪和气候

海水总是在流动，海风卷起的海浪（从波峰到波谷）可高达15米。大部分的表层流都是由盛行风驱动的。表层流和深层流都能让极地的冷水流向回归线，或者让回归线附近的暖水流向极地，调节气候。洋流的运动会影响到海洋里的生命，厄尔尼诺暖流造成严重的渔业损失。从飓风到海边的微风，海风的形成都受到了海水热量的影响。海边白天的微风是从海面吹来的，晚上的风向则相反。

在水柱之下
当旋转气流落到海里，水龙卷（从海面吸引到上空的旋转飞沫）就形成了。

第2天：以回旋云团形式出现的雷暴

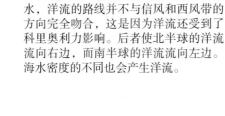

洋流
洋流就是沿一定路径大规模流动的海水，洋流的路线并不与信风和西风带的方向完全吻合，这是因为洋流还受到了科里奥利力影响。后者使北半球的洋流流向右边，而南半球的洋流流向左边。海水密度的不同也会产生洋流。

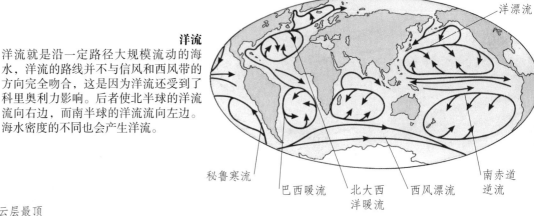

北太平洋漂流

秘鲁寒流　　巴西暖流　　北大西洋暖流　　西风漂流　　南赤道逆流

第4天：气流强度增加

在云层最顶端形成了冰

飓风十分巨大——有些直径可达800千米

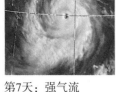

第7天：强气流

飓风产生了
这张卫星照片显示了飓风的形成过程。第2天，回旋云团形成了；到了第4天，云团中心形成了强烈的气流；到了第7天，气流达到最强。

温暖、潮湿的空气在飓风眼处螺旋形上升

暴雨从云中落下

驱动风暴形成的能量来自表面温度高达27℃的海面

飓风的中心
飓风（或台风）是海洋产生的最具破坏性的力量，热带温暖湿润的空气从海面上升，形成暴雨云。当越来越多的空气呈螺旋形向上升至高空时，就会给飓风眼（一个压力极低的平静区）周围的气流提供大量的旋转动力。

高达360千米/时的强气流

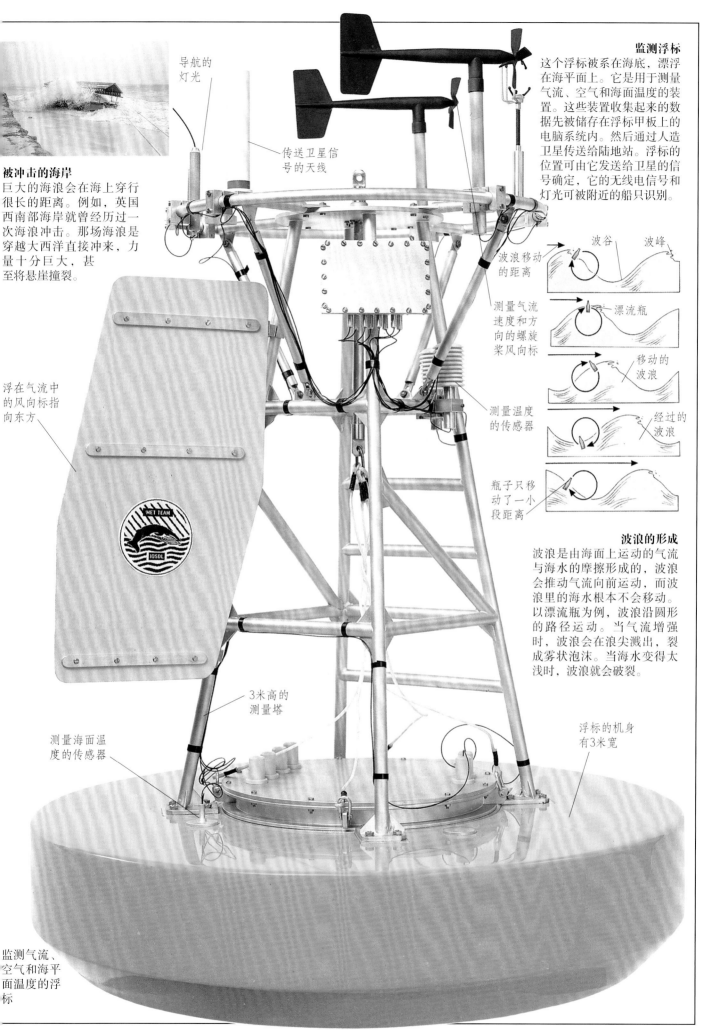

被冲击的海岸
巨大的海浪会在海上穿行很长的距离。例如，英国西南部海岸就曾经历过一次海浪冲击。那场海浪是穿越大西洋直接冲来，力量十分巨大，甚至将悬崖撞裂。

导航的灯光

传送卫星信号的天线

监测浮标
这个浮标被系在海底，漂浮在海平面上。它是用于测量气流、空气和海面温度的装置。这些装置收集起来的数据先被储存在浮标甲板上的电脑系统内。然后通过人造卫星传送给陆地站。浮标的位置可由它发送给卫星的信号确定，它的无线电信号和灯光可被附近的船只识别。

浮在气流中的风向标指向东方

MET TEAM IOSDL

波浪移动的距离

测量气流速度和方向的螺旋桨风向标

测量温度的传感器

瓶子只移动了一小段距离

波谷　　波峰

漂流瓶

移动的波浪

经过的波浪

波浪的形成
波浪是由海面上运动的气流与海水的摩擦形成的，波浪会推动气流向前运动，而波浪里的海水根本不会移动。以漂流瓶为例，波浪沿圆形的路径运动。当气流增强时，波浪会在浪尖溅出，裂成雾状泡沫。当海水变得太浅时，波浪就会破裂。

3米高的测量塔

测量海面温度的传感器

浮标的机身有3米宽

监测气流、空气和海平面温度的浮标

海底沙床

浅海水域覆盖了一层厚厚的泥沙。由于没有岩石和海草的遮蔽，所以这里大部分生物都在柔软的海底逃避猎食者。有些无脊椎动物会将自己隐藏在栖管里；而像海毛虫这样的无脊椎动物会到处流动寻找食物。比目鱼和牙鲆鱼也常常在海底沙床上寻找猎物，如孔雀缨鳃蚕。下面所示的动物都生活在大西洋边缘海域中。

坚硬的栖管保护羊皮纸虫

羊皮纸虫可以长到40厘米长

浓密纤细的绒毛覆盖着它笨重的身体

纤毛有助于在海底移动

美丽的海毛虫
海毛虫一般在海底柔软的沙子上活动，也常被暴风雨冲到海滩上。它们身上五彩斑斓的刺可以帮助它们行走。海毛虫常常让臀部从沙中露出来，以在新鲜水流中呼吸氧气。海毛虫可生长到10厘米长，海底任何动物的尸体都是它们的食物。

浅淡的颜色有利于隐藏在沙子中

身体缩起时像个花生

星虫
上图所示的是星虫的一种，它伸长的前部能收缩进肥厚的身躯。星虫通常在泥巴和砂石中打洞。

圆胖而不分节的身体

前部也能收缩

第一背鳍上的毒刺

鳃盖上的毒刺

头顶的眼睛具有全方位的视角

触须环绕嘴巴

谨慎的鲈鱼
当鲈鱼埋在沙中时，头顶的眼睛可以观察周围的动静。鲈鱼身上的毒刺为它提供了特殊的保护。

比目鱼
比目鱼常在海底游弋寻找食物，有时会啃咬孔雀缨鳃蚕的顶部。

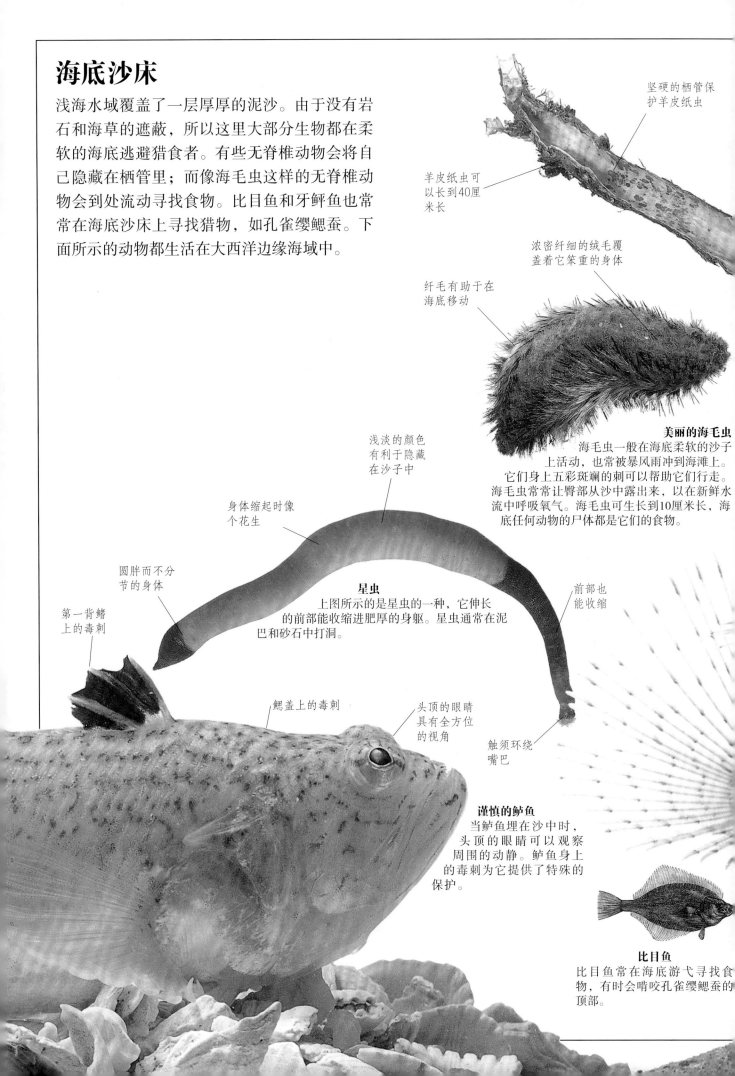

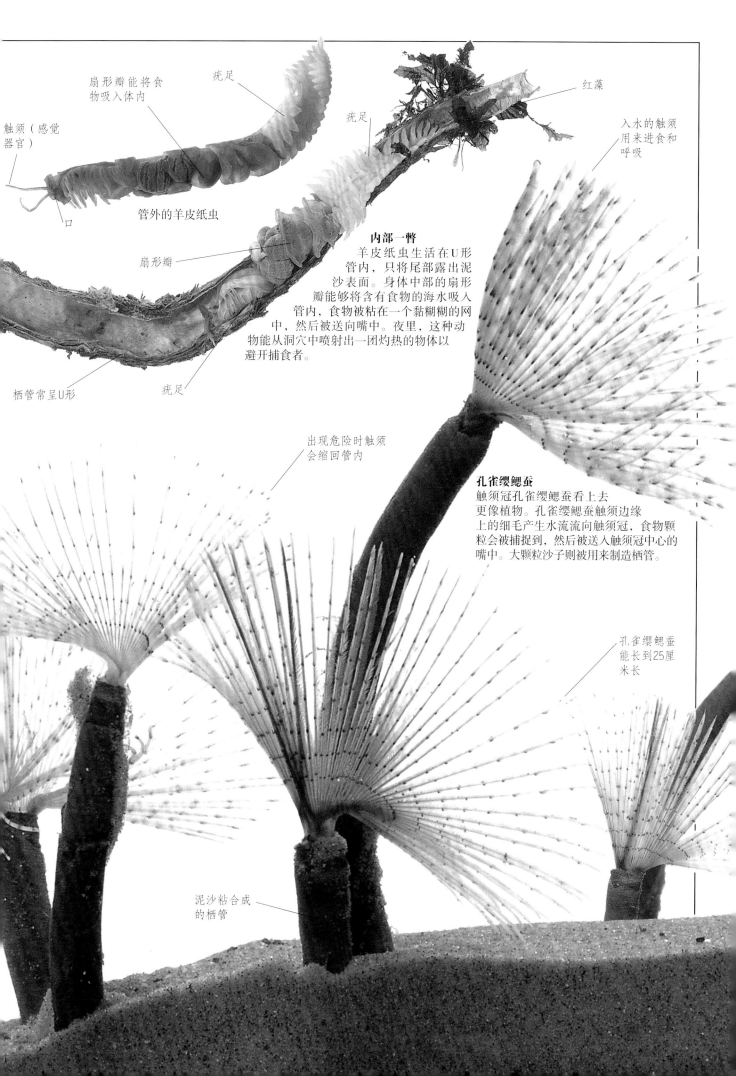

触须（感觉器官）

扇形瓣能将食物吸入体内

疣足

疣足

红藻

入水的触须用来进食和呼吸

口

管外的羊皮纸虫

扇形瓣

内部一瞥

羊皮纸虫生活在U形管内，只将尾部露出泥沙表面。身体中部的扇形瓣能够将含有食物的海水吸入管内，食物被粘在一个黏糊糊的网中，然后被送向嘴中。夜里，这种动物能从洞穴中喷射出一团灼热的物体以避开捕食者。

栖管常呈U形

疣足

出现危险时触须会缩回管内

孔雀缨鳃蚕

触须冠孔雀缨鳃蚕看上去更像植物。孔雀缨鳃蚕触须边缘上的细毛产生水流流向触须冠，食物颗粒会被捕捉到，然后被送入触须冠中心的嘴中。大颗粒沙子则被用来制造栖管。

孔雀缨鳃蚕能长到25厘米长

泥沙粘合成的栖管

柔软的海底

潜水员贴近海底时只能看到很少的动物。再靠近一点，我们会发现隐藏在沙子里的生命痕迹，比如螃蟹的羽状触须或蛤的虹管。鹰虹之类的鱼会到柔软的海底捕食穴居蛤，其他动物只在长有海草的多沙海底出现。海草是一种开花植物，为很多动物提供食物，包括儒艮和海牛等植食性海洋哺乳动物。

坚硬的皮肤起保护作用

温顺的儒艮
儒艮生活在热带浅海中，以海草为食。它们常在沙中挖洞，吃海草的根。现今还可以见到这种温和而害羞的动物。

贝壳船
在波提切利的名画《维纳斯的诞生》中，女神维纳斯乘着扇贝壳从水中升起。事实上，扇贝壳的密度很大，根本无法漂浮，而且面积很小，无法承载一个人。

进食时会展开身体

优美的海笔
海笔生活在柔软的海底，看上去像鹅毛笔。身体两侧细小的珊瑚虫以捕捉水中小动物为食。有些海笔生长在深海底部。如果受到惊扰，它们就会发出光亮。

海笔能长到20厘米长

长背鳍几乎贯穿全身

赤刀鱼
这种鱼通常生活在泥沙质海底深达200米的洞穴中。它们也经常在海草之间游弋，寻找浮游动物为食。

长长的臀鳍

赤刀鱼可长达70厘米

海笔的柄部固定在多沙的海底

用于呼吸的管状足

用于排泄废物的管状足

用来挖洞的斧足

用来进食的管状足

海马可长达12厘米

硬毛将触须连在一起

背鳍每秒拍打20～35次

酷似马头

尾巴直立准备从水中升起

在洞穴中呼吸
软壳蛤（上左）有两个筒状虹管，一个用来吸入海水，将海水通过鳃过滤然后经第二个虹管排出。多刺的海胆（上右）用它长长的管状足伸到沙子表面呼吸。

前爪

灵巧的尾巴
海马能用尾巴悬挂在动物或植物身上。海马的身体是直立在水中的，通过拨动背鳍下的水流而游动，用精巧的嘴角吸食小动物。

鬼脸蟹
这种螃蟹藏身于沙砾中，只留下两个触须露在外面。当螃蟹隐藏时，硬毛将触角连接在一起，形成了呼吸管。海水通过鳃部流向呼吸管。夜里，螃蟹爬出来寻找食物。

背壳像面具，因此而得名"鬼脸蟹"

将尾巴缠绕在海藻上固定身体

用于挖洞的后腿

大眼睛有助于发现猎物

鹰魟能长到2米长

"飞行"的魟鱼
鹰魟拍打着它两个巨大的胸鳍，就好像在海床上游泳。鹰魟在海底用尖吻寻找贝壳类动物，然后用扁平的牙压碎。

上下拍打胸鳍好像正在"飞行"

短小的胸鳍

凸起的头部

尖吻

水下礁石

为了对抗强大的海流，动物必须紧贴在礁石上，或找个缝隙钻进去，或在海藻中找个避难所。海笋和海胆等动物能够钻入较软一些的岩石中。有些动物隐藏在小石子下，有可能会被压碎。然而，有些甲壳类动物（例如龙虾）可以重新长出新的四肢。海星能重新长出前肢。

钻进礁石里的海胆

海笋

礁石钻孔者

有些海胆能够用刺在礁石上钻孔，而海笋用贝壳的尖顶来钻孔。这两种动物常出现在较低的海岸上。

背鳍上的眼点，用来吓退捕食者

美丽的鳚

鳚是一类浅水中的小鱼的统称，它们常在海底休息，隐藏在缝隙中，将卵产在隐蔽的地方，并时刻守护着。鳚以小生物为食，生活在深达20米的石质海底。

带刺的外壳抵御捕食者

大螯虾

欧洲大螯虾终生都是赤褐色的。大螯虾的钳子很小，只能猎食一些柔软的动物（例如蠕虫），或吞噬动物尸体。它们居住在岩石间，晚上会出来寻找食物。有些品种的大螯虾会排成直线游动，用触须与前面的龙虾保持联系。

步足顶部长着精巧的钳子

欧洲大螯虾

用于行走的腿

尾巴上下拍打，向后游动

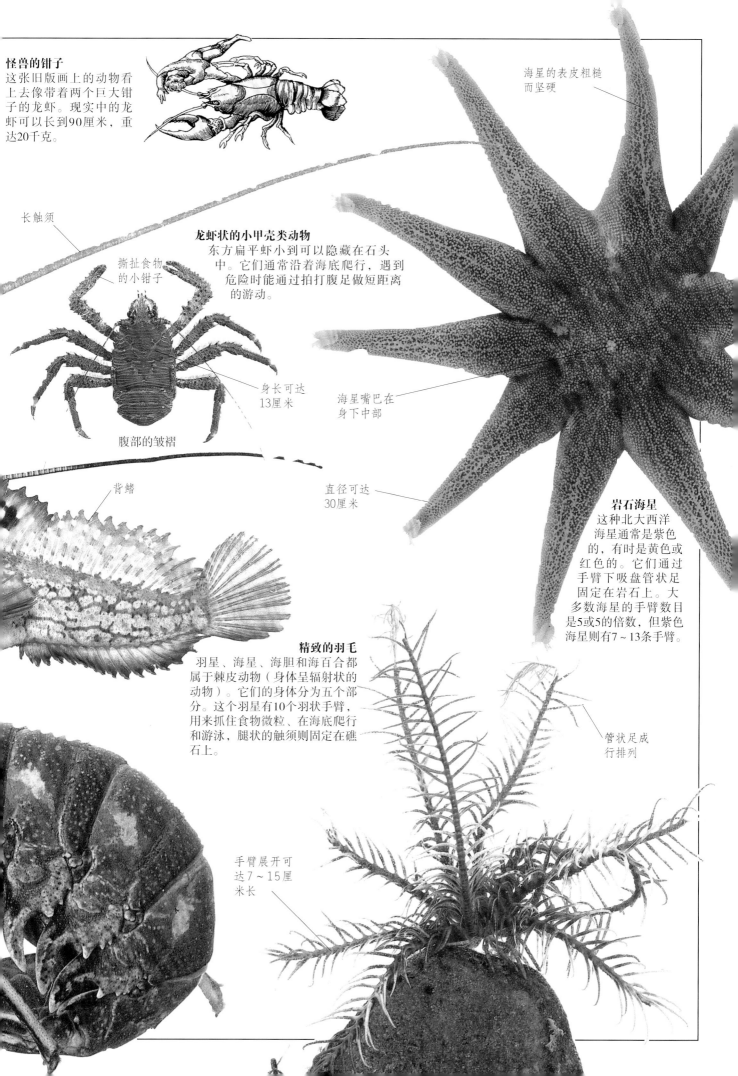

怪兽的钳子
这张旧版画上的动物看上去像带着两个巨大钳子的龙虾。现实中的龙虾可以长到90厘米，重达20千克。

长触须

龙虾状的小甲壳类动物
东方扁平虾小到可以隐藏在石头中。它们通常沿着海底爬行，遇到危险时能通过拍打腹足做短距离的游动。

撕扯食物的小钳子

身长可达13厘米

腹部的皱褶

背鳍

海星的表皮粗糙而坚硬

海星嘴巴在身下中部

直径可达30厘米

岩石海星
这种北大西洋海星通常是紫色的，有时是黄色或红色的。它们通过手臂下吸盘管状足固定在岩石上。大多数海星的手臂数目是5或5的倍数，但紫色海星则有7～13条手臂。

精致的羽毛
羽星、海星、海胆和海百合都属于棘皮动物（身体呈辐射状的动物）。它们的身体分为五个部分。这个羽星有10个羽状手臂，用来抓住食物微粒、在海底爬行和游泳，腿状的触须则固定在礁石上。

管状足成行排列

手臂展开可达7～15厘米长

在礁石上

在浅海床上，巨藻林是很多动物的家。海獭用巨藻将自己包裹起来，借助海藻的浮力睡在水面上。巨藻也为一群小动物——如蠕虫和螨虫提供了栖息之所。巨藻的吸盘并不吸收水或者营养物质。动物在巨藻表面上或者在礁石上生长，捕捉涌流所带来的食物。蛤贝固定在岩石上，为其他动物提供住所。

太平洋的一种褐藻（巨藻）

有趣的海下哺乳动物
在北美的太平洋海岸，海獭俯冲到海底捡起贝壳，然后放在胸口，用石块将海贝壳击碎，吞食贝肉。

固定的藻类
这种粗糙的褐藻叫巨藻，能用吸盘固定在岩石上。它们生长在浅水中，经常会被海浪打碎。

昆布巨藻的吸盘

有些巨藻长达几十米，吸盘必须强壮有力，才能固定在礁石上

可爱的宝贝
幼年圆鳍鱼非常漂亮，它们的父母依靠腹部吸盘状的鳍紧贴在岩石上。圆鳍鱼游到浅水中产卵，并由父亲守卫。

无鳞的身体上覆盖着小疣状肿块

幼年的圆鳍鱼

"手指"至少3厘米长

"肉手指"由细小、坚硬的刺支撑

从水流中捕捉食物

水手珊瑚（死人的手指）
这种珊瑚的体形与它的名字非常相配，通常由生长在橙色或白色基部的珊瑚组成。

鳃

海参
很多海参是食肉动物，包括这种水手珊瑚上的海参。它们吃掉水手珊瑚触角上的刺毛，并留下刺保护自己。海参幼体是四处游动的，然后它们就会定居下来，直到成年。

苔藓虫
巨藻表面的花边状物体叫作苔藓虫（左）。它们成群地生长在一起，每个小隔室都住着一个苔藓虫，用细小的触须捕食。这个群体不断壮大，大多向上生长。苔藓虫中间经常也生活着其他生物，左图中一只发蓝光的帽贝正生活在苔藓虫包围的巨藻上。

蜘蛛蟹的长腿

蜘蛛蟹都有长腿，看上去像蜘蛛。它们隐藏在岩石或海藻间。蜘蛛蟹经常用海藻进行伪装。它们既可以攀缘在海藻上，也可以生活在海底。

豆蟹可能会咬蛤贝的鳃

偏顶蛤贝壳上生长的海藻

偏顶蛤及其朋友

偏顶蛤用螺齿固定在礁石或巨藻上，年幼的蛤贝定居在一起。其他动物生活在蛤贝中间，而豆蟹在蛤贝的贝壳内安家，以偷蛤贝的残食为生。

腿上的海藻用来伪装

顶部的爪子把身体悬挂在海藻上

偏顶蛤能长到20厘米长

羽状触须

芽体用于捕捉食物

海之花

这种水螅动物看起来像一株开花植物，但它属于跟珊瑚、水母和海葵同类的动物。水螅的基部固着于岩石或海草的表面，很像植物的根，以出芽的方式长成新的水螅型群体。它们通常利用触手在水流中捕捉食物颗粒如果受到打扰，水螅会把芽体撤回到其坚硬的骨骼里。

表面附着着苔藓动物

珊瑚王国

热带海洋中，珊瑚礁覆盖了大部分海域。珊瑚礁是由白垩藻黏合石质珊瑚组成的。大部分石质珊瑚是由水螅组成的。水螅建造骨架需要得到寄居的单细胞藻的帮助。这种藻的生长需要阳光，所以在光照充足的表层海水中才能发现珊瑚礁。珊瑚给藻类提供了住所，也从藻类那里得到食物，但它们也用触须捕捉浮游生物。珊瑚礁的最上层会发现活的珊瑚。珊瑚礁也是海扇的家。海蜇、海葵也能形成珊瑚，这让珊瑚的品种非常丰富，各种珊瑚不但形状各异（如蘑菇状、雏菊状、鹿角状），有些还有各种颜色。

触须上用来捕捉食物的刺

有排泄功能的嘴巴

坚硬的石质骨架板

袋状胃

珊瑚虫体内

在坚硬的珊瑚虫体内，有层组织将每个珊瑚虫和与之相邻的珊瑚虫连接在一起。它们一般通过出芽生殖，或者将卵子和精子释放到水中，进行有性生殖。

黑珊瑚的角质骨架像一束嫩枝

印度洋和太平洋的橙海扇

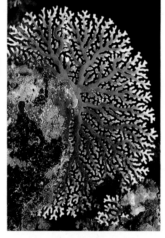

多刺珊瑚

彩色的水螅珊瑚与水螅有关，生长成水母的形状，并具有性器官。火珊瑚的息肉上则长有强壮的刺。

黑珊瑚

活黑珊瑚的骨架为活体组织提供了支撑，分支负担了珊瑚虫的重量。黑珊瑚生活在热带海水中珊瑚礁的深部，需要很长时间才能长大。

复杂的网孔用来阻挡水流

海扇的柄

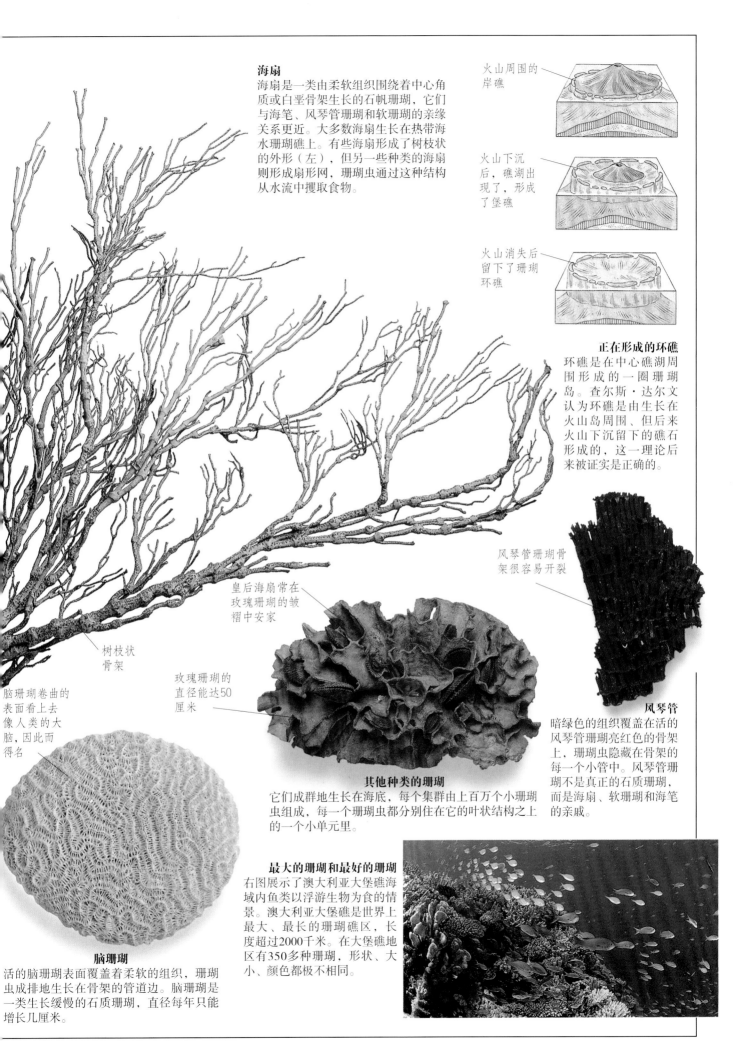

海扇

海扇是一类由柔软组织围绕着中心角质或白垩骨架生长的石帆珊瑚，它们与海笔、风琴管珊瑚和软珊瑚的亲缘关系更近。大多数海扇生长在热带海水珊瑚礁上。有些海扇形成了树枝状的外形（左），但另一些种类的海扇则形成扇形网，珊瑚虫通过这种结构从水流中撷取食物。

火山周围的岸礁

火山下沉后，礁湖出现了，形成了堡礁

火山消失后留下了珊瑚环礁

正在形成的环礁

环礁是在中心礁湖周围形成的一圈珊瑚岛。查尔斯·达尔文认为环礁是由生长在火山岛周围、但后来火山下沉留下的礁石形成的，这一理论后来被证实是正确的。

风琴管珊瑚骨架很容易开裂

皇后海扇常在玫瑰珊瑚的皱褶中安家

树枝状骨架

玫瑰珊瑚的直径能达50厘米

风琴管

暗绿色的组织覆盖在活的风琴管珊瑚亮红色的骨架上，珊瑚虫隐藏在骨架的每一个小管中。风琴管珊瑚不是真正的石质珊瑚，而是海扇、软珊瑚和海笔的亲戚。

脑珊瑚卷曲的表面看上去像人类的大脑，因此而得名

其他种类的珊瑚

它们成群地生长在海底，每个集群由上百万个小珊瑚虫组成，每一个珊瑚虫都分别住在它的叶状结构之上的一个小单元里。

脑珊瑚

活的脑珊瑚表面覆盖着柔软的组织，珊瑚虫成排地生长在骨架的管道边。脑珊瑚是一类生长缓慢的石质珊瑚，直径每年只能增长几厘米。

最大的珊瑚和最好的珊瑚

右图展示了澳大利亚大堡礁海域内鱼类以浮游生物为食的情景。澳大利亚大堡礁是世界上最大、最长的珊瑚礁区，长度超过2000千米。在大堡礁地区有350多种珊瑚，形状、大小、颜色都极不相同。

外套膜

砟礁

最大的砟礁可长达1米。贝壳边缘的套膜里包含了可进行光合作用的单细胞藻类，这些蛤类依靠吸取藻类的营养而存活的。

珊瑚礁上的生命

珊瑚礁上海洋生命的种类多得令人吃惊，礁石上的每一个角落都为动植物提供了藏身之处。礁石上所有的生物都直接或间接地依靠石质珊瑚存活。人类也对珊瑚礁有所依赖，居住在海边的人们依赖珊瑚礁保护海岸线、吸引游客，甚至有些岛民就住在珊瑚环礁上。珊瑚礁现在正面临着威胁：一是珊瑚因生存环境受到污染而死去；二是被人为直接损毁；三是被潜艇换气装置和潜水员损伤，或者被采摘下来卖给收藏家。

绿色的外表让海蛞蝓很容易伪装成海藻

皱边的莴苣

海蛞蝓通过吮吸礁石上的藻类汁液为生。海蛞蝓将汁液中的叶绿体贮存在消化系统中，叶绿体在那里仍然可以吸收太阳光来制造营养物质。大多数海蛞蝓都色彩明亮，用来警告敌人。此外，它们还会利用毒腺来保护自己。

海葵的触须上覆盖着刺

善于觉察危险的大眼睛

小丑鱼通过黏液来逃避海葵的触须

用于掌舵的侧鳍

条纹分割了外形轮廓，使它们很难被猎食者发现。

和谐地生活

小丑鱼有一层黏液外衣保护，不会被海葵的刺刺伤。海葵刺状的细胞不会因为这种鱼而激发。小丑鱼因为害怕受到攻击，所以很少远离海葵"房子"。小丑鱼有很多种类，有的只跟某些特定种类的海葵生活在一起。

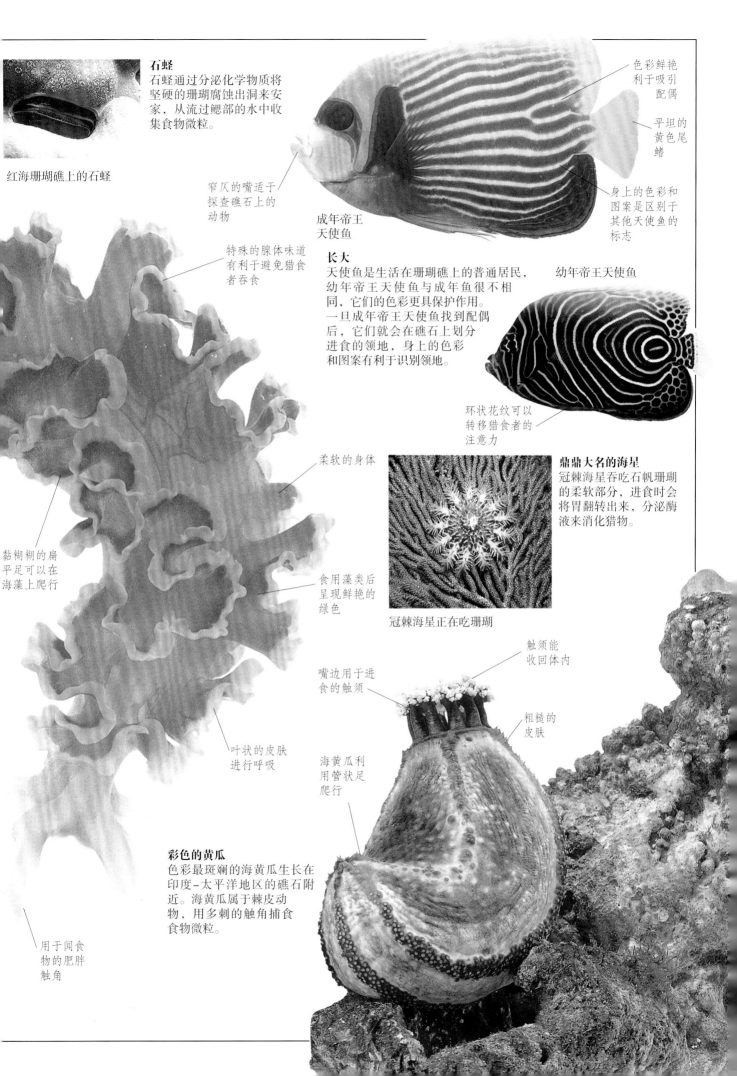

石蛏
石蛏通过分泌化学物质将坚硬的珊瑚腐蚀出洞来安家，从流过鳃部的水中收集食物微粒。

红海珊瑚礁上的石蛏

窄仄的嘴适于探查礁石上的动物

色彩鲜艳利于吸引配偶

平坦的黄色尾鳍

身上的色彩和图案是区别于其他天使鱼的标志

成年帝王天使鱼

长大
天使鱼是生活在珊瑚礁上的普通居民，幼年帝王天使鱼与成年鱼很不相同，它们的色彩更具保护作用。一旦成年帝王天使鱼找到配偶后，它们就会在礁石上划分进食的领地，身上的色彩和图案有利于识别领地。

幼年帝王天使鱼

环状花纹可以转移猎食者的注意力

特殊的腺体味道有利于避免猎食者吞食

柔软的身体

黏糊糊的扁平足可以在海藻上爬行

食用藻类后呈现鲜艳的绿色

鼎鼎大名的海星
冠棘海星吞吃石帆珊瑚的柔软部分，进食时会将胃翻转出来，分泌酶液来消化猎物。

冠棘海星正在吃珊瑚

触须能收回体内

嘴边用于进食的触须

粗糙的皮肤

海黄瓜利用管状足爬行

叶状的皮肤进行呼吸

彩色的黄瓜
色彩最斑斓的海黄瓜生长在印度−太平洋地区的礁石附近。海黄瓜属于棘皮动物，用多刺的触角捕食食物微粒。

用于闻食物的肥胖触角

海洋草甸

海洋中四处漂游的微小单细胞植物叫作浮游植物。它们需要阳光才能生长，因此只能在海洋的上层区域生长。热带地区阳光充足，但是海水中缺乏营养物质。在温度较低的水域，浮游植物会出现爆发式生长，因为水流会把海底的营养物质带上来，这些水流是富含营养物质的上升流。浮游植物大多数都被浮游动物吃掉了，这些浮游动物为小鱼（例如鲱鱼）提供了食物，而这些小鱼又会被较大的鱼（例如鲑鱼）吃掉，然后较大的鱼又会被更大的鱼或其他猎食者（例如海豚）吃掉。但一些大型海洋动物直接以浮游动物为食，例如鲸鲨和蓝鲸。

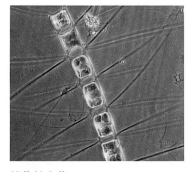

植物性食物
硅藻是温带海域中最常见的浮游植物种类，而甲藻却在热带海水中很常见。大多数硅藻是单细胞生物，但这种硅藻则由多个细胞组成。

收集浮游生物
的玻璃瓶

浮游植物从宽
阔的开口进入
了网中

成年期螃
蟹的螯

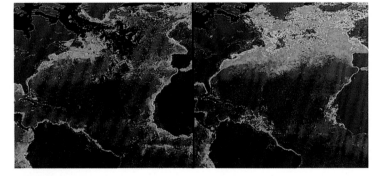

浮游生物网
浮游生物网通常拖在船后或者
吊在码头边。研究浮游生物很重
要，因为经济鱼类的储量总是会受
到浮游生物量的影响。浮游生物的变化还会影响气
候，因为它们是二氧化碳的主要吸收者。

用于捕捞浮游植
物和浮游动物的
优质筛网

幼年期
螃蟹

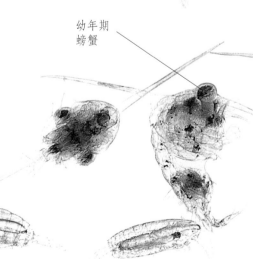

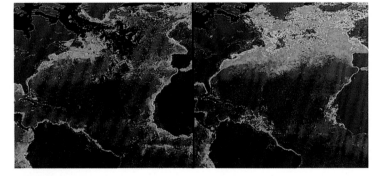

富饶的海洋
太空卫星"雨云7号"收集到的图像资料可以显示大西洋
里浮游植物的密度，红色部分代表那里的浮游植物密度最
高，接下来是黄色、绿色、蓝色，最后是密度最低的紫色
区域。当白天变长，更多的营养物质汇集到海底时，浮游
植物就会爆炸性增长（右）。

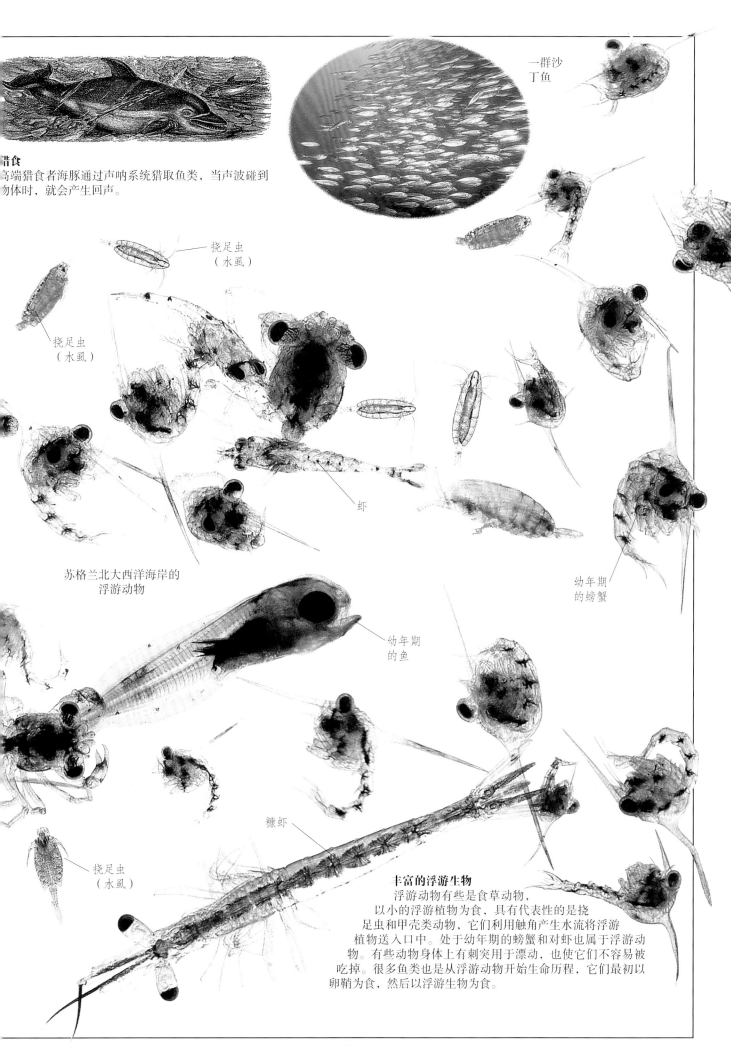

猎食
高端猎食者海豚通过声呐系统猎取鱼类，当声波碰到物体时，就会产生回声。

一群沙丁鱼

挠足虫
（水虱）

挠足虫
（水虱）

虾

苏格兰北大西洋海岸的浮游动物

幼年期的螃蟹

幼年期的鱼

糠虾

挠足虫
（水虱）

丰富的浮游生物
浮游动物有些是食草动物，以小的浮游植物为食，具有代表性的是挠足虫和甲壳类动物，它们利用触角产生水流将浮游植物送入口中。处于幼年期的螃蟹和对虾也属于浮游动物。有些动物身体上有刺突用于漂动，也使它们不容易被吃掉。很多鱼类也是从浮游动物开始生命历程，它们最初以卵鞘为食，然后以浮游生物为食。

猎手和猎物

海洋里生活着很多食肉动物，其中一些（例如大青鲨和梭鱼）是游动的猎手，而另一些则利用强壮的钳或者螯布下陷阱，守株待兔。从渺小的海扇到巨型的须鲸，很多动物都从海水中攫取食物。海鸟也俯冲入水寻找猎物。有些海洋动物是杂食动物。

同心协力捕食
大翅鲸会吐出串串气泡将鱼群驱赶到一起。当驼背鲸张大嘴巴吞咽时，筛网状的鲸须板就会将水排出，而将鱼留下来。

被黏液粘住
普通水母用外罩分泌的黏液捕捉浮游生物。水母用四个肉质前肢将粘满食物的黏液收集起来，再由细小的发状纤毛送入嘴中。

黏膜粘住
细小猎物

尖牙
狼鱼具有强壮而尖利的牙齿，可以咬碎坚硬的外壳。它的前牙每年都会磨损或者崩裂，新牙长出取而代之。狼鱼生活在北方深海中，潜伏在岩洞里。

背鳍贯穿整个身体

歪斜的黄色尖牙

胸鳍

布满皱褶的皮肤有利于保护狼鱼在海底生活

突刺

捕食
普通的欧洲海胆一般以海藻和藻苔虫等小动物为食。海胆外壳下的锉磨牙由复杂的下颚操纵，这种咀嚼器就是众所周知的"亚里士多德提灯"。海胆的捕食活动能够控制一个地区的海藻增长速度。

鹈鹕在俯冲

棕色的鹈鹕用皮囊状的嘴捕捉鱼

海胆的嘴巴

管状足

姥鲨的细牙

以鱼类为食
褐鹈鹕用带有皮囊的大嘴巴捕捉鱼类。它们一旦发现猎物，就会俯冲入水，浮出水面时水已经从皮囊里排出，鱼也被吞下了。

触须陷阱
小动物靠近多刺的触须时，刺丝囊（刺细胞）就会受到刺激，张开突刺。触须会将猎物放入海葵中部的嘴巴中。猎物接着就会滑入袋状胃，并在那里被消化。

咬还是不咬
虎鲨的牙齿就像多功能的工具，尖利的顶部可以刺穿猎物，锯齿形的刀状边缘可以切割猎物。这种鲨鱼可以吃任何东西。姥鲨的细牙根本没用，它可以用鳃耙构成的筛网将食物从海水中过滤出来。

多刺的触须

虎鲨的牙齿

食物碎片通过嘴巴排出

大丽花海葵的圆吸盘能吸附在任何坚硬的物体表面

家和藏身之所

躲起来是最好的一种防守方式！很多海洋动物隐藏在海藻中、礁石的裂缝里或者沙子底下，并让自己的色彩和纹理与环境保持一致。裸躄鱼就是一个善于伪装的专家，它看上去像是海藻。硬壳也是有用的防御武器，至少可以防御下颌无力的猎食者的攻击。海螺和海蛤将壳背在自己身上；螃蟹和龙虾外壳覆盖了它们的整个身体，就像是一副盔甲；寄居蟹利用海螺的空壳来保护自己。

隐藏

墨鱼的皮肤上有多种颜色的色素，能迅速改变颜色以逃避猎食者。它的大脑根据视觉信息，指导色素袋活动，让皮肤的颜色与周围环境一致。色素袋收缩时，墨鱼的颜色就会变淡。

色素袋伸展时，墨鱼的体色会变暗

奇怪的海藻

这种鱼生活在一丛丛漂流马尾藻中间，这些海藻镶着皱边，生长在鱼的头上、身上和鳍上，给鱼披上了一层逼真的伪装，帮助它避免被捕食者发现。在漂浮于北大西洋萨加索海上的繁茂的马尾藻中还生活着很多其他种类的动物。

寄居蟹离开年老的蛾螺

海葵

当寄居蟹离开外壳后，就变得脆弱，无法抵御猎食者

用蟹螯检查新家的尺寸

寄居蟹被诱入玻璃壳中，这样就能观察它的运动过程了

全都改变了

寄居蟹成长时要蜕去坚硬的外壳，它必须在安全的海螺壳里完成这个过程。长大后，它就必须寻找到更大的海螺壳搬进去。在离开旧的海螺壳之前，它会先测量一下新家的尺寸。当寄居蟹找到一个刚好合适的壳时，它会从旧壳中挣脱出来，迅速钻入新壳中。

在行走时，尖利的钳子会紧紧地抓住海底

触须

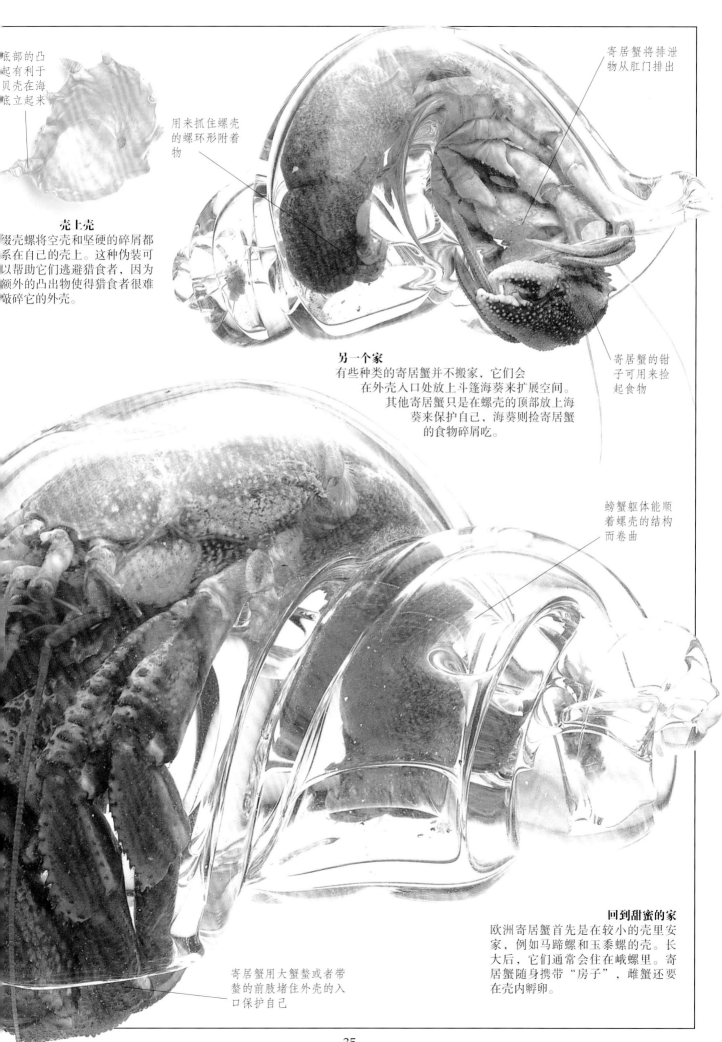

底部的凸起有利于贝壳在海底立起来

壳上壳

缀壳螺将空壳和坚硬的碎屑都系在自己的壳上。这种伪装可以帮助它们逃避猎食者，因为额外的凸出物使得猎食者很难敲碎它的外壳。

用来抓住螺壳的螺环形附着物

寄居蟹将排泄物从肛门排出

寄居蟹的钳子可用来捡起食物

另一个家

有些种类的寄居蟹并不搬家，它们会在外壳入口处放上斗篷海葵来扩展空间。其他寄居蟹只是在螺壳的顶部放上海葵来保护自己，海葵则捡寄居蟹的食物碎屑吃。

螃蟹躯体能顺着螺壳的结构而卷曲

回到甜蜜的家

欧洲寄居蟹首先是在较小的壳里安家，例如马蹄螺和玉黍螺的壳。长大后，它们通常会住在峨螺里。寄居蟹随身携带"房子"，雌蟹还要在壳内孵卵。

寄居蟹用大蟹螯或者带螯的前肢堵住外壳的入口保护自己

攻击和防守

很多海洋生物都有保护自己或攻击猎物的武器，有些分泌毒液自卫，并常常用醒目的形态或色彩警示对方。蓑鲉的条纹既能给它的敌人做出警示，但另一方面也使它们很容易被发现，所以它们一般在晚上或昏暗的地方猎食。石鱼身上也有毒刺，身体能够与暗礁很好地融合在一起。大多数蛤将身体缩回壳内来保护自己，而开口狐蛤的触须可以释放出刺激性液体来抵御攻击者。但是没有哪种防卫措施是完全保险的，即使是最毒的水母也会被某些食肉海龟吃掉。

致命的石鱼
石鱼是海洋中最致命的生物之一。它用身体背后尖利的毒刺注射毒液，被攻击的人走几步后就会死去。

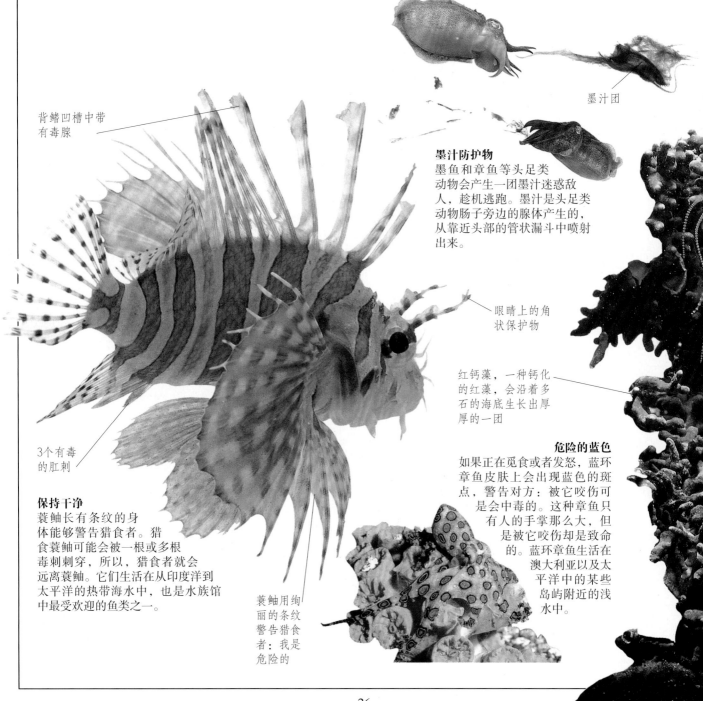

背鳍凹槽中带有毒腺

墨汁团

墨汁防护物
墨鱼和章鱼等头足类动物会产生一团墨汁迷惑敌人，趁机逃跑。墨汁是头足类动物肠子旁边的腺体产生的，从靠近头部的管状漏斗中喷射出来。

眼睛上的角状保护物

红钙藻，一种钙化的红藻，会沿着多石的海底生长出厚厚的一团

3个有毒的肛刺

保持干净
蓑鲉长有条纹的身体能够警告猎食者。猎食蓑鲉可能会被一根或多根毒刺刺穿，所以，猎食者就会远离蓑鲉。它们生活在从印度洋到太平洋的热带海水中，也是水族馆中最受欢迎的鱼类之一。

蓑鲉用绚丽的条纹警告猎食者：我是危险的

危险的蓝色
如果正在觅食或者发怒，蓝环章鱼皮肤上会出现蓝色的斑点，警告对方：被它咬伤可是会中毒的。这种章鱼只有人的手掌那么大，但是被它咬伤却是致命的。蓝环章鱼生活在澳大利亚以及太平洋中的某些岛屿附近的浅水中。

尾部的两根毒刺能
刺穿游泳者的皮肤
并将毒液注射进去

19世纪80年代
的海怪油画

刺魟的刺尖利有
锯齿，能够轻易
刺穿皮肤

用于游泳
的胸鳍

尾部的刺
这种蓝斑刺魟生活在除红
海之外的印度洋和太平洋温暖
的海水中，常常潜伏在多沙的海
底。如果踩到它，脚部会剧烈疼痛，几个
小时后，疼痛逐渐减弱。

某些引起惊慌的东西
海怪的传说实际上被夸张了，只是人们对船
只沉没的一种解释。

危险的水母
水母因身上的刺而臭名昭
著。其中箱水母最危险，它
们生活在澳大利亚北部和亚
洲东南部的海滨。被箱水母
严重刺伤的人甚至会在4分
钟内死亡。

贝壳关闭后
仍有裂缝

始终伸
展的触
须

粗毛贝
这种开口狐蛤不能将触须团收缩
起来，触须能分泌一种酸味黏性
物质来阻挡猎食者。如果触须被
咬掉，它们能重新长出新的触
须。开口狐蛤在海藻中安家，通
过足丝固定。它们也能在偏顶蛤
和昆布之间造"窝"。如果搬
家，它们会排出壳内的水，
并用触须作桨游出去。

厚达2.5
厘米的
外壳

喷射装置

利用喷射动力前进是迅速游动的一个方法。蛤、乌贼和章鱼等软体动物通过从体腔中喷射水推动身体前进。喷射推动力既可帮助软体动物游动，也可帮助它们逃离猎食者。乌贼最擅长使用喷射推动力，它们身体呈流线型，可以有效地减少阻力。有些扇贝也能使用喷射推动力，是少数能够游动的蛤类。生活在大西洋、地中海以及加勒比海海底的章鱼，如果受到袭击就会喷射水流，迅速离开。

触须的传说
有个关于"克拉肯"（Kraken）的故事，一个巨型海怪会用肢体缠绕在轮船周围。这个传说可能是以深海中神秘的巨型乌贼为原型的。

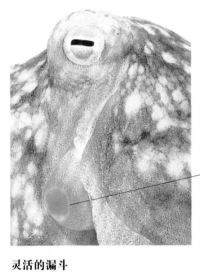

喷射推动力
喷射式飞机是通过产生喷射气流来飞行的，这与章鱼、乌贼在海中产生喷射水流推动前进的原理是一样的。

漏斗

长长的肢体便于抓取猎物

灵活的漏斗
章鱼的漏斗位于袋状身体的边缘，能够弯曲，可以向任何方向喷射水流，精确地控制前进方向。

在海底
章鱼白天一般躲在石穴中，晚上出来寻找甲壳类动物为食。章鱼首先慢慢地接近猎物，然后用肢体基部的蹼膜猛烈撞击和缠绕住猎物。

章鱼能利用吸盘攀缘礁石前进

吸盘具有灵敏的味觉和触觉

章鱼的眼睛与
人眼相似，可
辨认猎物

章鱼迅速游动
时会把触腕拖
在身后

快速撤退
如果受到威胁，章鱼会将袋状身体收缩成
流线型，然后在喷射水流推动下离开。游
动的章鱼常常抖动身体，将海水吸入体
腔，通过漏斗挤出。

离开海底
章鱼一般将身体掩藏在海底泥沙中，只留
下一条腿在外面。章鱼离开海底时会从漏
斗中喷出水来。在飞快地游动时，它会把
触腕拖在身后。

贝壳边缘的眼
睛能察觉头顶
的鱼

移动的扇贝

铰合部

扇贝在铰合部喷射
海水推动前进

由两个叫活
瓣的壳组成

章鱼的触腕可
以捕捉猎物和
探查食物

章鱼的触腕既可以用
来捕捉猎物，也可以
用来侦察潜在的食物

感觉
触须

摄取"食物"的
假牙

扇贝部分张开

每只章鱼都
有8条触腕

扇贝覆盖着类似
外壳的外套缘

游动中的扇贝
扇贝通过挤出贝壳内的水来在海底
移动，它们会从贝壳前方喷射出一
股水流。如果出现猎食者，扇贝就
会喷射水流，拉起铰合部。

海底的扇贝

飞鱼从水下加速，然后伸展开侧鳍，在水面进行长时间（可超过30秒）滑行。

向前游动

在海水中移动比在空气中更难，这是因为海水的密度比空气大。像海豚、鲥鱼或者蕉旗鱼那样的速游者一般具有流线型的外形、光滑的皮肤，以及极少的突出物，这样有助于它们在水中游动。海水的密度较大，它有利于动物悬浮。不管是最重的动物——体重可达150吨的蓝鲸，还是像鹦鹉螺这样身背重壳的生物，都有充气浮体阻挡它们下沉。像海豚和飞鱼之类的海洋生物，甚至可以凌空飞跃，但是，很多动物只能缓慢游动，有些只能随着水流漂游，或者保持固定不动，固定在海底。

成群结队

鱼类成群游动可大大降低单条鱼被猎食者袭击的概率。移动的群体可以迷惑猎食者，也可以更有效地监视袭击者。

电鳐的皮肤是黑色或红棕色的

在游动中

白天，电鳐隐藏在海底，用发电器官来防御。但当它们受到惊扰或者晚上出来时，它们会迅速地游动。世界上的电鳐大约有30多种，大部分生活在温暖的海水中。大多数鱼鳐长有纺锤形的尾巴，只能利用胸鳍游动。蝠鲼等较大缸鱼的胸鳍十分巨大，可以上下拍打。

喷水孔吸入海水，从鳃缝中抽空

有些电鳐长达1米，重50千克

电鳐游动的顺序

腹鳍

俯冲入海

海豹使用前鳍在水中掌舵，通过左右摇摆、拍打后鳍和尾巴来移动。它们在潜水时会闭起鼻孔。港海豹（右图）能俯冲深达90米，但是潜水冠军威德尔海豹可潜水深达600米。海豹在潜水之前呼吸了足够的氧气，在水下使用储存在血液中的氧气就足够了。

左右摆动尾鳍来辅助前进

较大的第一对脊鳍

波浪流经胸鳍边缘时，可提供额外的推动力

较小的第二对脊鳍

鳍脚（雄性的生殖器官）

眼睛

电缸的带电器官在胸鳍基部的皮下，它们通常通过叮刺来捕鱼——有些种类电缸的电压可超过200伏

阔鳍的鳍肢
鲸和海豚们逐渐适应海洋生活后，四肢就退化成了鳍状肢。海豚的鳍状肢是哺乳动物四肢的翻版，上部和下部的前肢骨头短小，五个趾大大张开，支撑着鳍肢。

肩胛骨

海豚的鳍肢

从水中跃出
当海豚向同类发出信号或者进食时，它们会从水中跃出。当它们飞快地游动时，也能短距离地从水面上跃起。因为空气对身体的阻力要比水小得多，所以它们在空气中移动就容易多了。

宽吻海豚的游泳速度高达27千米/时

肱骨

尺骨

桡骨

浮力室

房室越来越大

趾骨

掌骨

漂浮
鹦鹉螺的结构有利于漂浮。鹦鹉螺住在最后那间"大房子"中，身体和触角从那里伸出来。鹦鹉螺是唯一具有外壳的头足动物，也通过喷射推动力移动。

海洋旅行家

有些海洋动物会长途跋涉，穿越海洋，寻找最好的地方捕食和繁殖。鲸会在靠近南极或北极的寒冷而食物充足的海水中觅食，而游到热带温暖的海水中繁育后代。海龟、海豹和海鸟等在海水中进食，却把卵产在岸上。鳗鱼到海洋里产卵，幼体再游回到河里。鲑鱼正好相反，它们在海洋中生长再回到河里产卵。海洋旅行者经常利用洋流来远行，即便不会游泳也能通过挂在其他动物身上或漂浮的木头上到处漂流。

海龟的后鳍状肢如同方向舵

生长在浮木上的有柄藤壶

宽阔的前部鳍肢适合游泳

藤壶漂流

藤壶一般生长在岩石、木头和轮船等物体的表面，有些种类甚至可以生长在海龟和鲸鱼身上。这些鹅颈藤壶能在木头上漂流很长一段距离。藤壶属于甲壳类动物，也长有节肢。为了保护它们的身体和四肢，藤壶身上长有一套贝壳状的盘片。

鳗鱼迁徙回浮藻海之前皮肤会变成银白色

成年鳗鱼的大眼睛

叶状的狭首型幼鱼

触须上带有毒刺

鳗鱼的幼苗幼鳗（眼镜鳗）

神秘的旅程

在19世纪晚期，科学家在海里发现树叶状的幼体发育成鳗鱼幼苗。后来，他们发现最成年鳗鱼可能在西大西洋浮藻海的深海中产卵，然后幼体随着水流漂回欧洲海滨，在那里它们变成鳗鱼幼苗。

僧帽水母

僧帽水母不是真正的水母，而是一种管水母。僧帽水母体内有充气的浮体，可以帮助它漂浮在水面上。僧帽水母通常生活在温暖的海水中。

绿海龟游动的步骤

水下的飞行者
绿海龟生活在大西洋、太平洋和印度洋的温暖海水中。
它们在岸上产卵。首先，雌龟在浅水中与雄龟交配，
然后在夜晚将卵产在沙砾下，接着再回到水下。它
们会在一个交配季节中往返几次，产下很多
卵。生物学家们现在已经知道，有些绿
海龟是跋涉了遥远的路途到达出
生地产卵的。绿海龟以海草
和海藻为食。

绿海龟的龟壳
呈流线型，利
于在水中滑行

前面的一
对鳍肢用
来在水中
"飞行"

海龟每过上一
段时间就要浮
出水面用鼻孔
呼吸空气

绿海龟现已被列为
濒危物种

海龟的旅程
浦岛太郎骑着海龟到海洋王国的
日本传说。

43

弱光层

水面下200～1000米处是半明半暗的弱光层。弱光层的鱼类身体下侧通常有发光器官，用来躲避光线进行伪装。光线可以由化学反应或者发光器官中的细菌团产生。一些灯笼鱼和各种乌贼只生活在弱光层。夜晚可以降低遭遇白天觅食的猎手的风险。帆蜥鱼等动物仅在弱光层猎食。消瘦的帆蜥鱼长有一个有弹性的胃，可以调节食量。

深海中的猎手
毒蛇鱼用匕首状牙齿攫取食物，猎物是被它背鳍前方的诱饵吸引过来的。它下颌底部的牙齿太大了，合上下巴时无法放进嘴里。咀嚼猎物时，例如胸斧鱼，下巴张开得很大。

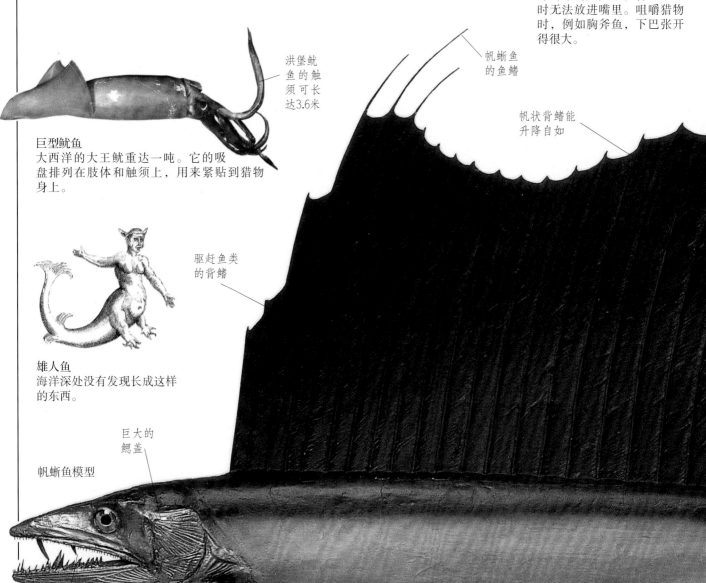

洪堡鱿鱼的触须可长达3.6米

巨型鱿鱼
大西洋的大王鱿重达一吨。它的吸盘排列在肢体和触须上，用来紧贴到猎物身上。

帆蜥鱼的鱼鳍

帆状背鳍能升降自如

驱赶鱼类的背鳍

雄人鱼
海洋深处没有发现长成这样的东西。

巨大的鳃盖

帆蜥鱼模型

猎取鱼类的尖牙

胸鳍

长而消瘦
帆蜥鱼的身体狭长，骨头较轻，没有太多肌肉，所以体重仅在2千克左右。它一般捕捉乌贼和其他鱼类为食。

腹鳍

严重倾斜
的背鳍

褶胸鱼属
胸斧鱼模型

银白色的身体
有利于利用光
线伪装

大眼睛有利
于在黑暗中
监视猎物

玻璃海蜇
玻璃海蜇一般出现在透
光层，有时也在深海
区。它们用钟状的长嘴
巴捕食细小的猎物。玻
璃海蜇能够展示出彩虹
般的美丽色彩。

尾部下面的
发光器官

胸斧鱼
胸斧鱼有着银白色的刀片状
躯体，腹部和尾部的发光器
官使它们与明亮的表层海水融
为一体，避免被猎物发现。胸斧
鱼生活在大西洋、太平洋和印度
洋里。

嘴里的发光斑
点能吸引猎物

腹部的发
光器官

向上瞪着眼睛
有利于确定猎
物的位置

巨大的第
一对背鳍

对称的
尾鳍

后肛鱼属
胸斧鱼模型

肛门内有
发光细菌

腹部发光器官

向上看
胸斧鱼不止一种，后肛鱼属胸斧鱼有对巨大的、管
状的眼睛，能够察觉到最微弱的光线，有助于发现深
水管水母等猎物。这种鱼生活在温暖的海域。

不对称
的尾鳍

极小的肉质
第二背鳍

帆蜥鱼生活在大西
洋、太平洋和加勒
比海的温暖海域

身体的色彩有利于与海
洋上层的亮色调和下层
的深色调融为一体

帆蜥鱼
长达近2米

最黑暗的深处

海底1000米以下是没有光线的，只有一团漆黑。无光层的很多鱼也是黑色的，几乎很难看见它们。发光器官发出寻觅配偶或者吸引猎物的信号。这里食物极为稀少，动物依赖沉淀下来的食物生存。深海鱼类用巨大的嘴巴和有弹性的胃最大限度地觅取食物，这使得它们的外表看上去很奇怪。它们的骨头和肌肉通常很轻，没有充气囊也能一直保持悬浮状态。

通过侧线感知猎物引起的震动

伞嘴吞噬者
吞噬鳗张开阔嘴准备吞咽游过来的食物。成年吞噬鳗生活在弱光层的较低区域以及无光层。幼年吞噬鳗常出现在100～200米的透光层。

成年鳗鱼身长可达75厘米

吞噬鳗生活在温带和热带深海区

长长的下颌

鼻子末端的小眼睛

捕鱼的方式
吻巨棘角鮟鱇用长长的鞭状诱饵吸引猎物。

吻巨棘角鮟鱇可长达13厘米

吻巨棘角鮟鱇的模型

有关深海怪物的电影
有关海洋深处怪物的电影总是很受欢迎。实际上大多数深海动物都很小，因为在深海中食物很少。

双筒状的眼睛
巨尾鱼用筒状眼睛准确地发现猎物的发光器官。巨尾鱼的皮肤能伸长，可以吞下比自身大的鱼。

尾鳍下端的裂片比上端的长

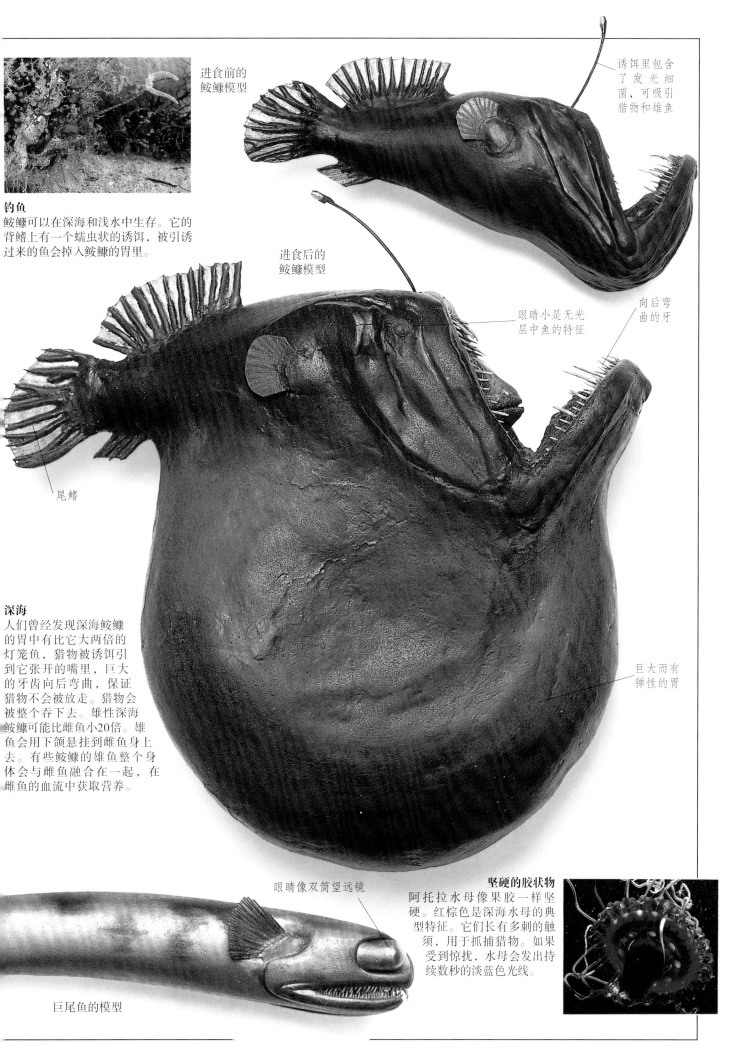

进食前的鮟鱇模型

诱饵里包含了发光细菌，可吸引猎物和雄鱼

钓鱼

鮟鱇可以在深海和浅水中生存。它的背鳍上有一个蠕虫状的诱饵，被引诱过来的鱼会掉入鮟鱇的胃里。

进食后的鮟鱇模型

眼睛小是无光层中鱼的特征

向后弯曲的牙

尾鳍

深海

人们曾经发现深海鮟鱇的胃中有比它大两倍的灯笼鱼，猎物被诱饵引到它张开的嘴里，巨大的牙齿向后弯曲，保证猎物不会被放走。猎物会被整个吞下去。雄性深海鮟鱇可能比雌鱼小20倍。雄鱼会用下颌悬挂到雌鱼身上去。有些鮟鱇的雄鱼整个身体会与雌鱼融合在一起，在雌鱼的血流中获取营养。

巨大而有弹性的胃

眼睛像双筒望远镜

坚硬的胶状物

阿托拉水母像果胶一样坚硬。红棕色是深海水母的典型特征。它们长有多刺的触须，用于抓捕猎物。如果受到惊扰，水母会发出持续数秒的淡蓝色光线。

巨尾鱼的模型

在海底

深海海底是一个生存艰难的地方。大部分海底被黏土或软泥覆盖，深海平原上的软泥可达几百米厚。在海底行走的动物都生有长腿，以免将软泥搅动起来。有些生物生有长柄，固定在海底。海百合的羽状肢体和海绵的管孔从水中过滤食物微粒。海参等动物能在海底捕食，并从软泥中捡拾食物微粒。食物微粒包括动植物遗体，也会有没被吃掉的残骸。因为食物短缺，温度低，大部分深海中的动物生长缓慢。

19世纪70年代跨越大西洋铺设的用于转播电报的水下电缆

干燥的海葵遗骸

透明的绳状海绵
这种杯状海绵通过透明针状的柄被固定在柔软的海床上。海葵总是附着在海绵的柄部。

柄部由细长透明的穗组成，其主要成分是硅

假蜘蛛
海蜘蛛属于海蜘蛛属，看上去像陆地蜘蛛。有些深海蜘蛛的腿跨距长达60厘米，可以交替迈腿，大步行走而不搅起海底的泥团。

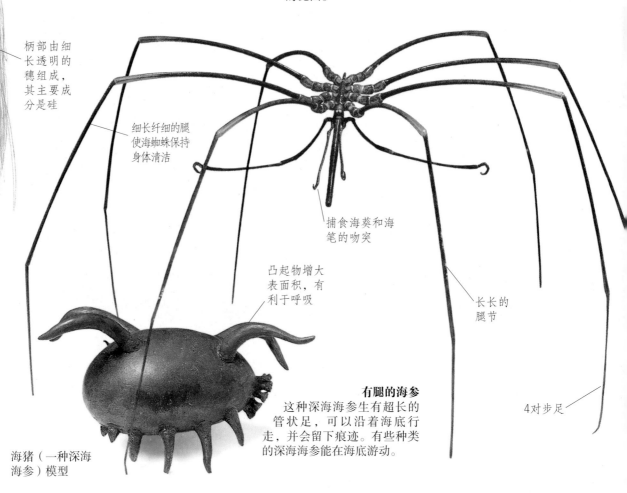

细长纤细的腿使海蜘蛛保持身体清洁

捕食海葵和海笔的吻突

凸起物增大表面积，有利于呼吸

长长的腿节

4对步足

有腿的海参
这种深海海参生有超长的管状足，可以沿着海底行走，并会留下痕迹。有些种类的深海海参能在海底游动。

海猪（一种深海海参）模型

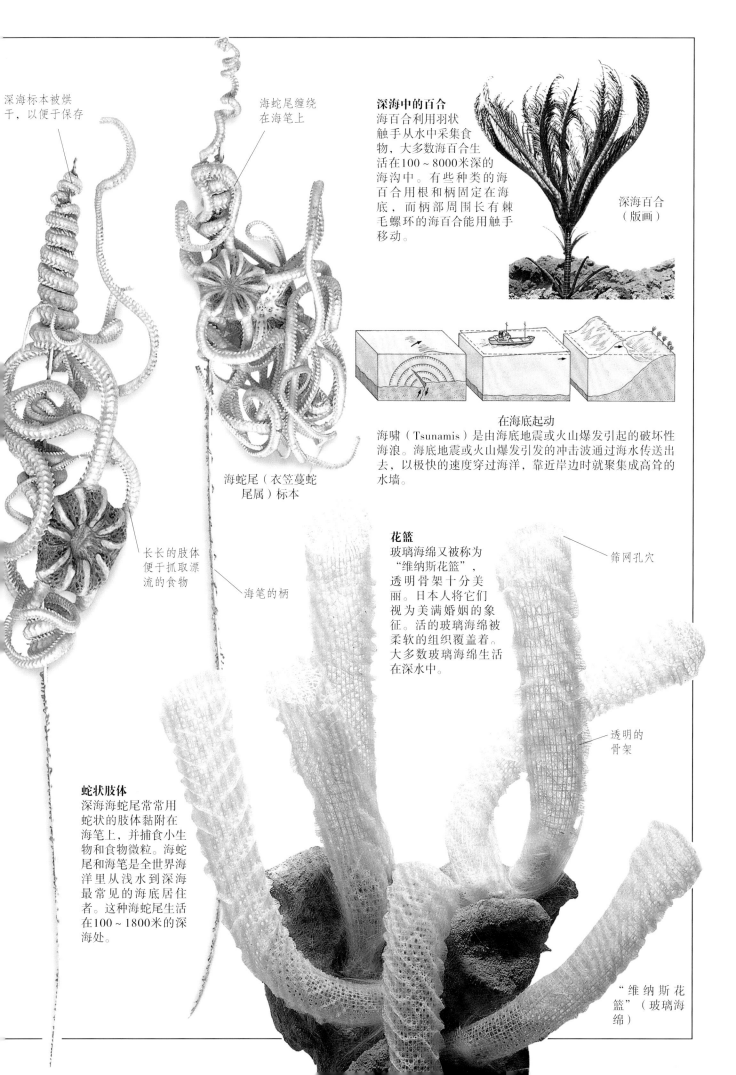

深海标本被烘干，以便于保存

海蛇尾缠绕在海笔上

深海中的百合

海百合利用羽状触手从水中采集食物，大多数海百合生活在100～8000米深的海沟中。有些种类的海百合用根和柄固定在海底，而柄部周围长有棘毛螺环的海百合能用触手移动。

深海百合（版画）

在海底起动

海啸（Tsunamis）是由海底地震或火山爆发引起的破坏性海浪。海底地震或火山爆发引发的冲击波通过海水传送出去，以极快的速度穿过海洋，靠近岸边时就聚集成高耸的水墙。

海蛇尾（衣笠蔓蛇尾属）标本

长长的肢体便于抓取漂流的食物

海笔的柄

花篮

玻璃海绵又被称为"维纳斯花篮"，透明骨架十分美丽。日本人将它们视为美满婚姻的象征。活的玻璃海绵被柔软的组织覆盖着。大多数玻璃海绵生活在深水中。

筛网孔穴

透明的骨架

蛇状肢体

深海海蛇尾常常用蛇状的肢体黏附在海笔上，并捕食小生物和食物微粒。海蛇尾和海笔是全世界海洋里从浅水到深海最常见的海底居住者。这种海蛇尾生活在100～1800米的深海处。

"维纳斯花篮"（玻璃海绵）

喷口和黑烟囱

在海底，富含矿物的温泉从板块扩张中心地带的裂缝中喷出。寒冷的海水下沉到地壳的裂缝中被加热，溶解了大量矿物质。高达400℃的热水喷涌而出，矿物骤然遇冷就凝结成了"黑烟囱"。温泉有利于细菌生长，它们能够利用水中的硫化氢制造食物。在20世纪70年代晚期，科学家在太平洋发现了第一个喷口群落。此后，太平洋和大西洋中脊的其他板块扩张中心也发现了喷口。

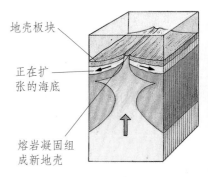

地壳板块

正在扩张的海底

熔岩凝固组成新地壳

正在生长的海洋
新海底持续地在地壳板块之间的扩张中心区形成。熔岩会从裂缝中喷射出来，然后冷却、凝固起来，堆积在邻近的板块边缘。当一个板块滑到另一个板块之下，老板块就会熔化掉。

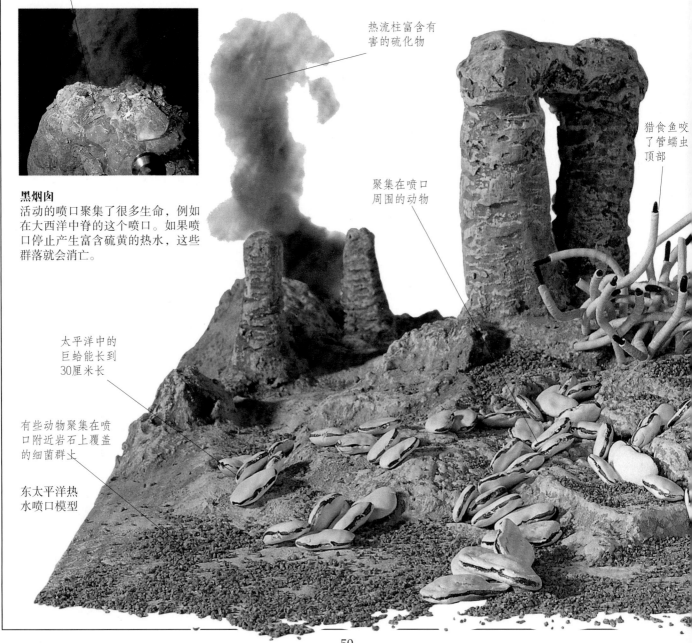

离热水太近，动物就会被煮熟

热流柱富含有害的硫化物

猎食鱼咬了管蠕虫顶部

聚集在喷口周围的动物

黑烟囱
活动的喷口聚集了很多生命，例如在大西洋中脊的这个喷口。如果喷口停止产生富含硫黄的热水，这些群落就会消亡。

太平洋中的巨蛤能长到30厘米长

有些动物聚集在喷口附近岩石上覆盖的细菌群上

东太平洋热水喷口模型

"阿尔文号"拍摄到的大西洋中脊喷口附近的深海鱼

支援舰"亚特兰蒂斯II号"和"阿尔文号"

高达10米的黑烟囱

由矿物组成的黑烟囱

一流的潜水器

1970年，美国潜水器——"阿尔文号"最先运载科学家下水观察加拉帕戈斯喷口。此后，"阿尔文号"多次前往世界各地的喷口。其他曾考察过喷口的潜水器还有法国的"鹦鹉螺号"和俄罗斯的"和平I号"和"和平II号"。

喷口群落

这个模型展示了东太平洋的喷口群落，在那里存在着巨蛤和管蠕虫等奇特的动物。不同喷口则有着不同的生物群落，例如马里亚纳海沟的毛螺以及大西洋中脊喷口附近的盲虾。

管蠕虫可长达3米

巨型管蠕虫体内有细菌，可为蠕虫提供食物

各种潜水器

最早的潜水设备是一种潜水钟。这种设备底部留有开口，内含空气，可以辅助潜水员在海底工作。后来，科学家们研制出带有坚硬的防护帽以及能输送空气的潜水服，便于潜水员下潜更深，且停留更久。1940年，科学家们又研制出了自主式水下呼吸装置，潜水员可背着可自行补给空气的压缩空气罐潜水。

供应空气和照明电力的管子

负重带

水下作业者
这个潜水员身穿保暖的胶衣，头盔上有可输送空气的管子，腰部的腰带可携带工具。他的靴子十分灵活，可帮助他攀爬。

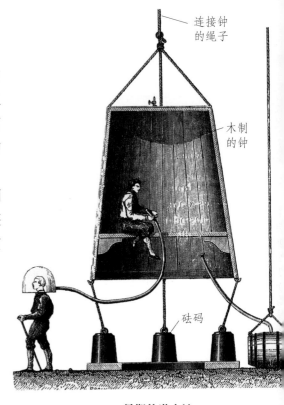

连接钟的绳子

木制的钟

砝码

早期的潜水钟
1690年爱德蒙·哈雷发明了潜水钟，这种装置可让潜水员在水面下得到空气补给。这些空气是预先置于水下的。潜水钟可在水深18米处使用，每次可以同时容纳几个潜水员。

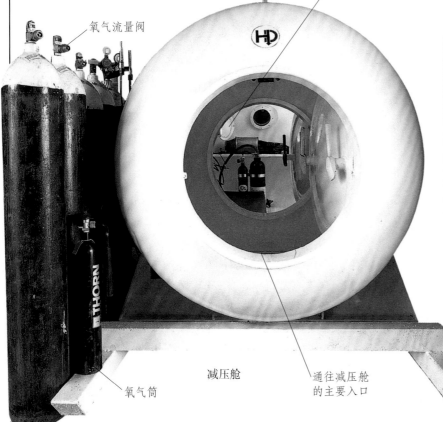

氧气流量阀

输送饮料和食物的"高压医疗室"

减压舱

氧气筒

通往减压舱的主要入口

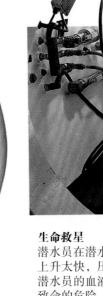

关节痛是减压病症状之一

生命救星
潜水员在潜水时，体内的压力增加。如果潜水员上升太快，压力突然减小，氮就会形成气泡进入潜水员的血液和组织中，令人疼痛难忍，甚至有致命的危险，这就是减压病。患病的潜水员可在减压舱中进行治疗，先将压力升高到除去气泡的水平，然后慢慢减小到正常压力。

早期潜水服样本

一款经典的潜水服
"标准"潜水服是由奥戈斯·希比在1830年发明的，改良版本沿用至今。外衣由层层帆布和橡胶制成，结实而且防水。紫铜和黄铜制成的头盔与护胸甲结合严密，皮靴上带有沉重铅底和两个附加砝码。穿上装备大约要花半个小时，可以下潜大约60米深。

头盔配有通信系统，能与水面上的人交谈

由紫铜和黄铜制成的头盔

面板

砝码重约13千克

拧紧螺钉的扳手

潜水员带有两个砝码，一个在前面，一个在后面

胸板用6、8或12个螺钉固定

"标准"潜水服

羊毛长衣长裤具有保暖和绝缘功能

橡胶袖口用于防水

松紧口有利于保暖

两层帆布夹一层橡胶制成的套装

每只靴子重达8千克

铅底皮靴有利于沉下水中

联合风箱，促
进空气流通

延时水雷

钻孔、固定水雷
的螺旋钻

垂直螺
旋桨

踏板驱动
侧向螺旋桨

水下机器

早期潜水艇十分简单，但可以在水下运行，并用于战争。现代潜水艇在水面时大多用柴油或汽油提供动力，而在水下则用电池。1955年，第一艘以核燃料供能的潜水艇横渡大洋。核动力让潜水艇能够在水中行驶相当长的路程。今天，潜水艇配备了复杂的声呐系统，并能发射高能量的水雷。潜水器则用于探测深海海底，它不能行驶太长距离，需要辅助船放入水下。

"海龟"英雄

"海龟号"是一架单人制潜水器，它曾于1776年参加过美国独立战争，还将一枚延时水雷系到英国轮船上。然而，操作员发射了一枚没有杀伤力的水雷，不过还是吓跑了英国轮船。

潜水员操
纵控制棒

舱内操纵
设备

调节储气室内
气压的手摇泵

水下历险

这张1900年的版画描绘了2000年人们在潜水游艇上享受旅程的景象。如今游客能乘坐小型潜水艇在某些地方（例如红海）观察海洋生命。

前轮比后
轮小，易
于转动

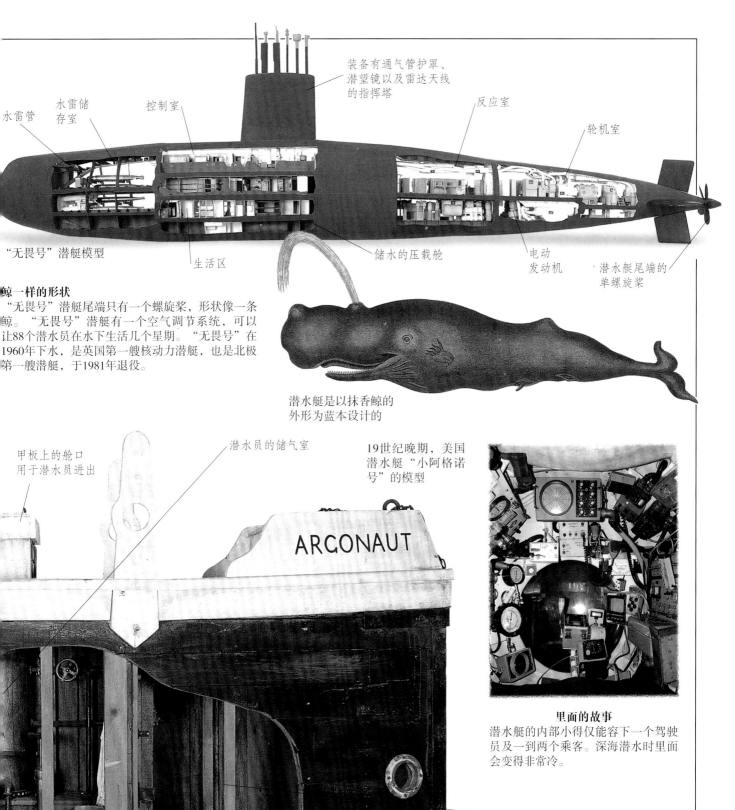

装备有通气管护罩、潜望镜以及雷达天线的指挥塔

反应室

轮机室

水雷管

水雷储存室

控制室

"无畏号"潜艇模型

生活区

储水的压载舱

电动发动机

潜水艇尾端的单螺旋桨

鲸一样的形状

"无畏号"潜艇尾端只有一个螺旋桨，形状像一条鲸。"无畏号"潜艇有一个空气调节系统，可以让88个潜水员在水下生活几个星期。"无畏号"在1960年下水，是英国第一艘核动力潜艇，也是北极第一艘潜艇，于1981年退役。

潜水艇是以抹香鲸的外形为蓝本设计的

甲板上的舱口用于潜水员进出

潜水员的储气室

19世纪晚期，美国潜水艇"小阿格诺号"的模型

ARGONAUT

里面的故事

潜水艇的内部小得仅能容下一个驾驶员及一到两个乘客。深海潜水时里面会变得非常冷。

锁住空气室，保持压力

海底爬行者

左图是"小阿格诺号"潜水器的模型。"小阿格诺号"1894年在纽约建造，由西蒙·莱克设计。"小阿格诺号"由手摇柄提供动力，能潜水的最大深度只有6米。戴头盔的潜水员可以离开船去捡牡蛎、蛤和其他物体。

海洋探险家

人们无法透过海水看到海底，因此海洋总是显得十分神秘。最初，人们将铅制砝码拴在绳上投入水中测量水深。回声测深仪发明于第一次世界大战期间，能够利用声波测量海洋的深度，现在演变成了复杂的声呐系统，例如地质远程倾斜声呐（GLORIA）。1870年，"挑战者号"潜艇进行了深海捕捞，证明了深海中确实存在海洋生命。载人潜水器使人们能够直接观察深海海底风貌以及海洋生命。最近在海底温泉附近发现了新的动物群落。浅水区的研究得益于自携式水下呼吸器（SCUBA）的发明。

19世纪晚期的显微镜

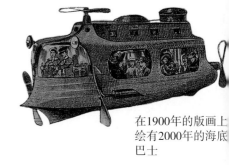

在1900年的版画上绘有2000年的海底巴士

光荣的GLORIA
地质远程倾斜声呐（GLORIA）用于勘测已经20年了，它扫描了全球海洋超过5％的区域。GLORIA那鱼雷形的躯体有8米长，重达2吨，置于甲板的支船架上。

工作中的GLORIA
GLORIA拖在母船后，以每小时10海里（约18.5千米）的速度勘测海底，从GLORIA发射的声波跨越海底，跨距达到每侧30米。GLORIA收集起从海底弹回的反射波，这些反射波由船上的电脑处理，制作出海底地图。这些地图有利于识别海底的危险，为铺设海底电缆制定路线，并帮助开采贵重的矿物。

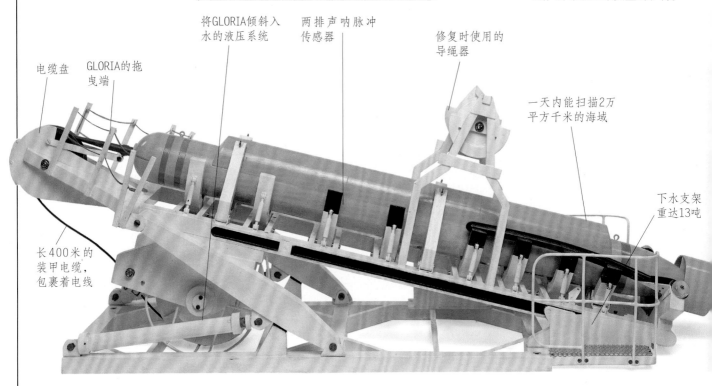

将GLORIA倾斜入水的液压系统

两排声呐脉冲传感器

修复时使用的导绳器

一天内能扫描2万平方千米的海域

电缆盘

GLORIA的拖曳端

长400米的装甲电缆，包裹着电线

下水支架重达13吨

潜水
观察水下生命最简单办法是使用通气管，通气管位于面罩之下，伸出到水面上。

空气由通气管尾部排出

蛙鞋提供推动力

潜水员和红海中的石斑鱼

面罩可以挡住海水，方便观察

通气管

通过吹口进行呼吸

SCUBA潜水
采用SCUBA装置后，海洋科学家能在野生环境下观察这些动物，对研究浅水区海洋生命十分重要。有些动物（如双髻鲨）对气泡产生的噪声很敏感，常规潜水会吓跑它们。

深海之星
现在潜水的深度纪录是10 912米，是由瑞士工程师雅克·皮卡德和唐·沃尔在1960年使用深海潜水器在马里亚纳海沟完成的。

"深海之星"

蛙鞋

自动潜艇
这架自动潜水艇（AUV）能进行远洋勘测。自动潜水艇无须人员驾驶和操控，也不用和船只或其他潜水器保持一定距离。自从1996年服役以来，自动潜水艇已经参与了300多次行动，其中包括在南极洲海冰下面作业。

自动潜水艇上传感装置

将低级自动潜水艇送入水中的机械臂

57

海底的沉船

自从人们乘船来到海洋，海底就开始出现失事沉船。泥沙覆盖在木船上，甚至可以将木船保存数百年。金属外壳的轮船被海水腐蚀。浅水中的失事沉船变成"礁石"，被植物和动物覆盖。珊瑚和海绵等动物大多生长在沉船外面，而鱼类则隐藏在里面。沉船和其中的物品能告诉我们很多过去生活的信息，但是历史学家必须先要仔细处理它们。打捞上来的物件在被清除掉盐垢后，有时要用化学药品处理后才能长久收藏，不幸的是，探宝仪器有时会给文物带来很大的损坏。

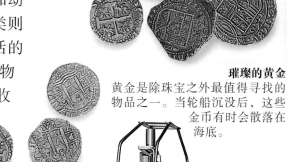

价值较低的银币

璀璨的黄金
黄金是除珠宝之外最值得寻找的物品之一。当轮船沉没后，这些金币有时会散落在海底。

超级潜水艇
法国潜水器"鹦鹉螺号"捞回了散落在"泰坦尼克号"沉船周围的物品。潜水员们乘坐在一个由钛金属制成的球体中，其空间仅可容纳3个人（驾驶员、副驾驶员、观察员）。这种球体可挡住海水巨大的压力，为工作人员提供保护。超厚的弧形有机玻璃窗口在潜水过程中由于压力而变成了扁平状。"鹦鹉螺号"下潜到沉船地点就花了1.5个小时，而它在水下仅能待8个小时。

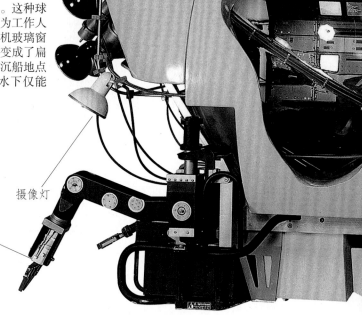

声呐装置

钛制球体用于保护乘客

摄像灯

用于从海底捡起物品的机械手

无价之宝
1892年，潜水员在拖船"蜜蜂号"的残骸上工作。几个世纪以来，人们打捞沉船获得了不少贵重物品。

遗物
很多从"泰坦尼克号"沉船捞回的物品都只是日常生活用品。

永不沉没的轮船
1912年，"泰坦尼克号"从英国南普敦出发向纽约开始首航。由于船体上有多个密封舱，人们认为它是不会沉没的，但它却在第4天撞上一座冰山。它经历了2小时40分钟才沉没，船上的2228人中，只有705人得救。1985年，一支由法国与美国研究人员组成的探险队在水下发现了它。此后，潜水器"阿尔文号"（美国）和"和平号"（俄罗斯）也相继对失事沉船进行了潜水考察。

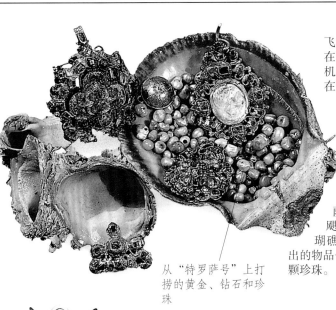

从"特罗萨号"上打捞的黄金、钻石和珍珠

飞机残骸

飞机有时也会坠入海中，比如这架在新几内亚岛发现的日本双翼飞机。百慕大三角因很多飞机和轮船在那里神秘失踪而闻名于世。

沉没的珠宝

这些珠宝是从"特罗萨号"西班牙大帆船的失事残骸中打捞出的。1724年，"特罗萨号"启程开往墨西哥，一场飓风将它吹翻，然后在一个珊瑚礁群上沉没了。其他从沉船捞出的物品包括：铜枪、铁手榴弹和上百颗珍珠。

"鹦鹉螺号"长8米

推进器提供动力

被藤壶包裹的罗马罐

藤壶

软体动物的外壳

失踪的陆地

这张海报是宣传一部关于"亚特兰蒂斯——消失的大陆"的电影。据说这块陆地可能已经沉入海底。

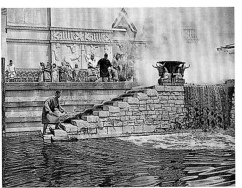

在美妙的房子里安家

这只罗马罐上面长满了藤壶外壳和蠕虫管。通常，动物很乐意在海底的硬物上安家，比如失事沉船。然而，这给工作人员清理物品带来了很大的麻烦。

蠕虫管

捕捞鱼群

全球每年大约有9000万吨鱼被捕捞。鱼大多是被现代渔船在海中捕捞上来的。有些鱼被拖网成堆地捕捞了上来，或者在游入刺网中时被诱捕。现代渔船通常采用声呐来探测鱼群，鱼类几乎无处藏身。即使是深海中的鱼，例如1000米深处的橘刺鲷，也会被大量地捕捞上来。很多人担心过度的捕捞会导致鱼类资源的枯竭，因为鱼群数量的恢复要花很长时间。幸运的是，有些鱼（如鲑鱼）可以进行人工饲养。

孵化
鲑鱼在河流或小溪中被孵化出来。最初，鱼苗利用卵囊中的营养物质作为食物。

幼年鲑鱼
孵化出来几个星期后，它们的卵囊就会消失。因此，幼年鲑鱼必须学会捕食微小动物。在变成三龄鲑游向大海之前，幼鲑要在河里待上一年或者更久。

鳍条高度进化

巨大的第一背鳍

寻找母亲河
大西洋鲑以捕食其他鱼类为生，生长迅速，每年增长几千克。成年鲑鱼会回到出生地繁衍，它们可以通过很多线索找到母亲河，包括"气味"。

腹鳍

胸鳍

鳃盖

用来捕食和"呼吸"的嘴巴

鱼类养殖
鲑鱼是少数几个能够成功地进行人工养殖的海鱼种类之一，鲑鱼幼苗长大后，就被放养到海里。为了让它们迅速成长，养殖者用干鱼丸来喂养鲑鱼。

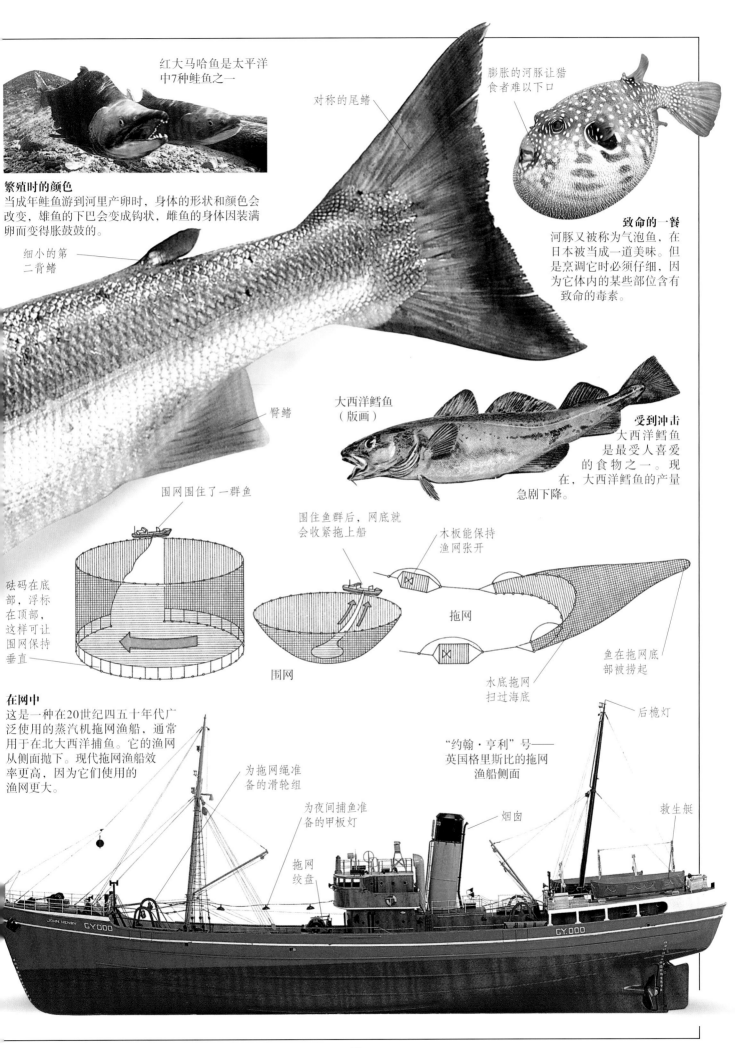

红大马哈鱼是太平洋中7种鲑鱼之一

对称的尾鳍

膨胀的河豚让猎食者难以下口

繁殖时的颜色
当成年鲑鱼游到河里产卵时，身体的形状和颜色会改变，雄鱼的下巴会变成钩状，雌鱼的身体因装满卵而变得胀鼓鼓的。

致命的一餐
河豚又被称为气泡鱼，在日本被当成一道美味。但是烹调它时必须仔细，因为它体内的某些部位含有致命的毒素。

细小的第二背鳍

臀鳍

大西洋鳕鱼（版画）

受到冲击
大西洋鳕鱼是最受人喜爱的食物之一。现在，大西洋鳕鱼的产量急剧下降。

围网围住了一群鱼

围住鱼群后，网底就会收紧拖上船

木板能保持渔网张开

砝码在底部，浮标在顶部，这样可让围网保持垂直

拖网

鱼在拖网底部被捞起

围网

水底拖网扫过海底

在网中
这是一种在20世纪四五十年代广泛使用的蒸汽机拖网渔船，通常用于在北大西洋捕鱼。它的渔网从侧面抛下。现代拖网渔船效率更高，因为它们使用的渔网更大。

后桅灯

"约翰·亨利"号——英国格里斯比的拖网渔船侧面

为拖网绳准备的滑轮组

为夜间捕鱼准备的甲板灯

烟囱

救生艇

拖网绞盘

JOHN HENRY GY.000

GY.000

海产品

长久以来，人们一直从海洋中获取动植物资源。从常见鱼类、甲壳类动物和软体动物到罕见的海参、藤壶和海蜇，很多动物成为了人类的盘中餐。海藻也可以食用。虽然很多海洋生物材料已被合成材料代替，但人类对天然海产品的需求量依旧十分巨大，现在人们不得不开始进行人工养殖。同时，这也避免人们对海洋野生动物的过度捕捞。

由海螺色素染成的紫色纱线

皇家紫色

在古代，海螺用于制作国王衣服的紫色染料，比如上图中佛罗里达和加勒比海的海螺。工匠们把大量海螺放入石缸中捣碎，然后收集紫色液体，加热浓缩成染料。

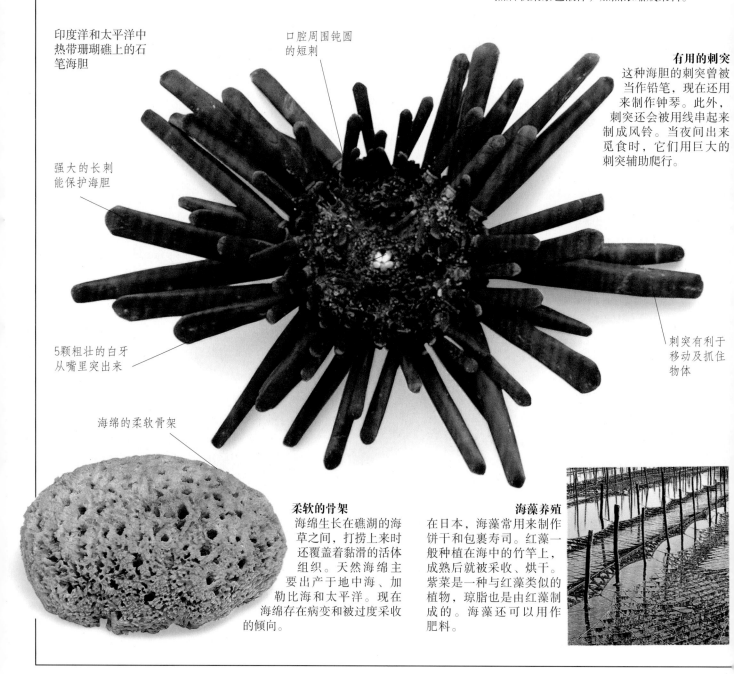

印度洋和太平洋中热带珊瑚礁上的石笔海胆

口腔周围钝圆的短刺

有用的刺突

这种海胆的刺突曾被当作铅笔，现在还用来制作钟琴。此外，刺突还会被用线串起来制成风铃。当夜间出来觅食时，它们用巨大的刺突辅助爬行。

强大的长刺能保护海胆

5颗粗壮的白牙从嘴里突出来

刺突有利于移动及抓住物体

海绵的柔软骨架

柔软的骨架

海绵生长在礁湖的海草之间，打捞上来时还覆盖着黏滑的活体组织。天然海绵主要出产于地中海、加勒比海和太平洋。现在海绵存在病变和被过度采收的倾向。

海藻养殖

在日本，海藻常用来制作饼干和包裹寿司。红藻一般种植在海中的竹竿上，成熟后就被采收、烘干。紫菜是一种与红藻类似的植物，琼脂也是由红藻制成的。海藻还可以用作肥料。

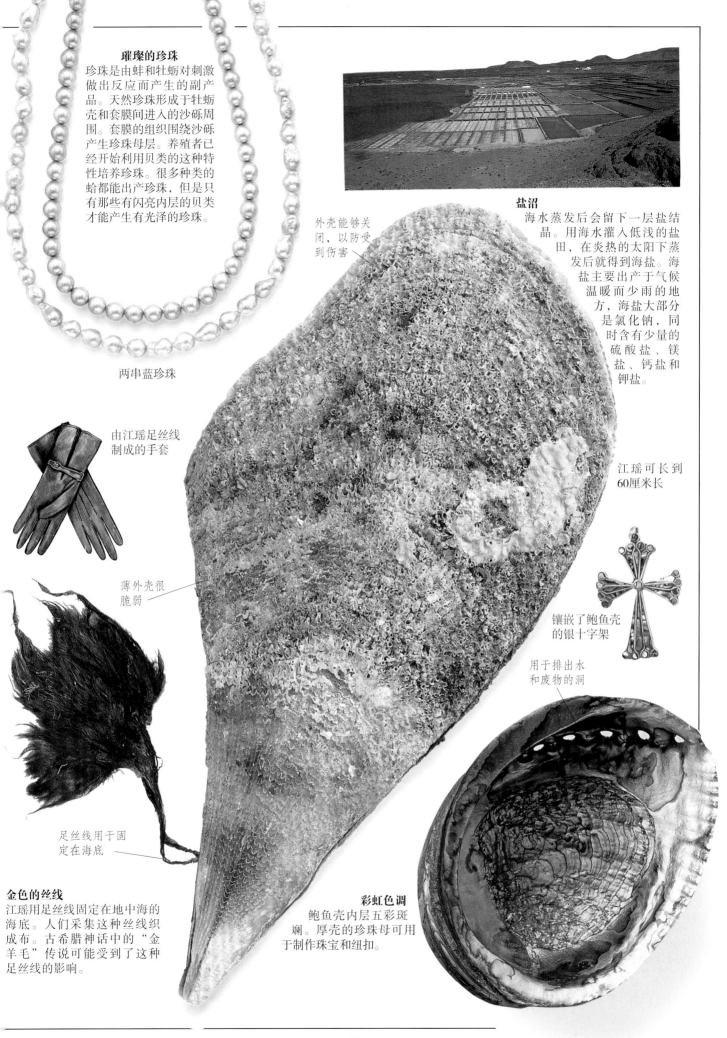

璀璨的珍珠
珍珠是由蚌和牡蛎对刺激做出反应而产生的副产品。天然珍珠形成于牡蛎壳和套膜间进入的沙砾周围。套膜的组织围绕沙砾产生珍珠母层。养殖者已经开始利用贝类的这种特性培养珍珠。很多种类的蛤都能出产珍珠，但是只有那些有闪亮内层的贝类才能产生有光泽的珍珠。

两串蓝珍珠

外壳能够关闭，以防受到伤害

盐沼
海水蒸发后会留下一层盐结晶。用海水灌入低浅的盐田，在炎热的太阳下蒸发后就得到海盐。海盐主要出产于气候温暖而少雨的地方，海盐大部分是氯化钠，同时含有少量的硫酸盐、镁盐、钙盐和钾盐。

由江瑶足丝线制成的手套

江瑶可长到60厘米长

薄外壳很脆弱

镶嵌了鲍鱼壳的银十字架

用于排出水和废物的洞

足丝线用于固定在海底

金色的丝线
江瑶用足丝线固定在地中海的海底。人们采集这种丝线织成布。古希腊神话中的"金羊毛"传说可能受到了这种足丝线的影响。

彩虹色调
鲍鱼壳内层五彩斑斓。厚壳的珍珠母可用于制作珠宝和纽扣。

63

石油和天然气勘探

宝贵的石油和天然气储藏在海底岩石中，可以通过在礁石上钻孔抽出。地质学家发送探测波穿越海底，然后利用岩石岩层间返回的信号来探查石油和天然气的储藏位置。石油工人搭建临时打井机准确定位源头，检测石油的质量和产量。为了抽出石油和天然气，为了持久地开采，人们用锚取代打井机。石油先被装在储油桶中，然后通过油轮或输油管运送出去。市场对能源的需求一直很大，但石油和天然气的供应量是有限的。海上油田主要分布在北海（大西洋东北部的边缘海）、墨西哥湾、波斯湾以及南美洲和亚洲的海滨。

风力发电
石油资源逐年减少，几近枯竭，但风力发电是可再生资源。这是在英国北威尔士运行的一座风力发电站。

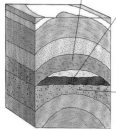

致密的岩层阻挡了石油流动

石油被困在多孔的储油岩石中

石油能够流过的多孔岩石

死亡和腐烂
植物和细菌的残余物落到海底，被泥层覆盖住。大地热量和压力将它们变成了石油、天然气。

着火了
石油和天然气高度易燃，意外常有发生。1988年，北海的帕玻尔·阿尔法就发生过一次灾难，造成167人死亡。此后，世界各地都采取措施提高油井的安全性。

石油开采平台
海上平台是先在岩上分部件建造，然后将巨大的水泥柱拖到海上，插入海底，最后在其上建设生活区。高耸的井架上装着钻探设备。石油或天然气是由石油开采平台开采的，打井机一般用于在勘探过程中钻井。

工作中的工人
在石油开采平台上，有些人在甲板上操作油钻，有些人在室内通过电脑工作。地质学家检查岩石、石油和天然气样品，机械师保持机器运转，厨师和清洁工人们则照料工作人员的生活起居。

最高的结构是火炬塔

FPSO
GIRASSOL

水螅套装
这件套装可以阻挡强大的水压。潜入水下时，潜水员可以在正常的压力下呼吸空气。这意味着潜水员能走向更深的水中。水螅套装（左图）可用于深达365米的石油勘探，灵活的前臂和腿部的关节让潜水员能够运动自如。

运送物资
直升机向石油开采平台输送物资。石油开采平台可供400多人生活和工作，大多数人隔几个星期就会乘坐直升机到岸上休息。

在海底
脱去了水螅套装的潜水员正在水下从事维修工作。如果能够回到增压舱进行修整，那么他们就可以一次性工作更长的时间。

直升机将食物送到平台

生活区

用于逃生的防火救生船

坚固的结构可阻挡狂风和波浪的冲击

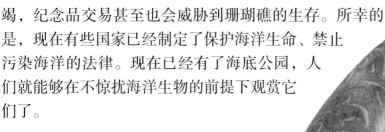

用大白鲨的牙齿制作的饰品

危在旦夕的海洋

海洋及其所供养的生命正在受到威胁。含有化学物质的污水和工业废料被倾倒入海。泄漏的石油会让海洋生命窒息或中毒，倾倒入海的垃圾可能会噎死海龟或海鸟。海鸟和海洋哺乳动物被废弃的渔网缠住后，大多数都淹死了。过度渔猎会使得很多海洋资源枯竭，纪念品交易甚至也会威胁到珊瑚礁的生存。所幸的是，现在有些国家已经制定了保护海洋生命、禁止污染海洋的法律。现在已经有了海底公园，人们就能够在不惊扰海洋生物的前提下观赏它们了。

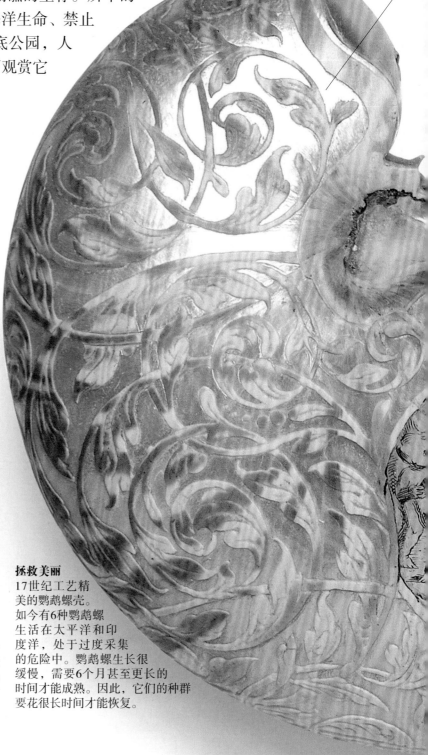

珍珠母

收集贝壳
大部分在商店出售的贝壳来自贝壳活体。如果从一个地方采集太多贝壳类生物，那里的生态结构就会被破坏。因此，最好是在海边捡贝壳或者收集已经死亡的贝壳。

鸡心蛤的贝壳

石油泄漏
大量石油泄漏会引发灾难。泄漏出来的石油会附着在海鸟和海洋哺乳动物的羽毛或皮毛上，破坏皮毛上的气囊。动物们为了清洁自己，就会去舔食石油，最终被石油堵塞气管，窒息而死。只有那些人工清理干净的动物才能获救。

拯救美丽
17世纪工艺精美的鹦鹉螺壳。如今有6种鹦鹉螺生活在太平洋和印度洋，处于过度采集的危险中。鹦鹉螺生长很缓慢，需要6个月甚至更长的时间才能成熟。因此，它们的种群要花很长时间才能恢复。

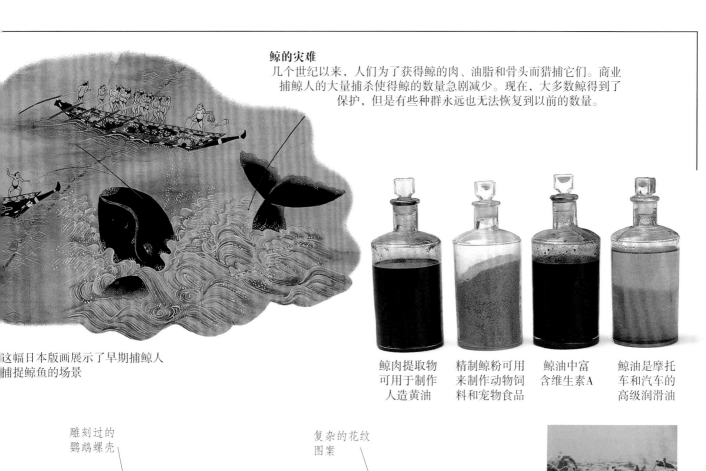

鲸的灾难

几个世纪以来，人们为了获得鲸的肉、油脂和骨头而猎捕它们。商业捕鲸人的大量捕杀使得鲸的数量急剧减少。现在，大多数鲸得到了保护，但是有些种群永远也无法恢复到以前的数量。

这幅日本版画展示了早期捕鲸人捕捉鲸鱼的场景

鲸肉提取物可用于制作人造黄油

精制鲸粉可用来制作动物饲料和宠物食品

鲸油中富含维生素A

鲸油是摩托车和汽车的高级润滑油

雕刻过的鹦鹉螺壳

复杂的花纹图案

在红海港口，海绵在废铁上安家

当心

这样大小的花篮海绵可能有100岁了，但可能因为被潜水员无意踢中而立刻死亡。很多海洋生命非常脆弱。珊瑚会因潜水员触摸而死亡。各种垃圾和污染也能影响海洋生命。在1997—1998年的厄尔尼诺气候中，印度洋中很多区域的海水温度升高了1~2℃，这导致了一些珊瑚因排斥藻类而死亡。

全世界的海洋

世界上有五大洋——太平洋、大西洋、印度洋、北冰洋和南大洋。前四个大洋填满了地壳上的天然盆地。2000年，国际海道测量组织在南纬60°将南大洋与四大洋正式划分开，这与《南极条约》的条款是一致的。

太平洋

太平洋是世界上最大的海洋，覆盖了大约28%的地球表面。这个大洋拥有2万到3万个岛屿，被一圈火山地震带围绕着。

面积：152617160平方千米
包括：巴厘海、白令海、白令海峡、珊瑚海、东中国海、佛罗勒斯海、阿拉斯加湾、东京湾、爪哇海、菲律宾海、萨武海、日本海、鄂霍次克海、南中国海、塔斯曼海、帝汶海。
平均深度：4229米
最深处：10924米，位于马里亚纳海沟的"挑战者"深渊。
海岸线：135663千米
气候：强气流和信风经常吹过太平洋，

"海沟号"潜水器

影响着它的气候和天气，并常引起热带风暴。寒流通常来自于南美的西海岸。每隔几年，就会有一股暖流（厄尔尼诺）向东流到秘鲁，引起全球天气变化。

1995年，无人潜水器到达了马里亚纳海沟的底部。

自然资源：鱼、锰矿结核、石油、天然气、沙子和砾石。

环境问题：
世界上有近一半的轮船航线穿过太平洋，海洋经常受到石油污染，尤其是在菲律宾海和南中国海。石油污染会威胁到海洋生物和海鸟的生存。太平洋中的儒艮、海獭、海狮、海豹、海龟和鲸现在都成为了濒危海洋生物。

太平洋西南部的珊瑚环礁

大西洋

大西洋是世界上第二大洋，覆盖了大约1/5的地球表面。其中心地带有一个向两侧扩张的水下山脉——大西洋中脊。

巴拿马运河将大西洋和太平洋连接了起来

面积：81527400平方千米
包括：波罗的海、黑海、加勒比海、戴维斯海峡、丹麦海峡、几内亚湾、墨西哥湾、拉布拉多海、地中海、北海、挪威海、浮藻海、斯科迪亚海。
平均深度：3777米
最深处：8605米，位于波多黎各海沟的密尔沃基深渊。
海岸线：111 866千米
气候：在北半球冬季，大西洋向北流的海水常常覆盖着海冰。从2月到8月，巨大的冰山向南漂流，它们有时对轮船航行形成威胁。湾流再从墨西哥湾出发，先向北再向东流，注入北大西洋。它提高了北欧的温度，并使得很多北部港口冬天不结冰。

自然资源：鱼、锰矿结核、石油、天然气、沙子和砾石。

环境问题：很多海域已经被工业废物、污水和石油严重污染。由于过度渔猎，尤其是对生活在海底的鱼类（比如鳕鱼）的捕捞，鱼类资源锐减。

大西洋中的拖网渔船

印度洋

印度洋是世界上第三大洋，由于受季风影响，其北部洋流的方向会随着季节而改变，它在北半球冬季沿着索马里海岸向西南方向流去，在夏季流向相反的方向。

濒危的绿海龟

面积：67469536平方千米
包括：安达曼海、阿拉伯海、孟加拉湾、澳大利亚海域曲线、亚丁海、阿曼湾、爪哇海、莫桑比克海峡、波斯湾、红海、帝汶海、马六甲海峡。
平均深度：3877米
最深处：7125米，位于爪哇海沟。
海岸线：66526千米
气候：2月到3月期间，从东北部吹来寒冷干燥的风。每到8月、9月，风从西南方向由海洋吹向北部陆地，在沿海地区形成大量的降水。
自然资源：油田、天然气、沙砾和鱼。

环境问题：石油污染了阿拉伯海、波斯湾和红海。濒危海洋生物包括儒艮、海龟和鲸。

阿拉伯海的石油生产

北冰洋

北冰洋是世界上最小的大洋，12月到来年5月间，大部分洋面上都覆盖着极地冰，有时能厚达30米。

面积：14750000平方千米
包括：巴芬湾、巴伦支海、波弗特海、楚科奇海、哈得孙湾、哈得孙海峡、喀拉海、拉普帖夫海以及西北航道。
平均深度：1935米
最深处：5680米，位于福蓝盆地。
海岸线：45389千米
气候：极地气候，常年低温，一年中温度变化幅度不大。

具有钢制船体的破冰船粉碎冰块，为其他轮船开辟航道

自然资源：石油、天然气、沙砾、鱼和海洋哺乳动物。
环境问题：生态系统脆弱，恢复得很缓慢。濒危动物包括几种鲸鱼以及海象。

北极熊的体内有厚达10厘米的脂肪层

北极熊

局部带蹼的前掌可用于游泳

南大洋

南大洋是世界上第四大洋，其中一部分海洋在南半球冬季时会结冰，形成广袤的龙尼和罗斯冰架。冰架下的涌流常常会引起巨型冰板的破裂，当冰板向北漂流时就融化。

面积：38000000平方千米
包括：阿蒙森海、别林斯高晋海、罗斯海、威德尔海。
平均深度：3410米

最深处：7235米
海岸线：17968千米
气候：极地气候，常年低温，一年中温度变化幅度不大。
自然资源：沙砾、鱼、磷虾，还可能存在大量的石油和天然气。

环境问题：浮游植物正遭受穿透南极洲上空臭氧洞的紫外线辐射的危害。南大洋虽然得到了1995年的《南极条约》及其附件的保护，但一些非法和无计划的渔猎事件仍然时有发生。现在，对鲸鱼和海豹种群的保护重新引起了人们的关注。

独特的南极平顶冰山

数据来自密西西比州斯塔尼斯航天中心海军海洋测量局（2001）

第二章
火山

火山和地震都是大自然力量爆发的形式。一场火山喷发也许会喷出大量炽热的岩浆和巨大的火山灰云，一场剧烈的地震则可能使整个城市都变为废墟。

不稳定的地球

火山爆发和地震都是大自然力量爆发的形式。一场火山喷发也许会喷出大量炽热的岩浆和巨大的火山灰云，一场剧烈的地震则有可能导致地动山摇，整个城市都沦为废墟。火山爆发和地震在全球范围内时有发生，所幸的是，大多数火山爆发和地震对人类造成的伤害比较轻微。一些著名的火山呈优美的锥形。大多数火山则位于海底深处，不被人所见。

美丽的火山
日本富士山是一座休眠火山，海拔3776米，山坡结构十分优美，几乎是一个完美的锥体。上面这幅表现富士山山顶风光的版画选自葛饰北斋创作的《富岳三十六景》。

壁画
这幅壁画已经有大约8000年的历史了，它描述了发生在土耳其哈桑达格的一次火山喷发的情景。这是人类已知关于火山喷发的最早的图片记录。

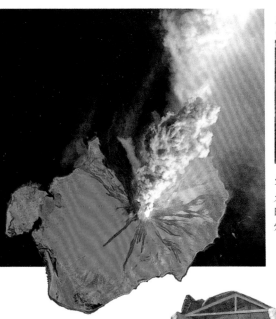

沙疗
火山喷发可能会毁灭人类的家园，夺去人的生命，但是温暖的火山灰也可以治愈很多疾病。

火山灰
火山灰的喷发很难预测，左图是卫星拍摄的伪彩色照片，它记录下了美国阿拉斯加州奥古斯丁火山喷发时的情形。

老忠实喷泉
美国黄石公园的"老忠实喷泉"，过去的100年里，一直都是每小时喷发一次。

画中的地震
上图是由14世纪的画家乔托创作的壁画，它描绘了意大利阿西西的一次地震。

喷火
埃特纳火山坐落于意大利的西西里岛上，海拔3390米，它是欧洲最高、最活跃的火山。它那荒凉的山顶上总是有岩浆冒出。

旧金山，1989年
1989年10月17日，一场强度稍小的地震仅仅持续了15秒钟，但还是造成62人遇难。

地火

地心十分酷热。在地表以下200千米的深处，某些地方的温度甚至达到了1500℃。火山喷发产生的大部分熔岩来自距离地面100～300千米的地幔顶部。那里条件适合，岩石中各种晶体缝隙间的物质会轻度熔化，从而形成岩浆囊。因为岩浆比周围的岩石更热、更轻，所以它们会往上涌，并在上升的过程中熔化掉一些岩石。若有一条通道通向地表，岩浆就会喷出地面，形成熔岩。

炽热如地狱
基督教将地狱描述为一个炽热的黑暗世界。在那里，罪人将永受烈焰烘烤。

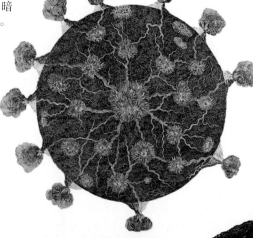

火山通路
17世纪，阿塔纳斯·珂雪创作了这幅地心版画。他假想地球火山爆发都源于地球炽热的核心。其实由于强大的压力，地球内部只有很少一部分物质呈液态，火山也并非连为一体。

炽热的岩浆喷涌而出

进入火山口
凡尔纳的《地心游记》描写了几位探险家去地下探险的故事。

薄层
按比例来说，地球构造板块不会比苹果皮厚多少。苹果核被果肉包围着，地核上也包裹着一层厚厚的地幔。

玄武岩
玄武岩是构成海洋板块的主要物质，它们覆盖了地球表面的3/4。

花岗岩
陆地板块由多种岩石构成，它们大部分都比玄武岩轻，而且颜色相对较浅。

铁的熔点
铁达到1535℃时就
会熔化。地球内部
大部分地方的温度
都要高于这个值。

包括大陆板块在内的
岩石圈

铁质核心
有些地质学家认为，落到地球上
的铁质陨石是碎裂的行星核。
它们的成分与地球物理学家
提出的地球金属核心的模
型相符合。

固体金属构
成的内核

致密岩石组成的
上地幔

下地幔

液态金属
外核

超基性岩

地幔内部的秘密
没有一个钻孔机能够钻到地幔。上升的
岩浆有时能将地幔附近的岩石碎片冲出
来。经常出现在熔岩中的超基性岩就是
一种密度较大的地幔岩石碎片。

地球层
地幔位于温度较低的地壳之下，呈固态，由硅酸盐岩石构
成，聚集了大量岩浆囊。地幔的下面是地球的金属核，由
一个液态金属构成的外核和一个固态金属构成的内核两部
分组成。

举起全世界的重量
这尊雕塑创作于公元1世纪，它展现了大力神阿特拉斯肩负天空的情景。

板块上的世界

直到20世纪60年代，深海海底的秘密被发现后，科学家们才对火山和地震产生的原因有了新的认识，它就是现在广为人知的"板块构造学理论"。该理论认为，地球表层由六大板块构成。这些板块会在地表以每年几厘米的速度持续地移动。大多数火山和地震活动都发生在板块交界处，这些的板块会发生碰撞、摩擦或分离。

大陆漂移
"大陆漂移学说"是德国气象学者魏格纳提出来的。在此后半个多世纪里，魏格纳的大部分理论被地球物理学者所忽视。直到40年后，科学家们发现了扩张洋脊，他的理论才被接受。

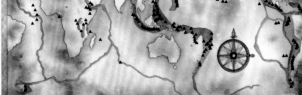

火山地震带
地球上有超过1500多座活火山，每年都要发生一百多万次地震。大部分地震都是非常微弱的。在这幅地图中，黑色三角形代表火山，红色的环带表示地震带。

历史教训

这尊石膏模型是一个在维苏威火山爆发中遇难的男子。这场火山发生于公元79年，它摧毁了意大利古都庞培和赫库兰尼姆。

居住在火山地震带上
日本有70多座活火山，每过几个星期就会发生一两次地震。

堪察加半岛处在环太平洋火山地震带上

阿拉斯加州和阿留申群岛经常发生火山和地震活动

大西洋中脊上的冰岛

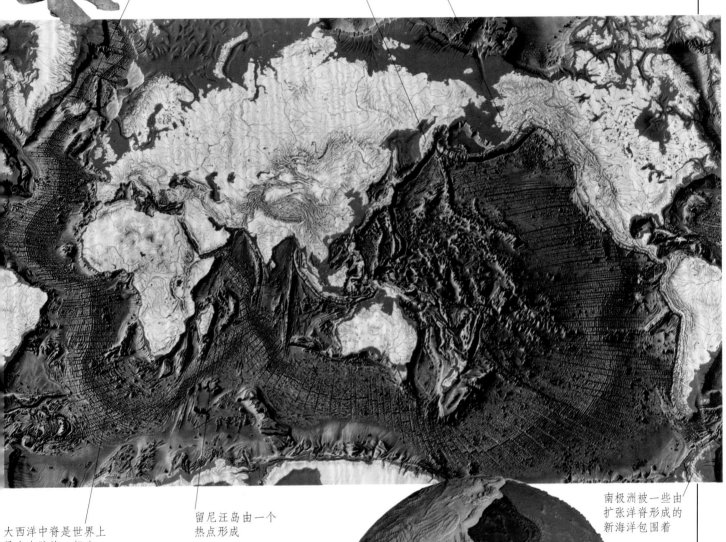

大西洋中脊是世界上最大山脉的一部分

留尼汪岛由一个热点形成

印度尼西亚位于几个板块的交界处，它有125座活火山

南极洲被一些由扩张洋脊形成的新海洋包围着

埃里伯斯火山是一座位于南极洲的活火山

板块漂移

这个地球模型上采用了多种颜色来显示不同的板块。一个板块可以包括陆地和海洋两部分。

澳大利亚位于板块中部，那里没有一座活火山

火岛

冰岛是由火山和喷泉组成的，与其称它为冰岛，不如称它为"火岛"。这个岛屿是经过一系列剧烈的火山喷发后，逐渐凸出海平面而形成的。

移动的板块

板块交界处，岩石之间相互挤压产生的巨大压力，会在火山爆发和地震中得到释放。当两个板块向外扩张时，就会形成新的洋脊。当两个板块相互碰撞时，一个板块就会俯冲到另一个板块下方，形成一个俯冲带。俯冲板块中的岩石有一部分会被熔化掉，其中较轻的岩浆会逐渐上升，当板块边界处发生火山爆发时，这些岩浆就会喷发出来。还有一种火山发生在热点上面，热点是地幔内部岩浆活动的中心。

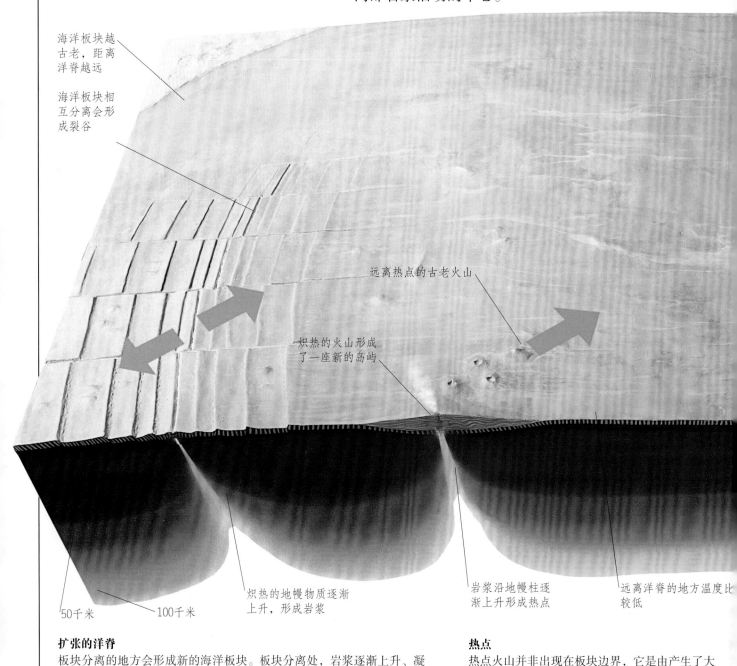

海洋板块越古老，距离洋脊越远

海洋板块相互分离会形成裂谷

远离热点的古老火山

炽热的火山形成了一座新的岛屿

50千米　　100千米

炽热的地幔物质逐渐上升，形成岩浆

岩浆沿地幔柱逐渐上升形成热点

远离洋脊的地方温度比较低

扩张的洋脊

板块分离的地方会形成新的海洋板块。板块分离处，岩浆逐渐上升、凝固，填充板块间的缝隙，形成熔岩。在过去的2亿年中，海洋板块就是这样形成的。

热点

热点火山并非出现在板块边界，它是由产生了大量岩浆的地幔活跃的中心区引发的。地幔产生的岩浆上涌到地表，在板块上冲击出一个通道，形成一座火山。

火山带

中美洲的危地马拉建立在一条由很多火山组成的火山带上。当科科斯板块俯冲到北美板块下方时，就形成了一个俯冲带，而这些火山就位于俯冲带的顶部。

断层

加利福尼亚州的圣安德烈亚斯断层带是世界上最著名的板块分界带之一。

海洋板块陷入另一板块之下时形成的深海沟

较轻的海洋板块陷入致密的地幔中，逐渐形成山脉

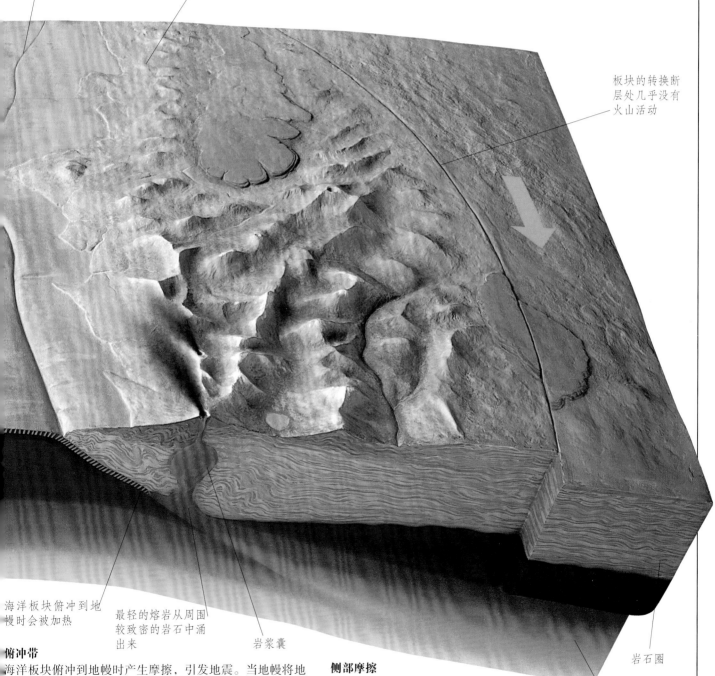

板块的转换断层处几乎没有火山活动

海洋板块俯冲到地幔时会被加热

最轻的熔岩从周围较致密的岩石中涌出来

岩浆囊

岩石圈

软流层（地幔上部软的部分）

俯冲带

海洋板块俯冲到地幔时产生摩擦，引发地震。当地幔将地壳的岩石"吞食"时，这些岩石就会熔化成岩浆，流入大钻板块边界处的火山中。

侧部摩擦

两个板块侧向相撞时，形成横切水平断裂带。它们的分界线被称为转换断层。

火山爆发

最壮观、最具破坏性的火山爆发发生在俯冲带。这些火山在爆发之前可能已经休眠了多个世纪，一旦爆发，就会异乎寻常得猛烈。圣海伦斯火山位于美国西北部的卡斯卡达山脉，1980年5月18日，这座火山爆发了。在爆发之前，它已经休眠了123年。这次剧烈的爆发削平了山峰，山峰的北部被炸得粉碎，周边的森林也都被摧毁了，大部分森林被夷为平地，包括火山学家约翰斯顿·大卫在内的57人被夺去了生命。

沉睡的巨人
圣海伦斯火山在爆发之前曾是一个仙境般的旅游景点。

火山爆发后的38秒
在持续了两个月的小规模喷发后，圣海伦斯火山的北部斜坡形成了一个巨大的隆起物。5月18日8点32分，这个隆起物突然碎裂，火山内部压力得到缓解，底部炽热的岩浆开始膨胀、喷发。这幅图片拍摄于火山爆发后的第38秒，它记录了山崩产生的泥石流咆哮着涌入圣海伦斯火山北部的情景。

火山灰云

熔岩通道

炽热的气态岩浆库

助长火山爆发的威力
岩浆比其周围的固体岩石轻，能够流动到圣海伦斯火山的下方。这些岩浆是由古老的海洋板块在海面上的俯冲带熔化而成的。它们在地下的岩浆库汇集在一起。火山爆发时，炽热的岩浆会沿着管状的通道到达火山口。

4秒之后……
这些照片的拍摄者加里·罗森奎斯特说："我的视线完全被遮挡住了，有些头晕目眩。为了防止晕倒，我不得不离开了那里。"

滚滚而来的火山灰

这些火山灰云从火山侧面的上方喷涌出来，它们比空气还要轻，开始上升。加里·罗森奎斯特在跑向车子前拍下了这最后一张照片。"我们在99号公路上狂奔，火山灰云在我们身后汹涌而至。弹球大小的泥浆球打着汽车的挡风玻璃，我们争分夺秒地向兰得尔开去。几分钟之后，周围就被黑暗笼罩住了，为了求生，我们不得不在令人窒息的火山灰云中摸索着前进。"

最后的喘息

在这次大爆炸之后的几个月里，由于压力不断减，岩浆库喷出了一些黏稠的熔岩，形成了一隆起的圆丘。1986年，这个圆丘的高度达到了60米。圆丘的某个点上形成了一个坚硬的火山，这个火山塔最后炸裂成了碎小的火山岩。

树木被毁掉

古老的森林被夷为平地，在这之前，这片森林的树木已经高达50米。

秒之后……

塌的老岩石很快就被快速喷涌而的火山灰覆盖了。从图片右侧我看到，一块块巨大的岩石从火山云中弹射出来。

火山灰

火山剧烈地喷发时，向天空中喷射出大量火山灰。炽热的岩石被火山喷发时产生的巨大力量炸成无数的碎片，有些碎片统称为火山碎屑物。它们有些是大如房屋的熔岩块，有些是飘浮的粉尘，介于两者之间的就是火山砾和火山灰。剧烈的爆炸能把这些石块喷出几千米远。有些火山喷发时，火山灰在自身重力的作用下发生崩塌，形成火山碎屑流。许多严重的火山灾害都是由火山碎屑流或火山碎屑潮引起的，因为它们所含的炽热气体要比火山灰多得多。

火山砾，鸡蛋大小的熔岩碎屑

火山灰，较小的火山碎屑物

粉尘，最小、最轻的火山碎屑物

形成一个锥体

火山爆发时，含气体较多的熔岩喷泉喷发时会形成由火山弹和火山灰构成的火山锥。在夏威夷毛伊岛上就有很多这样的火山锥。

意大利那不勒斯附近的古老的火山碎屑流堆积物

颗粒状火山灰基质

浮石弹

熔岩碎屑

那不勒斯火山碎屑流沉积物

火山碎屑流

如果火山喷出来的碎屑物比空气重，那么它们将会以超过100千米/时的速度向山底流去，形成火山碎屑流。火山碎屑流能把经过的每一处都夷为平地。

火山演变史

火山爆发在其山坡上的岩层中留下痕迹。我们可以通过对岩层的物质组成和结构进行分析，推测出火山爆发的时间。右图中这个火山灰层是在大约5亿年前英国一座火山爆发时形成的。

灰云蔽日

1991年，菲律宾的皮纳图博火山在经过长达600年的休眠后再度爆发。巨大的火山灰云遮天蔽日，持续了好几天，火山斜坡上降落的火山灰厚达100米。火山爆发后的一场暴雨，引发了泥石流。在这次火山爆发中，至少有400人死亡，40万人失去家园。

田地被火山灰覆盖，牧民们寻找新的牧场

被淹没的庄稼

适量的火山灰可以给土地增肥，但如果过量，就会对庄稼造成伤害。如果不用水冲刷掉农作物上的粉尘，这些农作物就会被污染而不能食用。皮纳图博火山爆发产生的大量火山灰几乎使附近的庄稼绝收。

难以呼吸

火山灰弥漫在空气中，她们只好用湿毛巾捂住嘴巴和鼻子，以保持喉咙和肺部的清洁。

炽热的岩石

火山爆发时经常会喷发出炽热的熔岩。有时候，熔岩从地面上的裂缝中渗出来；有时候，它会在火山喷发的过程中被喷射到空气中，然后落到地面。不管是哪种方式，它们在冷却之前都有可能摧毁村庄。在冰岛和夏威夷有种常见的熔岩喷泉和熔岩流。如果熔岩较少流动，流量变化不定，火山就会一次一次地爆发，释放熔岩中的气体。随着气体含量的变化，火山喷发的方式发生转变。火山爆发时会将火山弹和大块的火山岩胡乱地抛射到火山口周边。

再熔熔岩
这块熔岩被放在一个特殊的烤炉中再次加热、熔化。冷却后的熔岩膨胀了许多，这表明其中仍然含有大量气体。

这是一块从意大利西西里岛的埃特纳火山喷发出来的火山弹

致密的球形火山弹

火山弹和火山块
火山弹和火山块既可能大如房子，也可能小如网球。火山弹一般比较圆，而火山块则比较致密且棱角分明。它们的形状取决于熔岩在流动过程中熔化或气化的方式。

夜间拍摄到的埃特纳火山的一次小规模喷发

螺旋状的火山弹
很多火山弹会旋转着穿过空气，形成这种怪异的螺旋状或尾状结构。

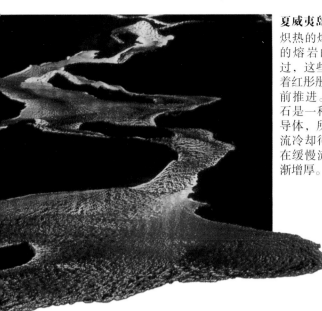

夏威夷岛上的块状熔岩

炽热的熔岩从已经冷却的熔岩的坚硬表面流过，这些熔岩流携带着红彤彤的石块向前推进。因为岩石是一种不良热导体，所以熔岩流冷却得很慢，在缓慢流动中逐渐增厚。

绳状熔岩

绳状熔岩比块状熔岩更具流动性，含有更多的气体。绳状熔岩的表面在冷却时会变得薄而柔软，内部的热岩会使它扭曲并产生褶皱。绳状熔岩坚硬的外壳可能会很厚，人能够在上面安全地行走，而地下隧道中的岩浆也许仍在流动。

硬化的大块绳状熔岩

块状熔岩和绳状熔岩

熔岩流对人类的威胁比较小，因为它的流速一般都很慢，每小时不过数千米。块状熔岩由有棱角的大块熔岩组成，冷却后，很难在其上面行走。而绳状熔岩则不同，它们从火山口涌出后，会形成光滑的表面。绳状熔岩的厚度很少超过1米，而块状熔岩的厚度则有可能超过100米。

龟状熔岩隧道顶部的少量再熔熔岩

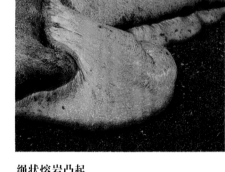

绳状熔岩凸起

在这幅图片中，炽热的绳状熔岩正从其表面的一道裂缝中喷涌出来。

棱角分明

这块矿渣取自一块块状熔岩表面。

水和火

夏威夷岛和冰岛的沙滩大多是黑色的。当炽热的熔岩被冲到大海中时，它们就会碎裂成细小的沙子，这些沙子之所以呈黑色，是因为熔岩中含有丰富的黑色矿物质（如铁的氧化物），以及少量的浅色矿物质（如石英）。

这些黑色的沙子来自希腊圣托里尼岛，为一座火山岛

气体和闪电

火山喷发出来的气体是极其危险的。1986年8月，发生在中非喀麦隆尼奥斯湖的一次小规模喷发致使居住在尼奥斯湖附近一个村庄中的1700人死亡。喷发的云团中的主要有害气体是二氧化碳，还有硫化氢，酸性气体氯化氢和二氧化硫对眼睛和喉咙都有刺激性，氟化氢毒性很大，它能腐蚀玻璃。虽然氢气燃烧时会产生火焰，但人眼很难观测到。更令人惊奇的是，火山爆发时甚至可能产生闪电现象。

这是《丁丁历险记之714航班》中的一幅插图，它描述了哈道克船长和朋友们逃离火山喷发产生的含硫气体时的情景。

发出臭味
位于印度尼西亚爪哇地区的卡瓦依登火山最近一次爆发发生在40年前。直到现在，火山口仍不断有硫黄和其他一些气体逸出。

水蒸气加速喷发
水变成水蒸气时，体积将膨胀很多。所以当岩浆遇到水时，爆炸的威力会增加好几个数量级。1963年11月，冰岛上的叙尔特塞岛发生火山爆发，海水涌入火山口，引发了极为壮观的爆炸，并产生了大量的蒸汽云团。

防毒面具
这种防毒面具是帮助佩带者避免低浓度酸性气体的侵害的。

火山学家戴着防毒面具研究夏威夷岛上的熔岩流

闪电

火山喷发时，常伴有剧烈的闪电发生。它们是由累积的静电引起的，而这些静电是由细小的熔岩碎片经过多次摩擦之后产生的。这幅图片显示了位于西伯利亚堪察加半岛的托尔巴奇克山上空发生闪电时的情景，左边远处的是太阳。

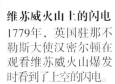

维苏威火山上的闪电

1779年，英国驻那不勒斯大使汉密尔顿在观看维苏威火山爆发时看到了上空的闪电。

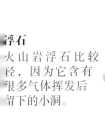

浮石

火山岩浮石比较轻，因为它含有很多气体挥发后留下的小洞。

漂浮在酸性湖面上

火山学家正在卡瓦依登火山口的一个酸性湖面上采集火山气体样本。这种酸性湖对生命体危害极大，它能在几分钟内毁掉一个游泳者的皮肤。

热点

世界上的大火山大多位于热点上。其中最大的两座火山——冒纳罗亚火山和基拉韦厄火山都在夏威夷群岛上。热点是随机分布的，并且与今天的板块边界没有什么必然联系。一些地质学家认为，某些热点可能与旧的板块边界的位置有关。而其他热点则可能成为新的板块边界。冰岛是大西洋北部方圆2000千米内的唯一热点。如果不是因为这个巨大的火山体上浮，现在欧洲西北部的很多地方就将可能处于海平面之下。

冒纳罗亚火山
冒纳罗亚火山是夏威夷岛上持续喷发时间最长的火山之一，这里的熔岩喷泉已经形成一个黑色的火山灰锥。后来，炽热的绳状熔岩流摧毁了这个火山锥的一侧，使其倒塌了。

火山女神
一些夏威夷人认为，是火山女神佩蕾构筑了山脉，熔化了岩石，摧毁了森林，并形成了新的岛屿。

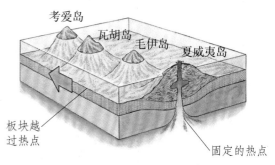

考爱岛　瓦胡岛　毛伊岛　夏威夷岛

板块越过热点

固定的热点

一串岛屿
太平洋板块正在通过夏威夷岛上一个固定的热点。目前，这个热点位于夏威夷岛的南部。夏威夷岛北部是由许多古老的死火山组成的，这些正逐步变老的火山岛位于夏威夷岛的西北部。

移动的热点
热点火山经常爆发，而且人们很容易靠近它们，还可以对其拍照。右图是印度洋留尼汪岛上的富尔奈斯火山爆发时的情景。这个岛屿位于一个巨大的火山顶部，距离海洋板块底部7000米。在过去的3000万年里，这个热点已经移动了4000千米。

佩蕾的"头发"
夏威夷岛上的熔岩喷泉喷出的炽热的熔岩流被吹成了细小的玻璃束状，它们被称为"佩蕾的头发"。

这棵树上凝固了一层熔岩，成为了一尊雕塑

道路被基拉韦厄火山喷发出的岩浆淹没了

燃烧的火焰
隧道中的熔岩仍然能保持炽热和流动的状态，所以它从火山口喷发后还能流动数千米，并在流经的途中，蔓延到周围的田地和村庄上。

熔岩管
绳状熔岩流的表面会结成一层硬壳，其硬度足以支撑人们在它上面行走。在这层硬壳下方1米左右，炽热的熔岩还在隧道中继续流动。人们能够通过熔岩表面偶尔坍塌形成的小洞来观测正在流动的熔岩。隧道内侧的热熔岩一点一滴地累积，会形成一些奇怪的结构，比如熔岩石笋和熔岩钟乳石。

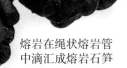

熔岩在绳状熔岩管中滴汇成熔岩石笋

海洋板块

构成海洋板块的岩石都比较年轻，它们大都不超过2亿年，这是因为新的海洋板块是由海底深处不断发生的火山喷发形成的。一串长长的山脉从海底蜿蜒而过，山脉中心被一个裂谷切断。这个裂谷的火山不断地喷发，产生新的火山岩。由于海水巨大的压力，熔岩喷发就像挤牙膏一样轻柔，喷发出的熔岩会形成浑圆形结构，它们就是所谓的枕状熔岩。接下来，新的岩石就会填充到板块分开时产生的裂缝中。通过这种方式，海洋板块一点点地扩张，但每年只能扩张1厘米左右。有些裂缝处还有黑烟囱（火山温泉）出现。黑烟囱是在1977年首次被发现的，它们可能是地球上唯一存在原始生命的地方。

穿过冰岛的裂缝
冰岛是一个地质学家不用弄湿身体就能对洋脊进行研究的地方。斯卡夫塔裂缝是一个长达27千米的裂缝的一部分，它出现于1783年。它在最初8个多月的时间里，连续喷发出了130亿立方米的熔岩。尘埃和气体杀死了冰岛上75%的动物，由此引发的饥荒又致使上万名冰岛人丧生。

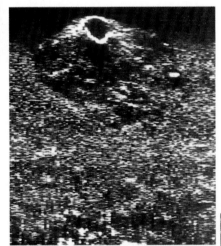

海底火山
通过长距离的声呐扫描，地理学家们获取了这座位于太平洋海面以下4000米深处的火山的图像。这座海底火山的跨度长达10千米。

冰岛的火山喷发展现了不断扩张的洋脊是如何形成新海洋板块的。相对于火山口，长长的裂缝中更容易发生火山喷发。

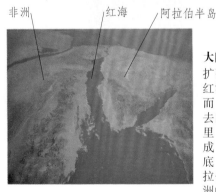

非洲　　红海　　阿拉伯半岛

大陆分离
扩张的洋脊从红海底部蜿蜒而过。在过去的2000万年里，它已经形成了新的洋底，造成了阿拉伯半岛与非洲的分离。

"阿尔文号"潜水器拍下了洋脊的图像

位于深海的虾
这种虾是于1979年在太平洋的加拉帕戈斯裂谷中发现的新物种。

岩浆在水下喷发形成的圆润的枕状结构

锰结节
洋底铺满了富含锰等金属元素的黑色岩块。这些金属是宝贵的矿产资源。

黑烟囱

这些温泉沿着仍然活跃的新形成的洋脊分布。温泉中的水温度很高，呈酸性，并且含有黑色的铜、铅和锌的硫化物。

加拉帕戈斯裂谷中的嗜硫管蠕虫

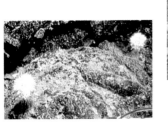

不需要阳光的生命
科学家们在黑烟囱周围发现了很多依靠火山热和矿物质生存的奇怪物种。这些海胆是在加拉帕戈斯裂谷中发现的。

羽毛状的黑色金属硫化物

黑烟囱

熔岩通道

冷海水渗透到热岩石中

黑烟囱的模型

岩浆库

熔岩通道
这块岩石上有两处熔岩通道的痕迹。

这块粗晶质的岩石表明其冷却过程非常缓慢

烟囱管道
金属硫化物遇到冷海水后会马上冷却、变硬并结晶，并环绕在黑烟囱口周围。

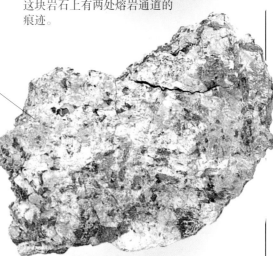

这块粗晶质的辉长岩来自塞浦路斯某处古老的海底熔岩库

维苏威火山大爆发

公元79年意大利那不勒斯附近的维苏威火山爆发也许是历史上最著名的火山爆发。公元79年8月24日，长期休眠的维苏威火山爆发了，而居住在罗马的庞培和赫库兰尼姆两个城镇中的居民还全然不知。炽热的灰尘和火山砾从庞培上空散落下来，长达几个小时，直到将庞培淹没了几米深。城市中的很多人被突然袭来的火山灰和气体淹没了。小普林尼写给塔西佗的著名信函就是这次火山爆发的首份证据。这座被埋没的城镇后来几乎被人类遗忘了，直到18世纪，有人挖掘到了它的遗迹。这两座罗马城镇现在已经成为了一笔极具考古价值的地质财富。

小普林尼

随风飘散
风把维苏威火山灰云吹到了位于其南部的庞培，虽然不断降落的火山灰很难到达位于火山西部的赫库兰尼姆。但随之而来的火山碎屑流淹没了这两座城镇。

喷硫火山　那不勒斯　维苏威火山
赫库兰尼姆　庞培
斯塔比亚海
火山灰云

当心恶狗
庞培入口地板上的马赛克画是用于警告擅入者的，意思是"当心恶狗"。

烧烤面包
这个圆形的炭化面包是在一个面包店的砖炉中被发现的。虽然这只面包是2000年前烤制的，但现在仍可以在其上看出面包师的印章。

现代的意大利面包

由熔岩形成的磨粉机，它坚硬得足以用来铺路

镶嵌在庞培一块墙壁上的一位女士肖像，她可能是一位女诗人或公主

一碗保存完好的蛋

蛇的魅力

人们在这个被淹没的城镇发现了一些精美的珠宝。这个呈盘蛇状的手镯是用足金制成的。

新鲜的核桃

新鲜的无花果

炭化无花果

炭化食品

像木材、骨头以及食物这样的有机化合物都含有碳。在通常情况下，它们在加热时会燃烧。但炽热的灰尘和气体会阻止氧与碳的结合，这些化合物最终都会转化为木炭。这个过程称为炭化，它使得很多食物完好地保存在了火山灰中。

炭化核桃

街头恐慌

上图是某位艺术家通过想象描绘的正处于灾难中的庞培古城。我们能够在图中看到大剧院（开放式的半环形建筑）和角斗士的训练场（在剧院的前面）。

老普林尼之死

小普林尼曾在一封信中写到他的叔叔和另外一个官员逃难的情景："他们用餐布将枕头系在头上，以抵御铺天盖地而来的石雨。虽然当时是白天，但他们所在的地方，比深夜还要黑暗……在两个仆人的协助下，我的叔叔突然跌倒，他就这样死了……我想，他可能是吸入某种有害气体窒息所致……他的尸体被发现时还很完整，他看上去就像是睡着了，而不是死去了。

忠诚的狗

在维桑尼斯·普瑞穆斯的家中，这条警卫犬死在他的身后，而且脖子上仍然挂着一条铜链。

遇难者遗容

维苏威火山的爆发掩埋了庞培这座罗马古城，致使2000多人死亡。我们能够从石膏模型看到他们死亡时的样子。1860年，意大利国王任命菲奥雷利·朱塞佩为指挥者，开始首次大规模地对这座古城进行系统性的挖掘。为了保持遇难者的原貌，菲奥雷利还发明了一种挖掘方法：先把空穴中的骨骼取出来，然后在空穴中注满熟石膏，等石膏硬化后，就铸下了死者的形态。这些石膏模型显示出了当时人们死亡前的惨状，有的神情痛苦，有的在竭力躲藏，还有的在恐惧中挤作一团。

发现人体空穴

往空穴中注满熟石膏

庞培的最后一天

这幅画是由19世纪的德国艺术家卡尔·布留洛夫创作的作品。

避难者花园中窒息婴儿的浇铸模型

裹尸布

这具人体石膏模型表明，死者死亡时身上穿着布满褶皱的衣服。他用手捂住胸腔，说明当时他呼吸非常困难。大部分遇难者都被证实为窒息而死。

这个男性死者用手遮住了脸

透过脱落的石膏，可以看到该妇女的部分头骨

母亲和孩子
当孩子们被灼热的火山灰和气体侵害时，母亲竭尽全力地保护他们。

殉职
美国作家马克·吐温在参观庞培时，一个毅然坚守在自己岗位上的士兵的模型给他留下了非常深刻的印象："他的周围像地狱一样燃烧着，却烧不尽他不屈不挠的大无畏精神。"

健康忠告
这幅马赛克画是在庞培附近发现的。骷髅象征着死亡，骷髅的手里拿着葡萄酒，也许是警告人们：喝酒有害健康。

菲奥雷利在监督挖掘工作时做了详尽的记录

火山碎屑流沉积物

火山碎屑潮沉积物

火山灰和火山砾

岩层
2米厚的火山灰和岩层，以及紧接而来的两股火山碎屑潮和一股巨大的火山碎屑流把庞培淹没了。

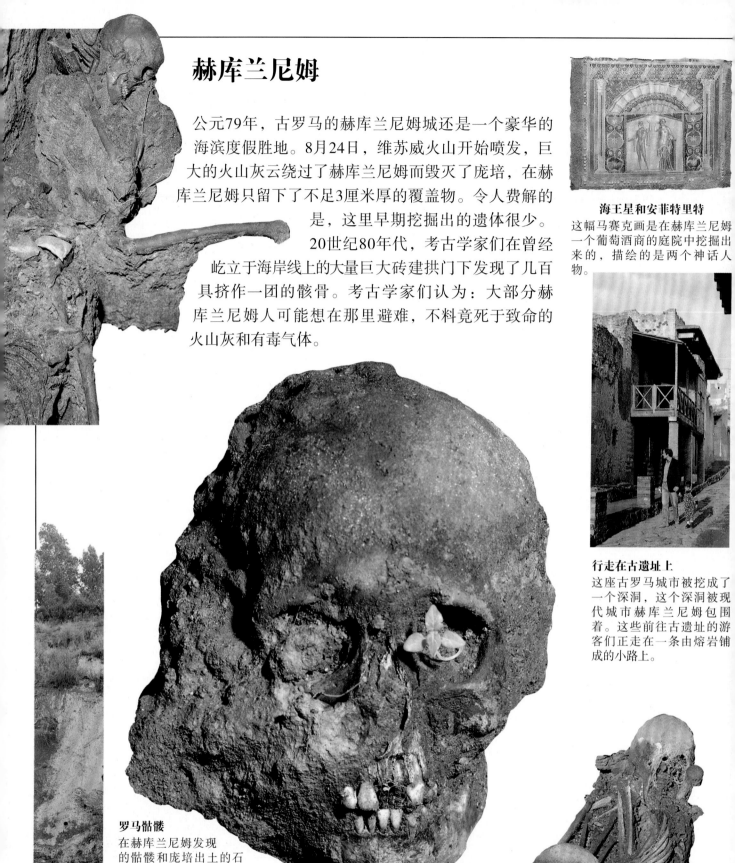

赫库兰尼姆

公元79年，古罗马的赫库兰尼姆城还是一个豪华的海滨度假胜地。8月24日，维苏威火山开始喷发，巨大的火山灰云绕过了赫库兰尼姆而毁灭了庞培，在赫库兰尼姆只留下了不足3厘米厚的覆盖物。令人费解的是，这里早期挖掘出的遗体很少。

20世纪80年代，考古学家们在曾经屹立于海岸线上的大量巨大砖建拱门下发现了几百具挤作一团的骸骨。考古学家们认为：大部分赫库兰尼姆人可能想在那里避难，不料竟死于致命的火山灰和有毒气体。

海王星和安菲特里特
这幅马赛克画是在赫库兰尼姆一个葡萄酒商的庭院中挖掘出来的，描绘的是两个神话人物。

行走在古遗址上
这座古罗马城市被挖成了一个深洞，这个深洞被现代城市赫库兰尼姆包围着。这些前往古遗址的游客们正走在一条由熔岩铺成的小路上。

罗马骷髅
在赫库兰尼姆发现的骷髅和庞培出土的石膏模型不同，它们没有一定的形态，因为藏身的地方大都浸满了水。尸体腐烂时，潮湿的火山灰填满了骨头周围的空隙。

一座热岩
赫库兰尼姆发生了6次火山碎屑潮。而每次火山碎屑潮后，都紧接着袭来碎屑流。这座城市被掩埋了20米，比掩埋邻镇庞培的碎屑流要深5倍多。

1631年的爆发

被访问次数最多的火山

维苏威火山附近的罗马人几乎不知道它是一座火山。在此800多年前，这座火山曾喷发过一次，从那之后，它就变得平静了，山坡上都长满了绿草。但是在公元79年那次将庞培和赫库兰尼姆摧毁的大喷发后，维苏威火山就变得活跃了，它在此后的20个世纪中又爆发了很多次。最大的一次爆发在1631年。到了18世纪，旅客们蜂拥而至，来到那不勒斯观看出土文物、艺术珍宝和这座愤怒的火山。

有关火山喷发的课本
这幅创作于1767年的版画（上图）可能是维苏威火山在1760年爆发的情景，它后来收录在了米勒出版的《新全方位地理学》中。

这幅德国铜版画描绘了1885年火山爆发的情形

汉密尔顿的看法
英国驻那不勒斯大使汉密尔顿在其小说《卡毕·菲拉格累》中也提到对1779年的火山爆发的一些看法。该插画是皮埃特罗·法布里斯创作的。

借助旅游地图
这幅创作于1890年的讽刺漫画描绘了站在维苏威火山口前的英国游客形象。1883年出版的某本旅游指南劝告游客在参观火山时要穿破旧的衣服，因为靴子会被尖锐的熔岩磨坏，衣服也会因沾染硫化物而褪色。

Vesuv. Ash rain of the eruption
(March 1944: days 22. 23. 24. 25. 26)

别具风格的旅行
1890—1944年期间，游客可通过一条索道到达维苏威火山的火山口。图中游客正在观赏1933年的喷发。

维苏威火山的纪念品
几个世纪前，那不勒斯的纪念品以古罗马文物的仿制品为主。现在，由于文物的安全问题日趋严峻，成盒的熔岩和火山灰成为了更为常见的纪念品。

现代庞培：圣皮埃尔镇

1902年5月8日，法国马提尼克岛的加勒比海岛上的培雷火山爆发了，它是20世纪最严重的一次火山爆发，圣皮埃尔镇整个被摧毁了。这座火山在8点前就已经开始喷发了，它产生的炽云涌向港口，淹没了圣皮埃尔镇及生活在其中的所有居民。据船只上的一些目击者描述，炽云把它所碰触到的所有物体都烤焦、烧成了灰烬。不到几分钟，圣皮埃尔镇就被烧得面目全非了。除了船只上的几名船员幸免于难之外，岛上的2.9万名居民中只有两人幸存，其余人全都遇难了。

千疮百孔的残留物
热浪在这个雕像的表面留下了深深的印迹。

被损坏的雕像

炭化的意大利面

钟表停止的时刻
这块怀表熔化时，正指向上午8：15。

熔化的玻璃瓶

拉克鲁瓦
法国火山学家拉克鲁瓦于1902年6月23日到达圣皮埃尔镇，花了一年的时间研究培雷火山。那份有关火山爆发的报告中，描述了曾经弥漫在圣皮埃尔镇上空的炽云，现在，这些炽云被称为火山碎屑流。

炭化的梅子

火山灰碎片

捕鼠器的残骸

熔化的玻璃制品
和庞培发掘出来的文物一样，圣皮埃尔镇的废墟也揭示了这场可怕的火山爆发的一些秘密。这些熔融物出土于20世纪50年代，它们见证了20世纪初生活在这个法国小镇上的居民的日常生活。

熔化成釉的火山灰粉末

熔化的金属叉子
（火山喷发后生了锈）

熔化的酒瓶

被烧焦了的人类股骨

毁掉的城市
灾难过后的圣皮埃尔镇上只留下了一些残垣断壁。许多人死在教堂中，他们当时刚刚集合起来准备庆祝耶稣升天日。

守护天使
这尊金属天使雕塑如今已经锈迹斑斑。与庞培和赫库兰尼姆不同，圣皮埃尔镇没有出现任何伟大的艺术品。

一堆熔化得无法辨认的玻璃器物

烧焦的马克杯

压扁的烛台

石化
木材、骨头、陶器和大多数食物都含有碳成分。在这些有机混合物中，一部分已经被烧焦，另外一些则被炭化了。

热得足以熔化金属
一些金属物质被全部或者部分熔化了，只有铜电话线没有被熔化，由此可以判断，炽云的温度应该略低于铜的熔点（1083℃）。

炭化的咖啡豆

一堆熔化后的铁钉

永恒的形象
这个十字架木质部分已经燃烧殆尽，只剩下了伸展着双臂的耶稣雕像。

幸免于难
上图中左边的这个人就是在圣皮埃尔镇居民中幸存下来的两人之一。他叫作奥格斯特·斯帕瑞斯，是一名被判了死刑的囚犯。他之所以能逃过这一劫，是因为他所在的牢房有着厚厚的墙壁和一个很小的窗户，而且这个牢房远离火山爆发的地方。后来他被赦免了，改名为拉杰·萨博瑞斯，随着马戏团环游世界。

熔化的金属汤匙

熔化的硬币

影响世界气候

剧烈的火山爆发对气候有着很大的影响。如果火山灰尘被喷射到高层大气中，它们就可能会飘散到世界各地，整个地球的气候都有可能会因此而发生变化。火山灰和火山气体会遮挡一部分阳光，使气温下降。高空的灰尘微粒能通过散射某些频段的光线，影响我们观察太阳和月亮的视觉，让日出和日落的景象变得更为壮观。从长远来看，火山灰微粒可能会造成全球变冷，大量物种灭绝，甚至使地球进入冰期。

早期的地球
大约40亿年前，地球上没有大气层，地球表面遍布着不断喷发着的火山。通过这些火山数千年的持续喷发，地球上产生了大量的水和各种气体，它们最终形成了海洋和大气层。

小冰期
1783年，冰岛的斯卡夫塔和日本的浅间发生了两次剧烈的火山喷发。在这之后，欧洲和美洲连续迎来了几个非常寒冷的冬天。

火山上的日落
1980年，圣海伦斯火山爆发，就曾在邻近地区引发了下图中的日落现象。

谁杀死了霸王龙
恐龙灭绝的原因至今仍是个谜。有一种理论认为，大规模的火山爆发致使天气变得非常寒冷。而另有一种理论则认为，撞击到地球的一颗小行星或者彗星导致了气候的变化。

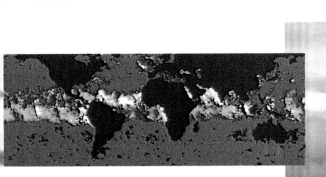

飘浮在世界各地

1991年6月，菲律宾的皮纳图博火山爆发，它喷发出的火山灰和火山气体进入了平流层。如上面的卫星图像所示，截至7月25日，这些微粒已经扩散到了世界各地。

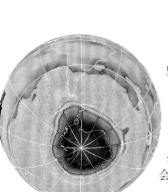

臭氧层空洞

这张伪彩色卫星图片显示，臭氧层空洞已经遍及南极上空。皮纳图博火山喷向高层大气的含硫粒子对臭氧层造成危害，或许对全球气温也会有影响。

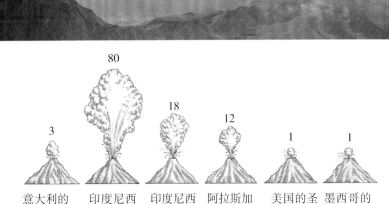

3	80	18	12	1	1
意大利的维苏威火山	印度尼西亚的坦博拉火山	印度尼西亚的喀拉喀托火山	阿拉斯加的加德曼火山	美国的圣海伦斯火山	墨西哥的埃尔奇琼火山
公元79年	1815年	1883年	1912年	1980年	1982年

火山喷发规模

火山喷发出的火山灰含量是衡量火山爆发规模的一个标准。这幅图比较了六大火山的喷发总量，单位是立方千米。1912年，加德曼火山喷发出的火山灰笼罩了阿拉斯加的大部分偏远地区。1815年，坦博拉火山爆发导致了9万多名印度尼西亚人丧生。1991年，皮纳图博山喷发出了7立方千米的火山灰。

一个画家描绘的1883年印度尼西亚喀拉喀托火山爆发时的情景

蓝色的月亮

1883年，印度尼西亚的喀拉喀托岛在一次灾难性的火山喷发中被炸成碎片。这次火山爆发的规模是有记录以来最大的一次，在距离事发地点4000千米以外的艾丽斯·斯普林斯（澳大利亚）都可以听到爆炸声。尘埃和气体改变了欧洲落日的颜色，甚至出现了蓝色或绿色的月亮和太阳。后来，浮石岛在印度洋上漂流了几个月，给船舶造成极大的危害。这块岩石被冲到了7000千米以外的马达加斯加岛的海滩上。

蒸汽喷口和沸腾的泥浆

火山喷发不但可以使一个地区的温度升高，还能使地面上的水也变热。经过长期休眠，热水可能喷到间歇泉、汽泉、温泉和冒着气泡的泥浆表面。在许多国家都能看到这种由于热液的运动而产生的壮观景象。高温水只要酸性不是很大，而且流量稳定，就可以用来做很多有益的事情。蒸汽能够直接带动涡轮发电。在冰岛，热地下水常被输送到城市用于家庭取暖和加热花房。

火神

古罗马人认为，意大利那不勒斯附近的喷硫（Solfatara）火山是"铁匠之神"弗尔康（Vulcan）的一个工作作坊，因此人们将它命名为"火山"（Volcano）。

测量地球的热量

热电偶是一种用来测量喷硫火山蒸汽喷气孔温度的仪器。蒸汽喷气孔的温度能达到140℃。热量和气体排放量的变化能够为预测火山爆发提供线索。在某个地区的地热能源被开发之前，也要先对它们进行监测。热能的不稳定性常常会使这些能源变得难以开发。

汗流浃背

喷硫火山的喷气孔正在向外渗出酸性气体和蒸汽。这个建于19世纪的观测站被喷气孔的活动摧毁了。从罗马时代开始，很多游客就来此泡蒸汽浴，以治疗关节炎和一些呼吸疾病。

硫黄晶体

火山气体中的硫黄正在逐渐冷却、结晶。上图中这些巨大的晶体来自西西里岛，那里的硫黄已经被开采了好几个世纪。

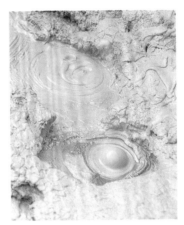

鼓泡的泥浆

一些气泡从喷气孔之上的泥浆池中冒出来。酸性的硫黄气体穿过岩石时，会将它们腐蚀，形成一个很大的软泥浆池。喷硫火山中的泥浆温度为60℃。有的泥浆池比这更热，有的却很凉。

难闻的气味

左图这个喷气孔的周围长满了长而尖的硫黄晶体。在喷气孔周围，炽热的无色臭气是看不见的，只有通过距离喷气孔几厘米范围外的结晶才能证实它们的存在。

罗马浴场

古罗马人喜欢奢华的热水浴，他们建造了许多巨大的公共浴场。许多病人会到这里来用富含矿物质的水沐浴。许多温泉城镇现在还很繁荣。

细腻的硫黄结成的硬壳

美国"老忠实喷泉"纪念碑

地热发电

冰岛上大约40%的电力来自于地热发电站。其他火山活动活跃的国家——日本、美国和新西兰也正大力发展地热发电工程。

睡美人

火山在喷发前可能休眠数年甚至是数个世纪。在这段休眠期，火山气体会从位于火山下面的岩浆中慢慢地渗出来。当这些火山气体穿过火山岩上升的时候，它会和岩石中的矿物质发生化学反应，形成新的矿物质。这些矿物质往往是一些彩色艳丽的大晶体。火山最后一次喷发留下的火山坑会慢慢风化，植被会生长在新生的岩石上，山坡在经过侵蚀后也会变得平缓。如果火山休眠期长达几万年，我们就很难辨认出它曾喷发的痕迹。处于这个阶段的火山，是比较安全的。

这座教堂修建于法国勒皮一座被风化后的老火山上

法罗群岛喷出的沸石晶体

生长在熔岩中
沸石晶体在熔岩的老气泡中生长起来。它们有很多种颜色和形状。

玛瑙
这些岩石形成于已冷却或正在冷却的火山岩中。这些条纹形成于不同时期，因含有铁的氧化物或氢氧化物而呈现出不同色彩。

最外层形成得最早

1868年，一名探险家掉进了冰岛赫克拉火山的火山口中

火山湖
在两次爆发之间，火山坑里常常会积聚一些雨水。右图中这个火山湖位于日本的白根火山上。由于从岩石中渗出的气体都溶解在了水里，所以湖水呈很强的酸性。火山爆发时，酸性水可能会混合了热岩和碎石，形成一股致命的泥石流涌下山。

汉密尔顿在喷硫火山上发现了这种色彩缤纷的岩石，意大利画家彼得·法布里由斯绘。

红海圣约翰岛上的橄榄石

切割后的
钻石

切割过的
橄榄石

酷热铸造

火山热液中常常含有一些不常见的化学元素，它们在火山岩的气泡中冷却得十分缓慢。在缓慢地结晶过程中，它们会慢慢形成一些大而结构完美的晶体，这些晶体能够被切割、打磨成宝石。

这块地幔的火山岩中嵌有一枚钻石，产自于南非金伯利

红海中的宝石
优质橄榄石是深绿色的。

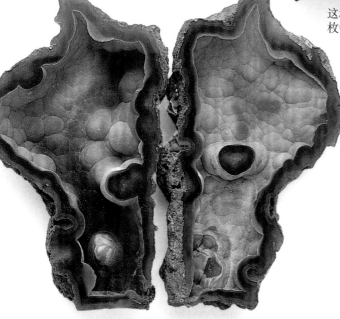

巴西的玛瑙晶簇

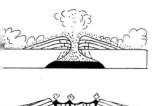

破火山口的形成
如果火山喷发的火山灰过多，被掏空的岩浆库可能就无法支撑山体的重量，山体就会向内塌陷，形成一个被称为破火山口的巨大圆形凹陷，口径可能长达数千米。

锡拉岛
公元前1645年，地中海发生了一次破坏性极大的火山爆发。这次爆发形成了一个破火山口，其顶部就是希腊岛屿。这场火山爆发摧毁了附近的克里特岛上的克里特文明。这些事件可能就是亚特兰蒂斯神话的原型。

喀斯喀特火山
瑞尼火山和圣海伦斯火山都分布在喀斯喀特山脉的一个火山链上，它们都有可能再次变为活火山。瑞尼火山可能于19世纪喷发过几次。

熔岩上的再生

火山爆发对地形有着很大的影响。土地本身就是一种无价的资源，火山喷发出的火山灰少于20厘米是一件好事。火山灰中富含营养物质，能够肥沃土壤。但是当这种免费肥料过多时，就成为一种灾难。最坏的情况就是土地上熔岩流泛滥。厚厚的熔岩流需要几个月才能冷却。几十年，甚至要数百年后，苔藓和地衣才能逐渐蔓延到荒芜的熔岩坡上，然后生长出一些开花植物和树木。岩石坚固的上表面会慢慢风化，分解形成土壤。只有覆盖了大量的土壤，土地才能再次变成肥沃的良田。这个过程大概要花费数代人的时间。

1944年维苏威火山爆发喷发出的熔岩流

未风化的熔岩

致密的晶体

熔岩上的地衣

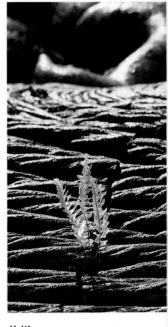

扎根
夏威夷基拉韦厄火山上的绳状熔岩流上就长出了蕨类植物。

熔岩表面布满了地衣，为其他植物生长提供了一个柔软的表面

苔藓丛
植物在熔岩上扎根的速度，取决于火山喷发物的性质。植物在火山灰碎屑中扎根最快，而在熔岩流中扎根最慢。气候和海拔高度的因素也很重要，在热带地区，植物扎根最快。这些熔岩碎片都来自于1944年爆发的意大利维苏威火山西面斜坡上的块状熔岩。大约47年后，很多熔岩流上就布满了地衣，长出了苔藓、野草以及一些开花植物。而那些生长稀疏的小松树之类的林木，则是政府种植的。

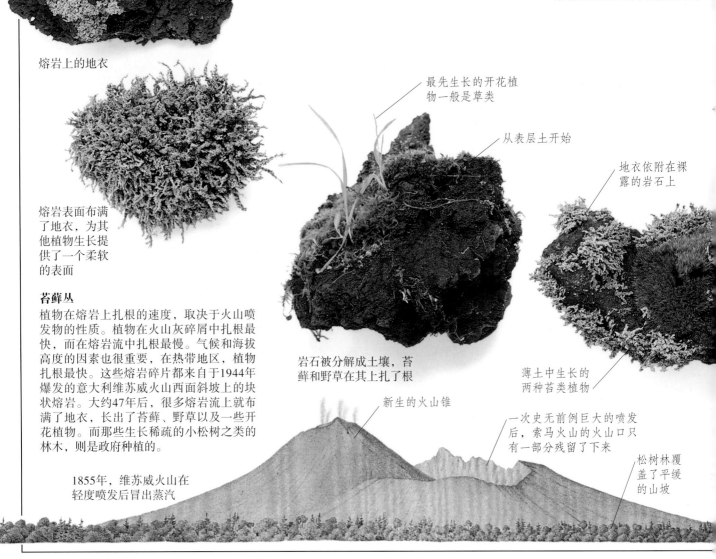

最先生长的开花植物一般是草类

从表层土开始

地衣依附在裸露的岩石上

岩石被分解成土壤，苔藓和野草在其上扎了根

薄土中生长的两种苔类植物

新生的火山锥

一次史无前例巨大的喷发后，索马火山的火山口只有一部分残留了下来

松树林覆盖了平缓的山坡

1855年，维苏威火山在轻度喷发后冒出蒸汽

新的岛屿的诞生
1963年11月，冰岛西南部的一个海底火山喷发，形成了叙尔特塞岛。火山爆发后的第3天，喷发乃然极具爆炸性（上图）。

冲洗过的海岸
种子被风或者水冲到叙尔特塞的海滩上，在附近的火山灰中扎根（上图）。

穿过葡萄藤
在最近的20个世纪内，维苏威火山总是会定期喷发。火山灰使其周边的土地变得特别肥沃，促进了葡萄的丰收，进而推动了当地葡萄酒业的发展。

红葡萄酒
这瓶酒的标签上是维苏威火山，酿造这种酒的葡萄就出产于这座火山的山坡上。

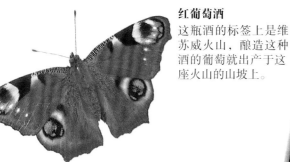

孔雀蝴蝶就靠这些开花植物的花蜜生活

草本开花植物

最终，土壤厚到可供大型植物生长

罗马的双耳瓦罐
考古人员在庞培发现了一大堆存放葡萄酒和橄榄油的双耳瓦罐，这表明罗马时代的土地非常肥沃。

利迪亚之花
这种色彩缤纷的灌木是金雀花属中的一种，它是第一种生长在维苏威火山熔岩中的高等植物。

右图是庞培出土的维纳斯马赛克画，维纳斯在罗马神话中是象征丰饶多产的女神

火山学家的工作

火山学家是观测、记录和解释火山运动的科学家。他们常常花费很多年来监测火山，试图预测火山爆发的时间和方式。在野外研究正在活动或喷发中的火山是他们最重要的工作。这项工作包括对火山喷发出来的岩浆和气体进行采样，并测量它们的温度以及地形的变化，这些都是比较危险的工作，所以有时不得不穿上防护衣。21世纪初，科学家们终于能够鉴别出持续时间超过一分钟的地震了，当岩浆透过火山内的裂缝向上涌时，地壳就会发生颤动式震动。由于火山爆发前这种震动会越来越频繁，科学家们希望能通过这些现象来预测出火山爆发的时间。

卡蒂亚和克拉夫特
1991年，法国的火山学家卡蒂亚和克拉夫特夫妇在监测日本的支仙岳火山时牺牲了。这张照片是克拉夫特拍摄的，他拍下了卡蒂亚穿着防护衣正在观测一个熔岩喷泉的画面。

防护衣
这种防护衣镀上了一层金属，能够反射火山辐射出的强热，帮助科学家保持身体的凉爽。

火山传记
这本火山学家的日记见证了一座火山的历史。观察者记下了该火山爆发时发生的所有大大小小的事件，其重大意义常常要在日后才会显现出来。

炽热的金属棒
这种金属棒是采集熔岩的理想工具。火山学家拿着棒子的一端，把另一端放进熔岩流中，然后转动棒子，使其粘上熔岩。

坚硬的帽子

双筒望远镜

卷尺
地表裂缝每天都在扩张，把卷尺放在手边，以便随时测量。

隔热良好的石棉手套

近距离观测
通过双筒望远镜，人们能够近距离地观察火山（图片中是夏威夷基拉韦厄火山）。

防护工具
为了采集到较热的样本，以及能在炽热的熔岩附近工作，火山学家都要戴上石棉手套。而坚硬的头盔则能抵御小的火山弹。

探测仪
正在喷发的火山周边地形会不断地变化。这个矿用经纬仪操作简便，绘图迅速。它上面有一个指南针和水平仪。

水平仪

指南针

旋转台

测绘移动的地球
水平仪能够探测出火山爆发前地平面的细微变化。

可折叠的便携式三脚架

测量火山的温度
卡蒂亚和克拉夫特正在冒着被灼伤的危险测量留尼汪岛上的弗尔乃斯火山喷发出的一股熔岩流的温度。他们使用一种称为热电偶的电动温度计。温度计上显示的温度是1100℃，比钢的熔点低300℃。

其他行星上的火山

空间探测表明，火山爆发是太阳系中一种重要的地质活动。在过去的20年里，科学家们通过多次航天活动，得到了很多图片和岩石样本。很多行星上都布满了环形山，大多数环形山都是陨石撞击留下的伤痕。和地球一样，月球、金星和火星的表面也很坚硬，有的地貌是由火山活动形成的。几十亿年前，月球和火星上的火山活动就已经停止了。很多科学家猜测金星上的火山仍然是活跃的。但现在能够确信的是，在太阳系其他行星中，只有木星的卫星之一——木卫一上仍然有火山在喷发。

整理星球
在《小王子》中，男主人公居住的星球上有两座火山。他在出去旅游之前，清除了这两座火山，以免它们在他离开的日子里爆发或者引起其他麻烦。

火山口可能含有黑色液态硫黄

硫黄流

木卫一的表面
这幅红外图像是由美国航空航天局的"伽利略号"探测器拍摄的。我们可以看到很多熔岩和蜿蜒60千米的熔岩流。

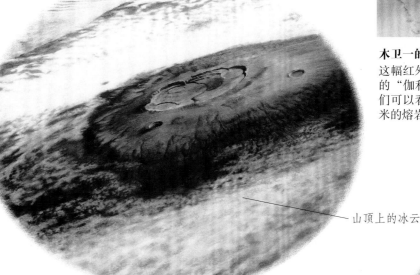

奥林匹斯山
奥林匹斯山是一座死火山，跨度约600千米，比周围的平原高出25千米。它是火星上最高的山，也是人类迄今为止发现的最大的火山，比整个夏威夷群岛还要大。在山的顶部，巨大的火山口一个套着一个。

山顶上的冰云

喷向太空
探察到木卫一上正在喷发的普罗米修斯火山，是航天器在太阳系内最惊人的发现之一。从这张"旅行者号"发回的图片可以看到，这座火山在爆发时把气体喷到了固态地表以上160千米高的地方。所以云层被抛射得很远。

希芙火山　　古拉火山

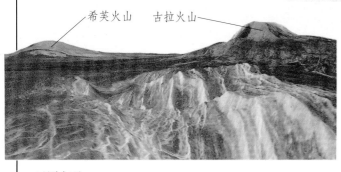

云团之下
"麦哲伦号"太空船利用成像雷达穿过了金星稠密的大气层。拍摄到了隐藏在云层下方的巨型火山和撞击坑的图像。

摄像机观看器

太空旅行者

1977年，两架"旅行者号"航天器开始了旅途。它们于1979年飞过了木星，又在1980—1981年间飞越了土星。下图是"旅行者I号"的模型。在消失之前，它到达的最远地方是土星。"旅行者II号"于1986年飞越了天王星。1989年，它从海王星上传回了数据。

培雷火山喷发出的高达300千米的羽状气体

熔岩流

沉寂的巴巴尔苏美尔火山

开始拍摄

两架"探险者号"航天器观测到了木卫一上发生的8次火山喷发，还观测到了大约200个巨大的火山喷口。这些图片信息被数字化采集后，先会转化成一组串行数据传回地球，然后再经过处理、着色，就形成了模拟"图片"。

推进器可对航天器的飞行路径做出精确调整

地球运动的时候

亲历一场大地震是一次可怕的经历。站在震颤的地面上，我们的生理和心理上都会受到折磨。大多数地震持续时间都不会超过1分钟。据记载，持续时间最长的地震是1964年3月23日发生在阿拉斯加州的一场地震，它持续了4分钟。在这些短暂的瞬间，整个城市都有可能会被摧毁。地震过后，地面上会出现一些巨大的裂缝。在一次大地震过后的几个月里，人们往往仍能感受到一些余震。

这幅漫画描绘的是1906年的旧金山地震，标题是："我希望再也不要碰上那些令人头痛的事情"。

记录灾难的电影
这部电影讲述的是洛杉矶在一次地震中被摧毁的故事。

动摇根基
这些木制建筑物位于旧金山滨海区的一个垃圾场上，已有大约75年的历史。1989年，一场地震破坏了它们的地基。

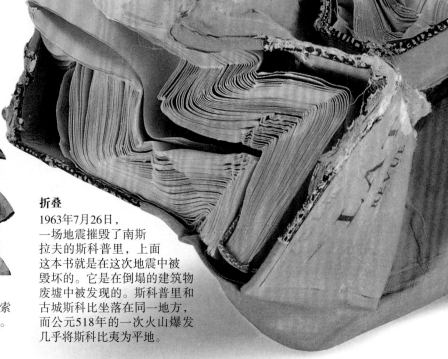

惊慌失措
1906年，一场地震袭击了智利的瓦尔帕莱索市，人们惊慌失措地逃出房屋，冲到街道上。随着墙壁的开裂，砖石建筑物也开始倒塌。

折叠
1963年7月26日，一场地震摧毁了南斯拉夫的斯科普里，上面这本书就是在这次地震中被毁坏的。它是在倒塌的建筑物废墟中被发现的。斯科普里和古城斯科比坐落在同一地方，而公元518年的一次火山爆发几乎将斯科比夷为平地。

朱庇特神庙

摇摆的圣殿

公元62年，一次大地震撼动了古罗马城镇庞培和赫库兰尼姆；17年后，维苏威火山爆发了。从上图这块来自于庞培某间房屋的大理石中楣可以看出，朱庇特神庙遭受的破坏有多么巨大。

摇动

公元62年，罗马哲学家塞涅卡在其《自然问题》一书中，描述了摧毁庞培古城的地震。

当地面破裂时

岩石在破裂时能够释放由板块运动所产生的应变。在一次里氏6.9级的地震中，这条路断裂了。

断裂的地面

火山喷发常常会引发地震。但是这类由于岩浆的移动而引发的地震，一般都不会很大。上图中，留尼汪岛上的皮顿德拉富内兹火山爆发前，上升的熔岩就已经使地面开裂了。

讽刺迷信

法国作家伏尔泰在讽刺小说《老实人》中提到了1755年爆发的里斯本大地震。这次地震引发了人们对地震发生的原因的大量思考。伏尔泰讽刺了那些宣称"这是上帝在惩罚人类"的宗教人物。

坚如磐石

这片石灰岩具有天然的光滑面，这是由地震的应力和应变造成的。

震动、火灾和洪水

1755年爆发的地震摧毁了里斯本3/4的建筑物。紧接着大火又燃烧了6天。海啸席卷了海港，1万多人在这次灾难中丧生。

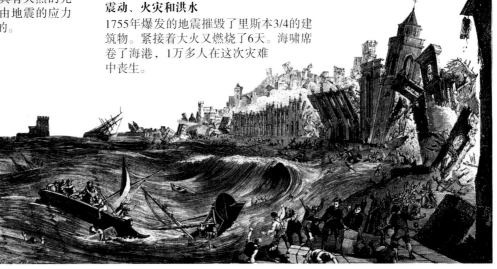

烈度和震级

怎样测量一次地震的规模呢？这时候里氏震级非常有用，只要知道地震仪和地震震中的距离，就可能计算出地震的里氏震级。但是当有地震发生的时候，更重要的是了解地震的强烈程度以及对建筑物和人们生活的影响程度。地面以及房屋等建筑物受地震破坏的程度被称为烈度。我们可以用麦氏烈度等不同的衡量标准来表示烈度。烈度是对破坏程度的一种描述，不用能仪器来测量，而是通过观察地震的破坏力大小，让地震幸存者填写调查表，然后将资料编辑、整理来确定。震区距离震中的远近不同，烈度也会不同。

麦加利（1850—1914）

烈度

1902年，意大利的火山学家麦加利提出了烈度分级。他用罗马数字I到XII将地震分为了12个等级。这种标准经过修正后，制成了麦加利烈度修订表。

I 人们可以察觉到这种地震，仪器可以监测到。

II 处于休息状态的人能够察觉到这种地震（上图），一些较小的悬挂物体也会摆动。

III 房间中的人们会感到震动，就像一辆轻型卡车经过。悬挂的物体会摆动起来（上图）。人们可能意识不到是一次地震。

IV 这种震动就像一辆重型卡车经过。器皿发出咔咔的声音，木质墙壁也吱吱作响，停止不动的汽车会晃动起来。

V 户外就能感受得到。杯子中的果汁会溢出来（上图），小物体会翻倒，门会摇晃着一开一关。

VI 所有人都能感觉到。人们走路都走不稳了，窗户、碟子都打破了（上图）。画框从墙上掉下来。

震级

19世纪30年代，查尔斯·里克特在加利福尼亚工作。他利用地震仪记录的地震图来表示震动的轨迹。在得知他与每次地震震中之间的距离的前提下，他将距离和仪器的最大振幅对应起来。在得到测量数据后，他计算出了地震的震级。一直到今天，里氏震级还在广泛使用。

美国地震学家查尔斯·里克特（1900—1985年）

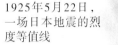

1925年5月22日，一场日本地震的烈度等值线

震中

III IV V VI

II

记录震动

里克特把自己记录到的最小的地震称为零级地震。由于现在的仪器灵敏度提高了，所以人们能够记录到的最小的地震已经达到了负震级。里氏震级最高为9级。

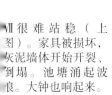

Ⅶ 很难站稳（上图）。家具被损坏，灰泥墙体开始开裂、倒塌。池塘涌起波浪。大钟也响起来。

Ⅷ 驾车受到影响。砖混结构的墙壁被毁坏，开始倒塌。烟囱、尖塔（上图）开始倒塌。潮湿的地面出现裂缝。

Ⅸ 动物来回奔跑。建筑物的地基受到损害。框架结构的建筑物如果还没有被固定住，就会脱离地基（上图）。沙子、泥土和水涌向地面。

Ⅹ 很多石砌和框架结构的建筑物连其地基一起都被摧毁（上图）。一些木制建筑物也被摧毁。发生大的滑坡。水从河流和沟渠中流出来。

Ⅺ 铁路线被严重扭曲。地下管道完全不能再使用，公路瘫痪，地面因裂缝而变形，发生很多大规模的滑坡和岩石崩塌。

Ⅻ 所有建筑物几乎都被摧毁（上图）。由于裂缝和爆炸，地表会发生很大变化。河道移位，出现瀑布，在地面上都能看到由于地壳变形形成的波浪。

致命的地震波

地震波在岩石中传播的速度可达2.5万千米/小时，在沙地和泥浆里则要稍慢一些。地球内部岩石破碎引起地震，在岩石破碎后的几秒钟内，地震波就会传向四面八方。通常情况下，它们主要毁坏震中附近的建筑，震中是指地面上距离地球内部岩石断裂处最近的一点。首先到达的波是纵波（P波）。它们和声波相似，可以在岩石中以推挽式运动的形式迅速传播，在此过程中，传播地震波的岩石并不会扭曲。紧接着的波是横波（S波）。它的传播速度略大于P波速度的一半，以更复杂的横向剪切运动穿过岩石。面波（L波）是最慢的波，其传播方式更加复杂。它们只能从震源出发传播一长段距离。

地震
这是一个5.1级地震的记录。P波和S波间隔为17秒——地震学家们据此计算出测量地点与震中的距离。他们还可以通过P波的最大振幅、传播距离以及地震仪的灵敏度计算出里氏级数。

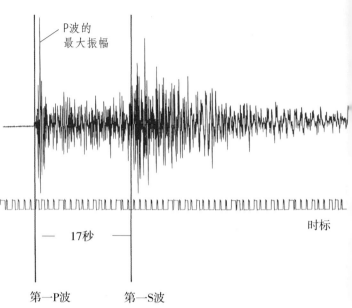

P波的最大振幅

17秒

时标

第一P波　　　　第一S波

克代尔米尔，苏格兰

震中位于里海

海得拉巴，印度

卢萨卡，赞比亚

地震定位

1989年9月17日，地震学家在苏格兰记录了一次里氏6.1级的地震。他们计算出了这次地震震中的距离，并以此为半径在地球仪上标出了一个圆圈。另外两个分别位于非洲和印度的地震台也通过计算画出了不同的圆，这些圆圈的交点就是位于里海的震中。

地震中心　　震源

震源

地震的震源就是地球内部岩层破裂引起震动的地方，它一般处于地下数千米深的地方。震源正上方的地表（震中）所感受到的地震波最强烈。

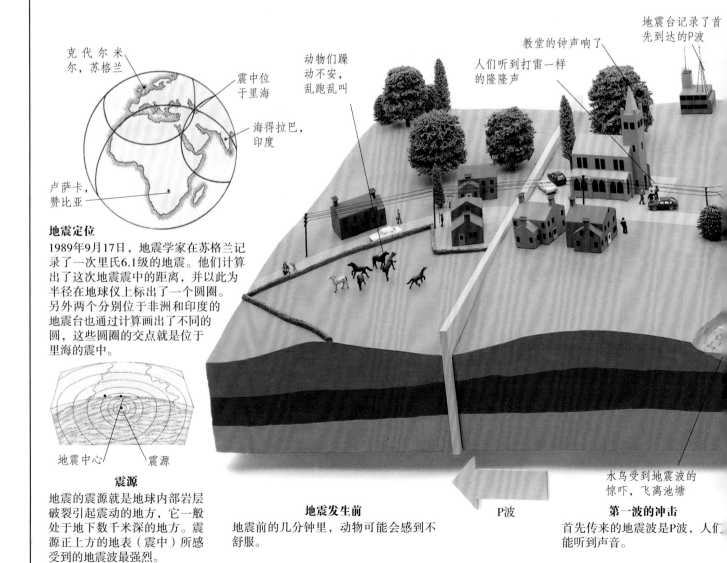

动物们躁动不安，乱跑乱叫

教堂的钟声响了

人们听到打雷一样的隆隆声

地震台记录了首先到达的P波

水鸟受到地震波的惊吓，飞离池塘

地震发生前
地震前的几分钟里，动物可能会感到不舒服。

P波

第一波的冲击
首先传来的地震波是P波，人们能听到声音。

116

在1分钟内毁灭
1843年2月8日，加勒比海瓜德罗普岛上的皮特尔角地发生了一次8级地震。这次地震大约持续了1分钟，大部分房屋变成废墟，接着火灾烧毁了城市剩余的建筑。

土耳其赖斯市的一名妇女坐在废墟上

从地震中逃生

这个模型显示了在一次大地震中，地震波在一个乡村中传播的情形。震中在页面右侧很远的地方。传播最快的P波（黄色）传播到很远的地方，并且将冲击到左侧远处的地区。紧随其后的是S波（蓝色），它造成了相当大的破坏。最慢的波面波（红色）在几秒后传来。它使先前被S波破坏的建筑物全部倒塌了。

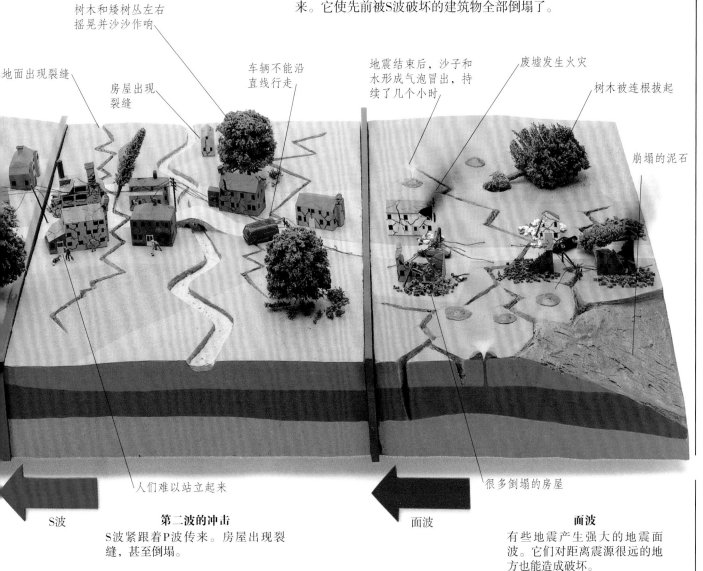

树木和矮树丛左右摇晃并沙沙作响

地面出现裂缝

房屋出现裂缝

车辆不能沿直线行走

地震结束后，沙子和水形成气泡冒出，持续了几个小时

废墟发生火灾

树木被连根拔起

崩塌的泥石

人们难以站立起来

很多倒塌的房屋

S波

第二波的冲击
S波紧跟着P波传来。房屋出现裂缝，甚至倒塌。

面波

面波
有些地震产生强大的地震面波。它们对距离震源很远的地方也能造成破坏。

117

检测地震波

公元2世纪，中国科学家张衡发明了第一台尝试测量地震的地动仪。据推测这个巨大的仪器是由青铜制成的，大约2米高，它可以检测到一些人无法察觉到的轻微地震，还能够测出地震发生的大致方向。在发现电之后不久的1856年，意大利人卢伊吉·帕尔米里发明了地震记录仪。地震记录仪能够长期持续记录地震运动的情况，可以获得我们所知的地震图。这个仪器几乎能探测到所有强度的地震。

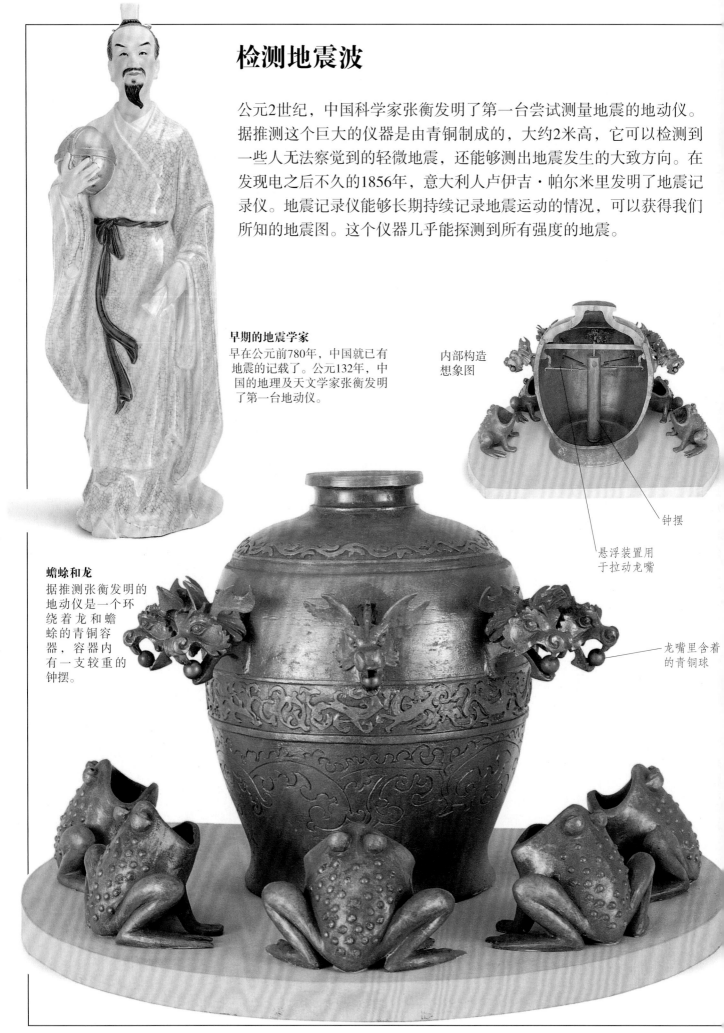

早期的地震学家
早在公元前780年，中国就已有地震的记载了。公元132年，中国的地理及天文学家张衡发明了第一台地动仪。

内部构造
想象图

钟摆

悬浮装置用
于拉动龙嘴

蟾蜍和龙
据推测张衡发明的地动仪是一个环绕着龙和蟾蜍的青铜容器，容器内有一支较重的钟摆。

龙嘴里含着
的青铜球

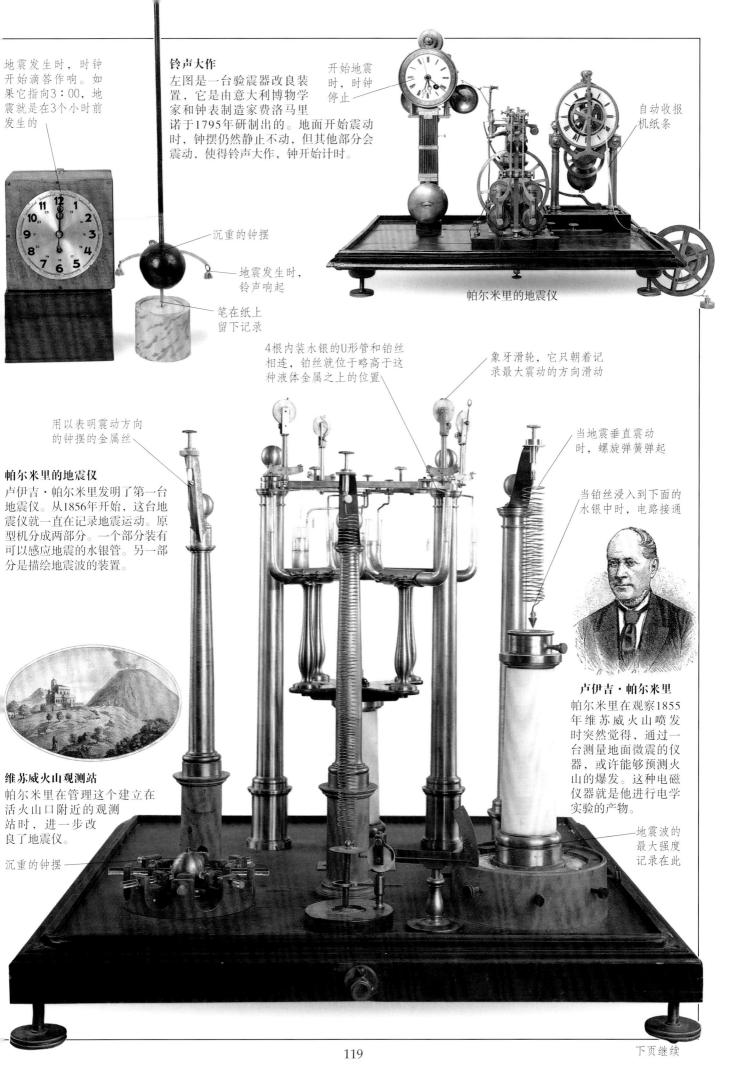

地震发生时，时钟开始滴答作响。如果它指向3：00，地震就是在3个小时前发生的

铃声大作

左图是一台验震器改良装置，它是由意大利博物学家和钟表制造家费洛马里诺于1795年研制出的。地面开始震动时，钟摆仍然静止不动，但其他部分会震动，使得铃声大作，钟开始计时。

开始地震时，时钟停止

自动收报机纸条

沉重的钟摆

地震发生时，铃声响起

笔在纸上留下记录

帕尔米里的地震仪

4根内装水银的U形管和铂丝相连，铂丝就位于略高于这种液体金属之上的位置

象牙滑轮，它只朝着记录最大震动的方向滑动

用以表明震动方向的钟摆的金属丝

帕尔米里的地震仪

卢伊吉·帕尔米里发明了第一台地震仪。从1856年开始，这台地震仪就一直在记录地震运动。原型机分成两部分。一个部分装有可以感应地震的水银管。另一部分是描绘地震波的装置。

当地震垂直震动时，螺旋弹簧弹起

当铂丝浸入到下面的水银中时，电路接通

维苏威火山观测站

帕尔米里在管理这个建立在活火山口附近的观测站时，进一步改良了地震仪。

沉重的钟摆

卢伊吉·帕尔米里

帕尔米里在观察1855年维苏威火山喷发时突然觉得，通过一台测量地面微震的仪器，或许能够预测火山的爆发。这种电磁仪器就是他进行电学实验的产物。

地震波的最大强度记录在此

下页继续

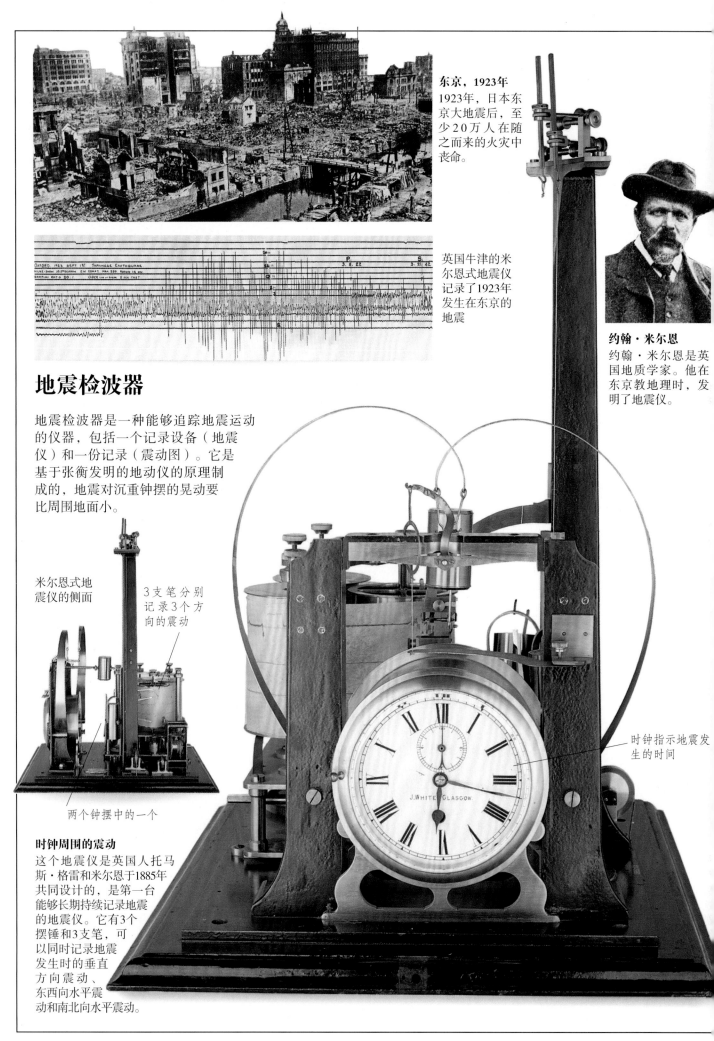

东京，1923年
1923年，日本东京大地震后，至少20万人在随之而来的火灾中丧命。

英国牛津的米尔恩式地震仪记录了1923年发生在东京的地震

约翰·米尔恩
约翰·米尔恩是英国地质学家。他在东京教地理时，发明了地震仪。

地震检波器

地震检波器是一种能够追踪地震运动的仪器，包括一个记录设备（地震仪）和一份记录（震动图）。它是基于张衡发明的地动仪的原理制成的，地震对沉重钟摆的晃动要比周围地面小。

米尔恩式地震仪的侧面

3支笔分别记录3个方向的震动

时钟指示地震发生的时间

两个钟摆中的一个

时钟周围的震动
这个地震仪是英国人托马斯·格雷和米尔恩于1885年共同设计的，是第一台能够长期持续记录地震的地震仪。它有3个摆锤和3支笔，可以同时记录地震发生时的垂直方向震动、东西向水平震动和南北向水平震动。

现代观测台
新建的维苏威火山观测台里保存着许多记录卷纸。其上记录着许多由设置在敏感地区的地震仪记录的地面运动信息。现代的震动图都记录在磁带上，以便于更好地进行分析。

便携式地震仪
利用便携式地震仪网络可以检测大地震的余震和火山爆发时地表产生的震动。人们也用它证明了尼奥斯湖的灾难并不是地震造成的。

容器中悬挂着倒转的钟摆

在未发生地震时纸筒转动得很慢。而当地震发生时，齿轮带动纸筒加速送纸

给转动纸筒的砝码上发条的手柄

月震
美国的宇航员把测震仪放到月球上，用来记录月震。很多月震都是由陨石撞击月球表面引起的，而其他月震大都发生在当月亮靠近地球时。

减震系统，可以保证每个冲击波只被记录一次

带动纸筒转动的悬挂砝码

熏纸记录下的震动图

悬挂钟摆的悬臂

喷墨
早期的地震仪采用一种喷墨的纸来记录地震信号。这可以避免油墨用完或者被弄坏时影响到记录。把纸放入一种由燃烧产生的烟雾中熏制，就可以做成这种熏纸。

重型地震仪
这是一架由德国人恩米尔·维塞特于1908年发明的地震仪的复制模型。这个地震仪重达200千克，可以用来检测两个水平方向的地面运动，还能与侦测垂直方向地面运动的小型装置连在一起使用。

泥石流和山崩

地震和火山喷发都会带来灾难性的后果。大量的火山灰喷发后，往往会造成山体滑坡或形成泥石流。发生在山上的地震和火山爆发，可能引起山崩；当它们发生在海边或海底，则可能引发巨大的海啸。海啸能够穿越海洋，传播很长的距离。当它们冲向内陆时，巨大的水墙将会造成严重的破坏。

一扫而空
菲律宾的皮纳图博火山爆发时引发了一场泥石流。滂沱大雨降落在了蓬松的火山灰上，形成了这场泥石流。

1985年，阿美罗城被泥石流淹没

埋在淤泥里
1985年11月，位于南美洲哥伦比亚的鲁伊斯火山爆发，它喷发出的大量火山灰和浮石融化了山顶的部分积雪，形成了流动的泥浆。巨大的泥石流以35千米/时的速度流向拉古尼雅斯峡谷。距离峡谷60千米的阿美罗城被呼啸而来的泥石流摧毁了，掩埋了大约2.2万人。

货车被困在泥石流中

被遗弃的城市

位于意大利那不勒斯附近的波佐利经历了很多次小地震。在1983年一场毁灭性的大地震之后，这座城镇某些区域被遗弃了。在那之后，城镇上升了数米，海港不得不重建得更低些。而在这座城市下流动的岩浆很可能是引发这些灾难的元凶。

旧系缆柱

新码头的地面

矮化了的富士山

火山爆发和地震引起的海啸袭击。葛饰北斋的这幅名为《神奈川海浪》的背景就是富士山。

海啸

2004年12月，印度洋东部海床下面的一道裂缝引发了一系列灾难性的海啸，这次海啸覆盖了整个印度洋，位于东南亚的一些岛屿则成为了死亡人数最多的地区，其中苏门答腊岛上的扎朗原来有5000个村民，经过这次海啸后，只有1000人幸存。

喀拉喀托火山

喀拉喀托火山发生了一次灾难性的喷发。在这之后，高达30米的海啸袭击了周围的岛屿。海水将苏门答腊和爪哇的许多村庄夷为平地，导致了3.6万人死亡。

雪崩

地震还会引起雪崩。1970年，秘鲁海岸发生了7.7级的地震，造成了灾难性的滑坡。雪和岩石下滑了4000米，造成了至少5万名住在山谷下的居民遇难。

废墟上燃烧的大火

1989年，旧金山的消防员们正在扑灭地震引发的大火。地震或火山喷发后产生的大火常常会将一个城市夷为平地。

紧急状态

大地震或火山爆发后的混乱局面会给救援工作造成极大的困难和危险。在剧烈地震发生后的几秒钟内，倒塌的建筑物会砸死很多人。而更多的人是由于被砸伤后几个小时内没有得到及时的救治而死去的。被困在废墟中的人只能存活数天。对于救援队来说，找到并救出他们就是在和时间赛跑。救出那些被围困的人，而又不使更多的人处于危险中，是非常困难的。半倒塌的建筑物随时都可能继续倒塌。易燃物可能会突然着火甚至爆炸。还有随时可能发生的火山灰流或泥石流，这些都会使救援工作变得危险。

紧急援救
1985年，哥伦比亚的阿美罗城，直升机正在救援一个困在泥石流中的幸存者。

从泥泞中逃生
1985年，一场泥石流吞没了阿美罗城，救援人员从泥流中救出一个已经失去知觉的幸存者。

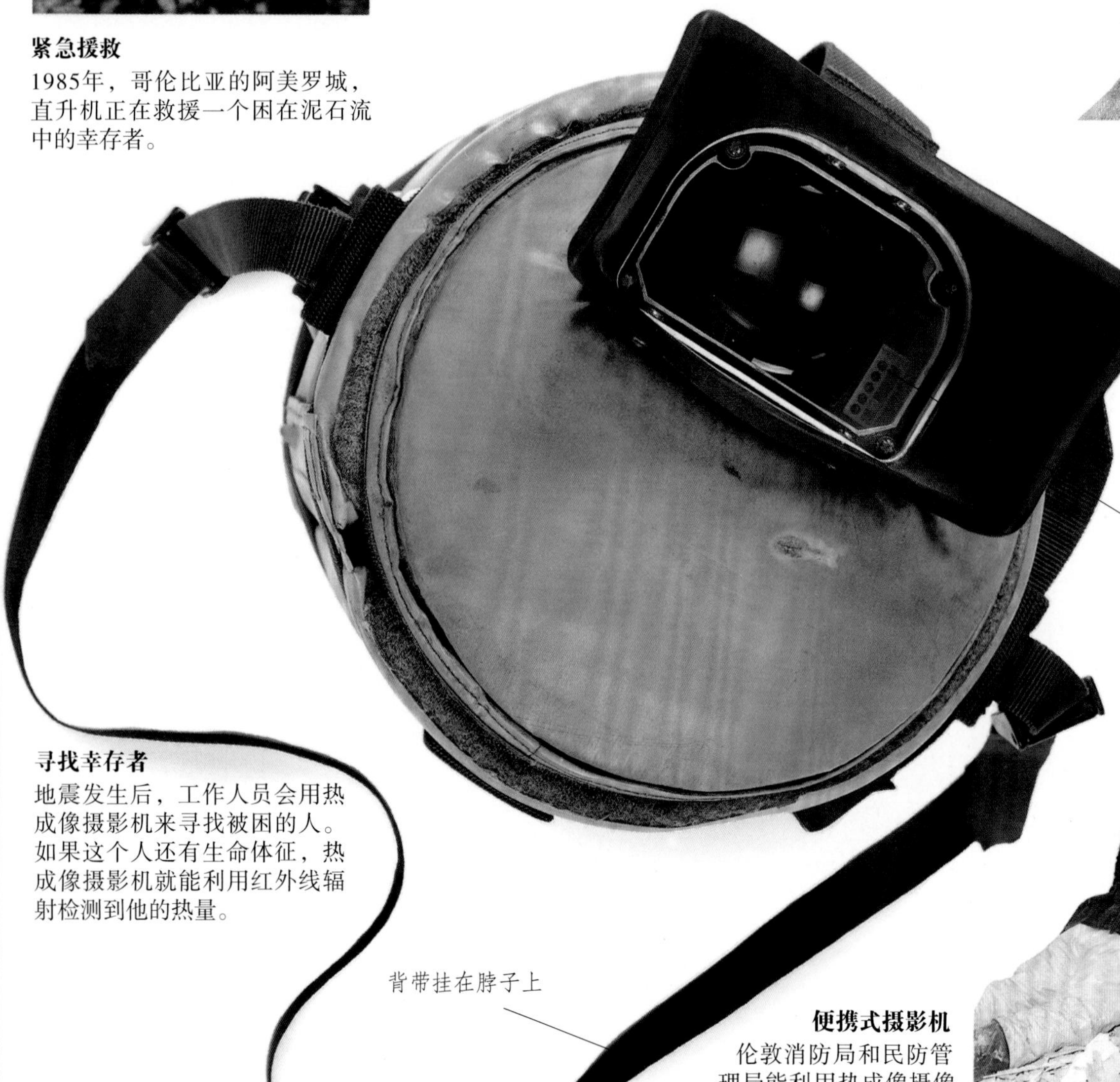

显示红外线辐射强度的控制器

寻找幸存者
地震发生后，工作人员会用热成像摄影机来寻找被困的人。如果这个人还有生命体征，热成像摄影机就能利用红外线辐射检测到他的热量。

背带挂在脖子上

便携式摄影机
伦敦消防局和民防管理局能利用热成像摄像机寻找各种灾难发生后的幸存者。

耳机便于听到幸存者发出的声音

这是1906年意大利报纸上的插图，人们正从被震毁的房屋中救出一个男孩。

寻找被困者的探测器
1988年，美国发生地震后，这种设备开始被使用。利用震动检测，能够成功地定位幸存者的位置。

与被围困者通话的麦克风

救援人员与被困者用红色双向电极保持联系

检测震动的黄色单向电板

灵敏的鼻子
搜救犬也常被用来寻找地震发生后的幸存者。地震之后的余震往往危害性更大。救援人员要冒着生命危险在随时都可能倒塌的大厦里工作。

墨西哥城
1985年，墨西哥城发生地震，火灾造成了数千人死亡。但几天后有更多的人从废墟中被救出来。

意大利为国际自然灾害十年而创立的杂志

未雨绸缪

地震和火山爆发是整个地球史上的两大自然现象。随着人口的不断增长，越来越多的人不得不生活在靠近断层或火山的危险地带。这些自然现象威胁着人类生命，人们不可能完全阻止这些灾害，但是能够采取一些办法来减少它们发生的频率和规模。住在危险地带的人们，要积极地监测火山和断层活动，建造出可以承受住地震的建筑物，还应该学会如何应对紧急情况。

建造一种不会倒塌的建筑物
许多现代城市都位于地震频发地区。减小灾害程度的一种方法就是建造能够经受住毁灭性地震的建筑物。环美金字塔的稳定性是一般建筑物的两倍，其底部因为特殊的结构而减少震动。

居住在维苏威火山附近
在维苏威火山那次大规模爆发后，2000年过去了，如今又有200多万人居住在现代的赫库兰尼姆，它就坐落在古罗马的赫库兰尼姆废墟周围。

弗兰克·劳埃德·赖特
美国建筑师弗兰克·劳埃德·赖特是设计抗震建筑物的先驱，由他设计的东京帝国饭店就在1923年的关东大地震中几乎毫发无损地幸存了下来。

震动直至倒下
这个1923年建成的振动台是一个伟大的创举，用来检测建筑物是否经受得住强烈的震动。现代振动台都是由计算机控制的。

精准测量之地
帕克菲尔德小镇建立在圣安德烈亚斯断层口上。地震学家们预测那里将会发生一次巨大的地震。工作人员采用了一种激光测量设备来探测断层边缘的运动。这个激光器安装在帕克菲尔德的山顶上，它可以反射安装在几千米外对面断层上的探测器发出的光线。通过这种方法，可以探测到6千米范围内小于1毫米的地表运动。

测量蠕变
图上是美国地质调查局的一名技术人员正在使用蠕变测量仪测量沿着断层发生的蠕变。

从过去的灾难中吸取教训
每隔一段时期，同等规模的地震可能会在同一地点再次爆发。因此，研究各种大地震，有助于科学家们预测下一次大地震的爆发。

滑落的砖块
地震演习中的救援人员正在救治被滑落的石块击中的"受伤者"。1989年，很多人在旧金山地震中被滑落的砖块和石头击伤。

地震演习
在日本和美国的加利福尼亚州，地震演习是日常生活的一部分。孩子们学着在床边放上一个手电筒和一双舒适的鞋子，这样一来，即使是夜里发生地震，他们也能够迅速逃到比较安全的地方。室内最安全的地方就是躲在某个坚固的家具底下；其次还可以躲在拱道中或门口。

日本地震救援演习

神的怒火

自从人类生活在地球上，就对一些自然现象感到好奇，比如地震和火山。神话是人类对这些奇异现象的一种猜测或解释。某些诗歌的语言或寓意中有时也隐藏着某些真实存在的地点或事件。古时候大多数人把自然现象解释为上帝或神的安排，认为神生气的时候，就会用火山爆发或者恐怖的地震来惩罚人类。人们献出一些祭品或礼物以平息神的怒火。人们通常认为大多数神住在可怕的笼罩着火焰和云层的火山顶上。

画中描绘的是，意大利那不勒斯的基督徒曾经试图用十字架和祈祷来阻止1906年维苏威火山的爆发。

人类的牺牲
尼加拉瓜的居民曾经把最漂亮的女子抛到马萨亚的熔岩湖中，试图阻止火山爆发。

熔岩湖

波波卡特佩特
这幅阿兹特克的插画讲述的是有关墨西哥的波波卡特佩特山的一些传说。波波卡特佩特山海拔5452米，是美洲最高的山峰之一。16世纪20年代，这座火山爆发了，阿兹特克人认为这是上帝被西班牙的征服者惹怒了，因为他们洗劫了阿兹特克的教堂。

值得信赖的青蛙
很多文明都认为人类生活的地球是被某种巨大的动物支撑，比如一只巨大的青蛙背负着地球，青蛙每蹒跚一次，地面就会发生一次地震。

独眼巨人

这是维苏威火山的俯视图。从高处看，这个弹坑就像一只巨大的眼睛。可能它激发了希腊人的灵感，因此产生了独眼巨人的神话。传说他们是一种长着一只眼睛的巨人，在火神赫菲斯托斯的打铁作坊里打铁。独眼巨人生气的时候，会推翻火炉和岩石。

震动了海底

希腊海神波塞冬生气的时候，会用三叉戟重击海底，引发地震和海啸。

画家创作的《索多姆和戈摩尔的毁灭》

索多姆和戈摩尔

《圣经》中描述，上帝被邪恶的索多姆和戈摩尔居民激怒了，他用火灾和水灾摧毁了这两座城市。

公元前1世纪或公元前2世纪制成的赫菲斯托斯的青铜雕像

火的掌管者

古罗马人认为，火神赫菲斯托斯的打铁作坊建在了火山底下。另一个神普罗米修斯从火山上偷走了一个火种，给了人类。

日本神话传说

在日本的某个神话中，地震是由于一条巨大的鲶鱼在水中翻腾造成的。神把它绑在一个大岩石上，让它无法翻腾。但到了10月份，神离开的时候，鲶鱼就会逃出来。这幅木版画描绘了神飞回来时，众神正在搬运岩石。

神的家

日本人认为天神尼特克泰克住在富士山上。传说富士山是所有山脉神圣的灵魂，只有灵魂纯洁的人才能爬到富士山顶。

大事年表

我们的星球有过一段运动极其激烈的时期，它持续不断的活动提醒我们：人类的生存受到自然界的制约。这份时间表只包括过去4000年里发生的一些规模较大的火山爆发和地震。最大的一次火山爆发发生于200万年前的黄石公园，据说其规模是1991年皮纳图博火山爆发的250倍。

1980年，圣海伦斯火山爆发，喷发出了大量气体、尘埃和岩石

公元前1620年，圣托里尼岛，希腊
圣托里尼岛下面的火山剧烈爆发，结果把圣托里尼埋在了30米深的浮石下。

公元79年，维苏威火山，意大利
燃烧着的火山灰云团吞没了罗马城镇庞培和赫库兰尼姆，致使成千上万人死亡。

1755年，里斯本，葡萄牙
一次8.5级的剧烈地震袭击了葡萄牙的首都里斯本，使这座城市变成了废墟。

1783年，斯卡佛塔火山，冰岛
地球表面出现了一条27千米长的裂缝，大量有毒的气体和火热的熔岩从裂缝中涌出来。

今天遗留在裂缝处的弹坑印证了斯卡佛塔火山的爆发

1815年，坦博拉火山，印度尼西亚
据记载，这是近代史上规模最大的一次火山爆发。大约9万名印度尼西亚人死于这次火山爆发。

1883年，喀拉喀托火山，印度尼西亚
火山喷发产生的巨大力量使洋底出现了一条290米深的裂缝，并引发了剧烈的海啸，海啸摧毁了爪哇岛和苏门答腊岛的海岸线。

1902年，培雷火山，马提尼克岛
燃烧的气体和尘埃云团以161千米/时的速度冲向培雷山下，圣皮埃尔市大约3万人几乎全部遇难，只有2人幸免。

1906年，旧金山，美国
旧金山发生了2次巨大的地震，引发的火灾持续了很多天。据估计，这次地震为里氏8.3级。

1902年，西宁，中国
在这次里氏8.6级的地震中，整个青海省都遭到了破坏，遇难者超过了18万人。

1923年，东京，日本
这场里氏8.3级的地震夷平了60万栋房屋。由于锅炉倒塌，又引发了一场巨大的火灾。

1943年，帕里库廷火山，墨西哥
熔岩从一个农民的田地的裂缝中流出来。到1952年，这个火山锥已经高达528米。

1902年，培雷火山喷发，这个钟表停止

1963年，叙尔特岛，冰岛
海底火山爆发，在冰岛的西南海岸又形成一个新的岛屿。

1963年，斯科普里，马其顿
一次巨大的地震摧毁了1.5万多座房屋，致使斯科普里3/4的居民无家可归，至少有1000人在这场地震中丧生。

1973年，赫马岛，冰岛
经过5000年的休眠之后，冰岛的埃尔德菲尔火山再次爆发。这次火山爆发后，位于冰岛的赫马岛上的韦斯特曼纳镇1/3的区域被岩浆吞没了。

1906年，旧金山沦为废墟

灰烬吞没了冰岛的韦斯特曼纳镇

1976年，唐山，中国

唐山地震是近代史上造成损失最为严重的一次地震。这次以唐山为中心的8.3级的大规模地震几乎将这座城市彻底摧毁，并造成了24万人死亡。

1980年，圣海伦斯火山，美国

圣海伦斯火山爆发，它不仅炸飞了火山北部，而且将混有气体、火山灰和岩石的云团快速喷到了山底。岩石和冰混合而成的雪崩、泥石流以及洪水摧毁了火山附近的大部分地区。

1985年，墨西哥城，墨西哥

这场里氏8.1级的剧烈地震足足摇晃了墨西哥城3分钟。远离市中心的建筑物没有受太大影响，但是市中心的高层建筑都倒塌了。100万人因此而无家可归。

1985年，内华达德鲁兹火山，哥伦比亚

内华达德鲁兹火山爆发引起了一场巨大的泥石流，造成60千米外阿美罗城镇被泥石流掩埋，2.2万人死于泥浆中。

1988年，斯皮塔克，亚美尼亚

亚美尼亚和土耳其东北部被一次强烈的地震袭击了，

夏威夷岛上的基拉韦厄火山

这次地震几乎完全摧毁了斯皮塔克，并且造成了大多数市民的死亡。

1991年，基拉韦厄火山，夏威夷岛

自从1983年以来，基拉韦厄火山一直活动比较平缓。突然有一天，这座火山喷发出了大量熔岩，埋没了13千米的公路、181座房屋和一个旅游中心。

1991年，皮纳图博火山，菲律宾

皮纳图博火山的爆发是20世纪最剧烈的一次火山爆发。火山爆发喷发出的火山灰摧毁了4.2万座房屋和大片的土地。大气层中的火山灰使全球的气温都降低了。

1994年，洛杉矶，美国

这次地震在30秒内直接摧毁了9条公路和1.1万座建筑。

1995年，神户，日本

这次7.2级的地震将神户夷为平地。距离神户50千米的京都也有建筑物被摧毁。

1996年，格瑞穆斯火山，冰岛

位于冰岛的瓦特纳冰川下的格瑞穆斯火山爆发时，火山一侧出现了一道4000米长的裂缝，涌出的熔岩融化了冰川，造成了可怕的洪水，结果导致道路、管道和电缆都被损坏。

1997年，蒙特塞拉特岛，安的列斯群岛

经过2～3年的轻微活动后，一连串大规模的火山喷发使蒙特塞拉特岛2/3的地区不再适合人类居住，8000人被迫离开。

1998年，新几内亚岛

一次剧烈的的近海地震造成10米高的海啸。这次海啸摧毁了4个乡村，造成4500多人死亡。

日本神户被摧毁的高速公路

2002年，刚果民主共和国

当熔岩流从尼拉贡戈流出时，大约50万人被迫离开自己的家园。熔岩流从戈马开辟了一条新的通道，摧毁了戈马近2/5的地区。

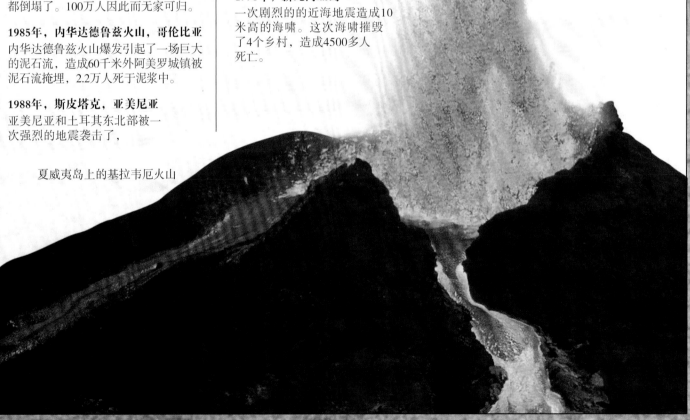

第三章
天 文

天文学的起源可以追溯到几千年前古希腊人研究星星的时候。许多早期文明都把夜空中看起来能组成一个图形的星星连在一起，用来记录这些星星的相对位置。

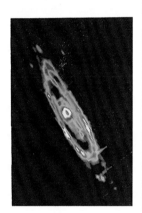

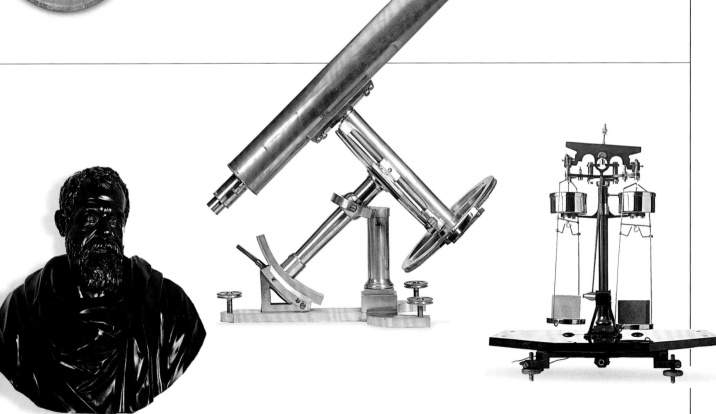

探索星空

"Astronomy"这个词由两个希腊词语结合而成："astron"一词的意思是"星星"，"nemein"的意思是"命名"。尽管天文学的起源可以追溯到几千年前古希腊人开始研究星星的时候，但直到现在，天文科学仍然是建立在一个相同的理论之上："给星星命名"。星星的名字很多来源于古希腊，因为第一群对星星进行系统分类的天文学家就是古希腊人。许多早期文明都把夜空中看起来能组成一个图形的星星连在一起，用来记录这些星星的相对位置。这些图形慢慢地发展成了星座，它们的名字则根据具体形象而定。星星的命名根据它们在星座中的位置而定，而星星的等级则通常取决于它们的亮度。比如，天蝎座中最亮的星星叫作天蝎座 α 星——α 是希腊字母表中第一个字母。

遥望星空
通过观察天空来判断季节交替的牧羊人是最早的天文学家之一。

研究星星
几乎每个时期的文明都研究过星星。在中世纪的欧洲，阿拉伯人将天文学传承了下来。苏菲等阿拉伯天文学家对古希腊人给星星的分类进行了改进和更新。

手持天球仪的苏菲

不变的星空
和1万年前相比，今天在地球上看到的星空景象几乎没有什么变化。只不过生活在早期文明中的人们看到的星空可能更清晰，因为他们的生活不像我们现在这样受到大气污染的影响。尽管没有射电望远镜和太空望远镜等一些先进的天文观测设备的辅助，那时的业余天文爱好者仍然能看到很多东西。

传统符号

希腊天文科学的传承经历了几个不同的文明时期。无论在哪个时期，星座的形状都反映了当时传奇英雄的形象气质。右图来自18世纪阿拉伯人的手稿，它描述了双子座、巨蟹座、白羊座和金牛座在黄道十二宫中的符号。这些手稿应该从右向左读。

由迷信到科学

天文科学源自人们对占星术的迷信。古人相信，行星和恒星拥有影响地球生命的力量，每颗行星都具备一个神灵的特质和力量。

 羽蛇神

阿兹特克人的神话

在美洲，关于星星的神话比在欧洲和亚洲都流传得更普遍。上图是阿兹特克人在日历中描绘的羽蛇神的形象。羽蛇神是一个集合了太阳神和维纳斯女神的力量的大神。

进入物镜的光线　　两个折射光路的棱镜

观测星星

现在，很多神秘的天象都能用一架品质优良的双筒望远镜观测到。右图这架20世纪的望远镜，成像质量很好。

进入眼睛的光线

太空幻想

我们现在所能观测到的太空比古人要远得多。1990年，NASA发射了第一架太空望远镜——哈勃太空望远镜。哈勃太空望远镜在地球大气层外绕着地球运行，它能拍摄到几十亿光年以外的物体的高分辨率照片。它的任务之一就是探测黑洞周围的区域，以及测量引力对星光的影响。

古代天文学

通过观察太阳、月亮和星星的周期性运动，早期观测者把天空塑造成一座时钟（表示白昼或者黑夜的时刻变化）和一个日历（标记季节的交替）。巨石阵和玛雅金字塔等古代纪念碑，证明观测天文学在人类历史上至少已经存在了4000年。尽管有少数异议，但是几乎所有的文明都认为，在这些周期性运动的背后暗示着更大的天机。

与天抗争

古代的一些诗人警告说，5月初，在昂星团和太阳一起升起之前不要冒险出海。如果巨头戈尔巴乔夫和乔治·布什记得希腊诗人的忠告，他们就不会在1989年12月在地中海上的一艘船上会面。他们的会晤差点因为恶劣的天气而取消。

月相

月亮的阴晴圆缺总是在很大程度上影响着人们。新月被认为是开始新事业的最佳时期，而满月被认为是精神很容易涣散的时候。

世界上最古老的天文台

现存最古老的天文台是韩国庆州的瞻星台。它的结构呈简单的蜂窝状，顶部中央有个天窗。

给行星命名

知识往往是以贸易和战争两种方式传播的。早期文明认为恒星和行星是由神灵统治的，比如巴比伦人就根据与行星特征相似的神灵来给对应的行星命名。希腊人和罗马人也引用了巴比伦人的方法，但是把名字改成了自己的神灵。所有行星的名字都能追溯到巴比伦人的行星神，只不过火星之名从涅伽尔（Nergal）变成了玛尔斯（Mars，战神），木星之名也从马尔都克（Marduk）变成了朱庇特（Juptier，众神之父）。

罗马主神朱庇特

标石

"奥布里洞"是一些圆坑，是巨石阵早期结构的一部分。

记录太阳的运动

从史前巨石阵石柱的摆放位置很容易看出，它用于记录一些特殊而重要的信息，比如夏至、冬至、春分和秋分。世界各地还有许多类似的建筑，这表明对太阳和月亮运动的记录在很多史前文明中都有极其重要的地位。

巴比伦人的记录

最早的天文学记录来自于苏美尔文明遗留下来的泥板文献。现存最古老的天文计算出现的相对晚一点，大概始于公元前4世纪。

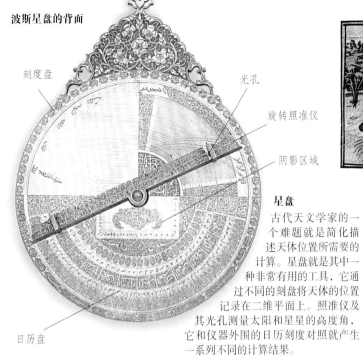

波斯星盘的背面

刻度盘

光孔

旋转照准仪

阴影区域

日历盘

星盘

古代天文学家的一个难题就是简化描述天体位置所需要的计算。星盘就是其中一种非常有用的工具，它通过不同的刻盘将天体的位置记录在二维平面上。照准仪及其光孔测量太阳和星星的高度角，它和仪器外围的日历刻度对照就产生一系列不同的计算结果。

计划收割

对于几乎所有文明来说，天文学最基本的作用就是标注季节交替。古埃及人知道，当天狼星在日出之前升起时，每年一次的尼罗河洪水就要来了。他们播种和收获的时间都是根据太阳、月亮和星星的位置变化来定的。

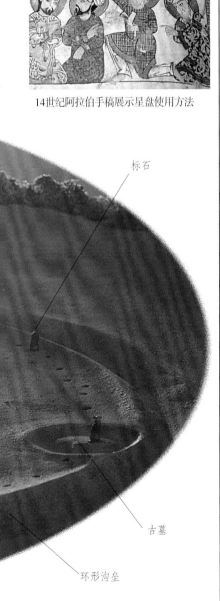

14世纪阿拉伯手稿展示星盘使用方法

踵石标示巨石阵的入口

道路

太阳

圣坛门的祭石

圣坛石

标石

古墓

环形沟垒

带有过梁的砂岩

划分宇宙

我们关于古代天文科学的很多知识都是来自亚历山大大帝时期的哲学家克罗狄斯·托勒密。他不仅在自己的研究领域是个出色的科学家，还收集并整理了在他之前所有伟大天文学家的著作。他留下了两部重要的作品集。《天文学大成》收录了一张喜帕恰斯编写的重要星表，其中记录了当时所有已知的星星。在《天文集》中，托勒密讨论了占星术。这两部作品集在接下来的1600多年里都无可争议地成了各自领域的权威。

星表
喜帕恰斯是希腊最著名的天文学家之一。他记录了1000多颗星星，发明了三角科学计算法。上图是他正在用一根管子观测天空。

儒略·恺撒

闰年
困扰古代天文学家和牧师的一个难题就是阴历和阳历年份不吻合。公元前1世纪中期，希腊数学家索西琴尼提出了一种每4年一个闰年的方案，这意味着阳历中每年多余的1/4天，每过4年将被合成一天。

贝海姆地球仪的仿制品（1908年）

欧洲
红海
海洋
非洲

地球仪
地球仪的概念可以追溯到公元前6世纪的希腊。第一个地球仪是在15世纪由马丁·贝海姆研制的。

天狼星

遥远的擎天神
古代的星座图很少流传下来。关于这方面知识的主要来源就是这个2世纪时罗马人根据早期古希腊人的雕像制作的副本。这个雕像描绘了擎天神将天扛在肩膀上的形态，托勒密记录的48个星座图都清晰地刻画在其上。

南船座

擎天神阿特拉斯

阿拉伯的天文学校
公元1420年左右，帖木儿的孙子乌鲁伯格在亚洲最古老的城市乌兹别克斯坦的撒马尔罕建立了他的天文台和一座马德拉萨（相当于大学）。在这里，观测是通过裸眼进行的。

以地球为中心的宇宙

古代哲学家认为地球是不动的，它是宇宙的中心。行星是按照一定顺序排列的，和繁星点点的天空一起构成了那个大而透明的外壳。

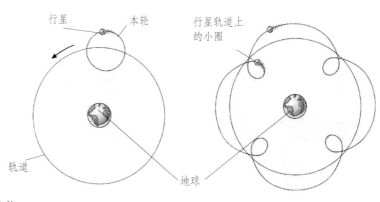

行星　　　本轮　　　行星轨道上的小圈

轨道　　　地球

地心说

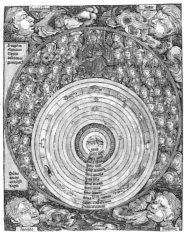

托勒密宇宙的雕版图（1940年）

地心宇宙通常被后来的学者称为托勒密宇宙。托勒密认为地球是宇宙的中心，月亮、已知的行星和太阳都围绕着地球旋转。阿利斯塔克曾经指出地球是围绕太阳转的，但被人们否定，因为它与当时的数学计算和哲学观点不符。

地心说宇宙模型的问题

地心宇宙模型的主要问题是不能解释一些行星非常明显的不规则运动。古希腊哲学家花了几个世纪的时间试着给这些现象一个合理的解释，其中比较流行的是本轮理论。这个理论指出，这些行星在围绕地球转的同时，在各自的轨道（本轮）上也转着小圈。

教学工具

天文学家发现很难解释天体的三维运动。托勒密用这个类似浑天仪的仪器来做复杂的天文计算，并把这些观点传授给学生。

二分圈经过极点和昼夜平分点

北极圈

至点圈经过极点和至点

黄道

天赤道

月球

地球

子午环

地平环

太阳

北回归线

法国人绘制的浑天仪（1770年）

支架

天球

天空中所有物体的位置是根据具体的天空坐标测量的。理解这些"天空地图"的最好办法，就是回忆那些古代哲学家是怎么想象宇宙模型的。他们以为地球不动，其他天体都围绕地球运动，而看到这些天体围绕着天空中固定一点运转，他们就猜想这是大天球极轴的一个末端。他们把大天球称为恒星球，处在其中的恒星相对于彼此都是不动的。我们今天使用的这些天球坐标就来自于这个古老的天球概念。天球坐标系和地球坐标系有很多部分是共用的，比如南极、北极和赤道。

星星的轨迹

上图是一张在北半球拍摄的星迹照片，这张照片展示了星星是怎样围绕着北极星运动的。北极星是一颗位于北天极点附近的亮星，它恰好位于地球北极的正上方。由于地球围绕着地轴自转，因此所有天体都绕着北极星做圆周运动，而且靠近北极星的星星看起来要比远离北极星的星星的运动半径要小一点。

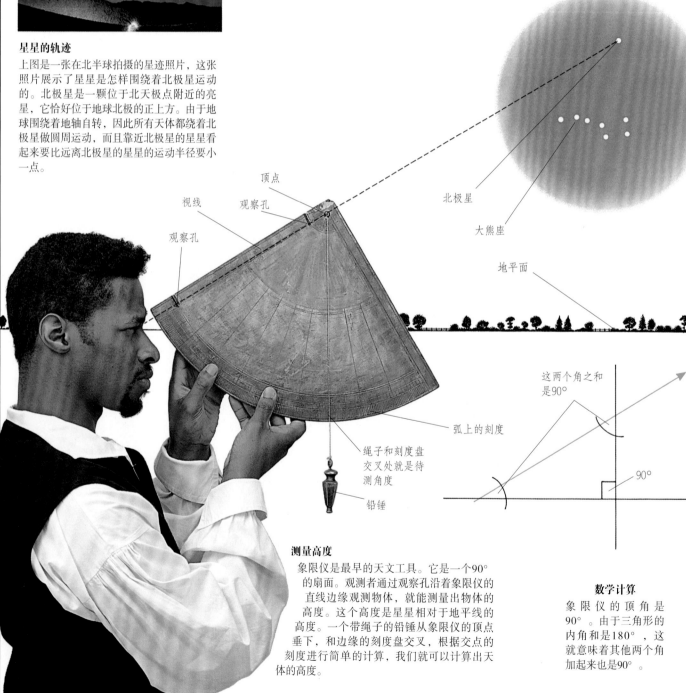

视线

顶点

观察孔

观察孔

北极星

大熊座

地平面

弧上的刻度

绳子和刻度盘交叉处就是待测角度

铅锤

这两个角之和是90°

90°

测量高度

象限仪是最早的天文工具。它是一个90°的扇面。观测者通过观察孔沿着象限仪的直线边缘观测物体，就能测量出物体的高度。这个高度是星星相对于地平线的高度。一个带绳子的铅锤从象限仪的顶点垂下，和边缘的刻度盘交叉，根据交点的刻度进行简单的计算，我们就可以计算出天体的高度。

数学计算

象限仪的顶角是90°。由于三角形的内角和是180°，这就意味着其他两个角加起来也是90°。

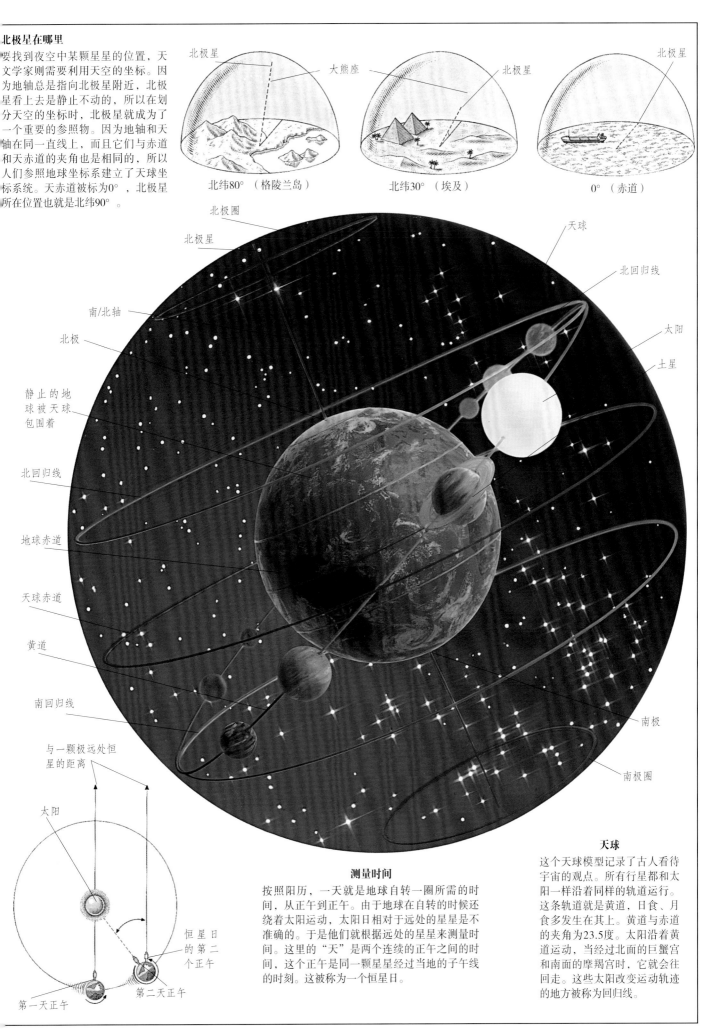

北极星在哪里

要找到夜空中某颗星星的位置，天文学家则需要利用天空的坐标。因为地轴总是指向北极星附近，北极星看上去是静止不动的，所以在划分天空的坐标时，北极星就成为了一个重要的参照物。因为地轴和天轴在同一直线上，而且它们与赤道和天赤道的夹角也是相同的，所以人们参照地球坐标系建立了天球坐标系统。天赤道被标为0°，北极星所在位置也就是北纬90°。

北极星　大熊座　北极星　北极星

北纬80°（格陵兰岛）　　北纬30°（埃及）　　0°（赤道）

北极圈

北极星

南/北轴

北极

静止的地球被天球包围着

北回归线

地球赤道

天球赤道

黄道

南回归线

天球

北回归线

太阳

土星

南极

南极圈

与一颗极远处恒星的距离

太阳

恒星日的第二个正午

第二天正午

第一天正午

测量时间

按照阳历，一天就是地球自转一圈所需的时间，从正午到正午。由于地球在自转的时候还绕着太阳运动，太阳日相对于远处的星星是不准确的。于是他们就根据远处的星星来测量时间。这里的"天"是两个连续的正午之间的时间，这个正午是同一颗星星经过当地的子午线的时刻。这被称为一个恒星日。

天球

这个天球模型记录了古人看待宇宙的观点。所有行星都和太阳一样沿着同样的轨道运行。这条轨道就是黄道，日食、月食多发生在其上。黄道与赤道的夹角为23.5度。太阳沿着黄道运动，当经过北面的巨蟹宫和南面的摩羯宫时，它就会往回走。这些太阳改变运动轨迹的地方被称为回归线。

天文学的用途

现代拥有各种先进的工具，这让我们很难想象在钟表、地图和导航卫星发明之前，人们是怎样经过简单的计算获得时间和其在地球上的具体位置的。他们可以利用的工具只有自然现象，以及"地球是圆的"之类的假设的理论。通过计算太阳或者某些行星的高度，某些古希腊人逐渐明白地球的形状和大小。利用这种方式，他们也可以判定自己所处的纬度。通过树立一些经过精确计算的标记（指时针），他们也开始能够计算出1天的时刻。

太阳

阿斯旺

亚历山大

测量地球

公元前230年左右，埃拉托色尼利用太阳估算出了地球的大小。他发现，在上埃及的阿斯旺的夏至正午，太阳在正上方；在正北的亚历山大的夏至正午，太阳偏离最高点7度。他由此推断，地球是个球体，两个城市之间的距离应该是地表距离的7/360。

纬度刻度

观测孔

观测孔

可移动的指针

时间刻度

古代的日晷

人们很早就根据太阳来记录时间。利用简单的日晷，太阳的纬度可以通过首尾处的观测孔测量出来。只需将桅杆上的指针设置成这个太阳的纬度，铅锤就会垂直指向正确的时间。

黄道刻度

铅锤

日晷的原理

当太阳从天空经过时，物体投影的方向和长度都会发生改变。树立一根晷针，使它的投影在正午时分沿着子午线落在正北或正南方向，在此处标记为正午，其他时间依此类推地标记在正午的前面或后面。

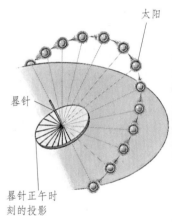

太阳

晷针

晷针正午时刻的投影

寻找麦加

面朝圣地麦加定时祷告是伊斯兰教徒朝拜仪式的一部分。朝向指示仪是中世纪的人们为了找到麦加城的方向而发明的。它同样是利用太阳来判断祷告开始和结束的时间。

城镇和所在的纬度

朝向

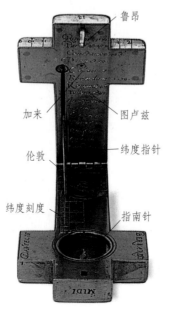

航行至南太平洋

波利尼西亚早期的土著人从北太平洋航行到南部新西兰。事实上，包括新西兰的毛利人在内的很多澳大利亚部族，都有能力仅靠星星导航，远航几千千米。

鲁昂

加来

图卢兹

伦敦

纬度指针

纬度刻度

指南针

十字形的日晷

旅行中的基督教朝拜者把虔诚的标志融入日晷中。左图日晷做成了十字形状，在英国和法国的很多城市里，人们都用它来确定时间。

磁针

刻度

指南针

指南针轴承

晷针

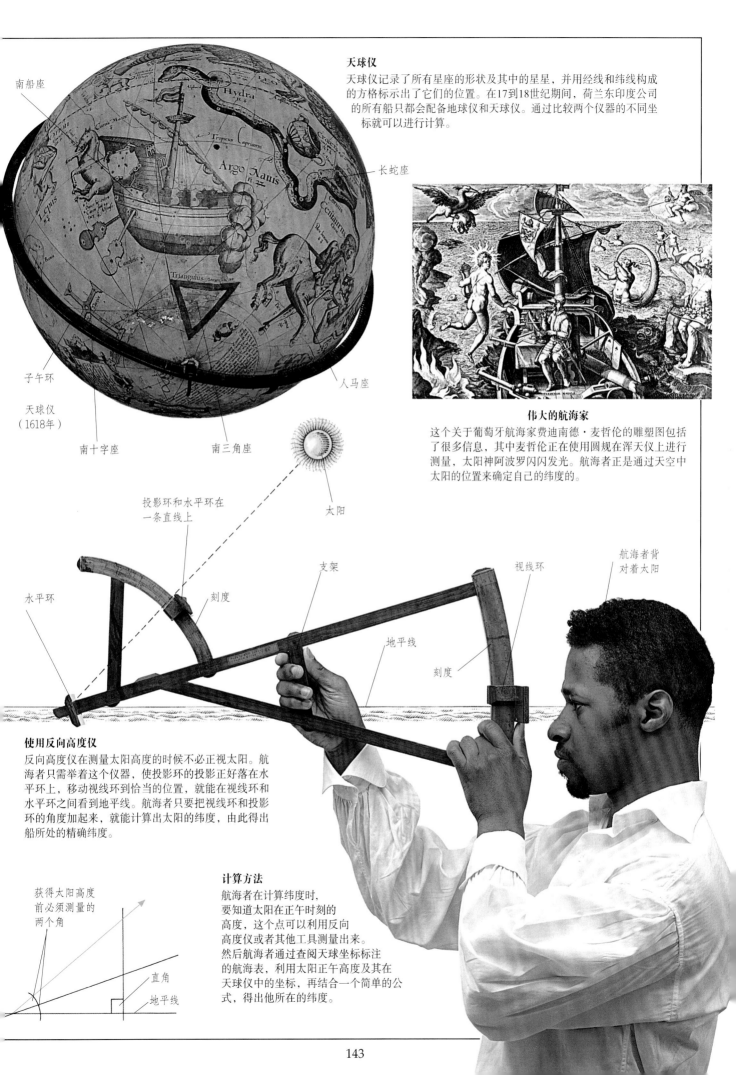

南船座

长蛇座

人马座

子午环

天球仪
（1618年）

南十字座

南三角座

太阳

天球仪

天球仪记录了所有星座的形状及其中的星星，并用经线和纬线构成的方格标示出了它们的位置。在17到18世纪期间，荷兰东印度公司的所有船只都会配备地球仪和天球仪。通过比较两个仪器的不同坐标就可以进行计算。

伟大的航海家

这个关于葡萄牙航海家费迪南德·麦哲伦的雕塑图包括了很多信息，其中麦哲伦正在使用圆规在浑天仪上进行测量，太阳神阿波罗闪闪发光。航海者正是通过天空中太阳的位置来确定自己的纬度的。

投影环和水平环在一条直线上

水平环

刻度

支架

视线环

地平线

刻度

航海者背对着太阳

使用反向高度仪

反向高度仪在测量太阳高度的时候不必正视太阳。航海者只需举着这个仪器，使投影环的投影正好落在水平环上，移动视线环到恰当的位置，就能在视线环和水平环之间看到地平线。航海者只要把视线环和投影环的角度加起来，就能计算出太阳的纬度，由此得出船所处的精确纬度。

获得太阳高度前必须测量的两个角

直角

地平线

计算方法

航海者在计算纬度时，要知道太阳在正午时刻的高度，这个点可以利用反向高度仪或者其他工具测量出来。然后航海者通过查阅天球坐标标注的航海表，利用太阳正午高度及其在天球仪中的坐标，再结合一个简单的公式，得出他所在的纬度。

占星术

"Astrology"（占星术）一词来自希腊语"astron"（"星星"）和"logos"（"科学"）。古巴比伦时期，仰望夜空的人们相信星空的运动规律暗藏着更大的宇宙秘密，地面上一切事物都来自天穹的映射。牧师和哲学家们认为，他们如果能把星星和它们的运动轨迹描绘出来，就可以预测未来。最初的观测天文学逐渐发展成了占星术。然而时至今日，还没有任何证据表明，星星可以影响我们的性格和命运。虽然现代天文学家认为占星术就是迷信，但是它最初起到的推动作用却不能忽略。在中世纪的大部分时期，欧洲的纯科学都陷入了冬眠状态，正是占星术和人们对预知未来的渴望才使天文学得以继续发展。

占星师

在古代，占星师的主要任务就是预测未来。上图木雕可以追溯到1490年，两个占星师正在研究太阳、月亮和行星的排列规律。

管辖人体器官

古代人们认为身体是由四种物质组成的，它们被称为"体液"。这些体液不均衡就会导致疾病。十二宫图和体液与人体的不同部位有着特定的联系，在治疗疾病的时候，应该采用与病痛部位相对应的那一宫管辖的药物。

日期

星期

时间老人

日历表背面

白天时刻

日出时刻

夜晚时刻

日落时刻

永久日历表

一周七天的名字也能体现出人们对占星术的信仰。比如，星期天是太阳日，星期一是月亮日。这个简单的永久日历表，可以显示某天是星期几和它对应的天体图案。

狮子座

在这些19世纪的法国星座图卡片中，所有的星星都用一个镂空的孔来标示。从占星术来说，每个十二宫图都有自己的特点。每个图都由一个行星管辖，而这些行星也有相应的特点、朋友和敌人。举例来说，如果一个人在太阳经过狮子座的时候出生，那么他的性格就带有领导气质，就像狮子一样。

行星的位置

判别一个行星是否和谐的一个方法就是看它们在天空中的位置。如果两个行星之间的夹角小于一定度数就相合；夹角正好是180度就相冲。

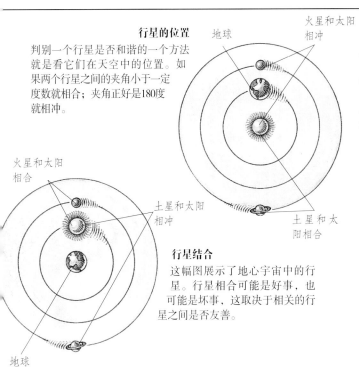

火星和太阳相合

土星和太阳相冲

土星和太阳相合

地球

地球

火星和太阳相冲

行星结合

这幅图展示了地心宇宙中的行星。行星相合可能是好事，也可能是坏事，这取决于相关的行星之间是否友善。

十二宫图

从古罗马时期开始，星座图被称为十二宫图。一个人的占星表展示了星星在他出生时的排列位置。占星师认为，这些图形决定了这个人的性格、职业、特长、弱点、疾病及爱情生活。

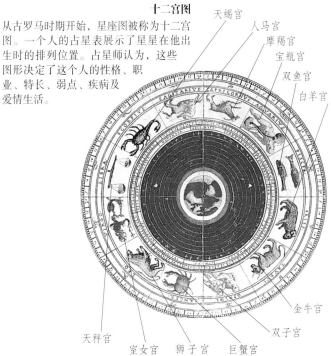

天蝎宫
人马宫
摩羯宫
宝瓶宫
双鱼宫
白羊宫

金牛宫
双子宫
巨蟹宫
狮子宫
室女宫
天秤宫

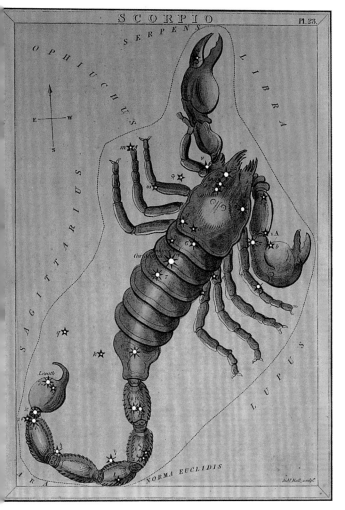

天蝎宫

现在，大多数星座都有拉丁文标注的希腊名。这张卡片是天蝎宫，太阳在10月底到11月底期间经过这个宫。占星师认为，这个时候出生的人敏感、神秘，就像蝎子一样。

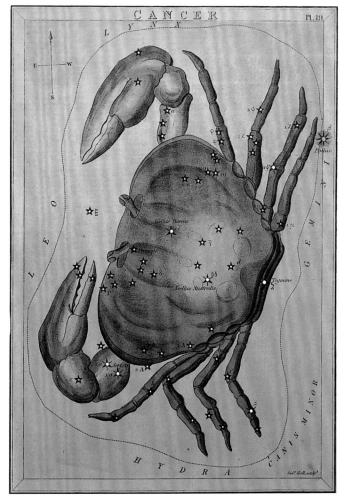

巨蟹宫

在太阳经过巨蟹宫时出生的人，性格比较恋家，就像壳中的螃蟹。把这些手工卡片对着太阳，我们可以看出每个星座中星星的相对亮度和形状。

哥白尼革命

1543年，哥白尼出版了一本改变人们传统宇宙观念的书——《天体运行论》。哥白尼宣称宇宙的中心是太阳。他的观点是建立在对天文观测结果的逻辑分析基础之上，他认为球可以做圆周运动，既然宇宙和所有的天体都是球形，它们的运行轨迹也应该都是圆形。而在托勒密创立的以地球为中心的系统里，天体的运行轨迹是不规则的。哥白尼设想，这些天体的运行轨迹之所以是不规则的，原因在于地球并不是宇宙的中心，因此他遭到了天主教的谴责。

哥白尼

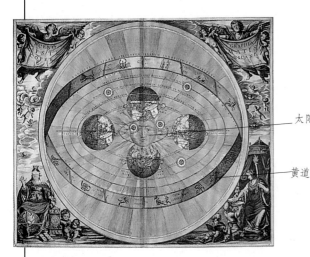

哥白尼宇宙

哥白尼的太阳系结构是基于行星公转周期建立的。这张古代印刷品展示了地球围绕太阳转动、十二宫星座在外圈运行的情形。

太阳

黄道

伟大的观察者

丹麦天文学家第谷·布拉赫在1572年发现了仙后座中的一颗新星。这是向古人传下来的知识发起了挑战，因为他们宣称星星是永恒不变的。为了研究它，第谷又在哥本哈根城的汶岛建立了一个天文台，重新测量了托勒密星表中的788颗天体，从而编著了第一部现代星表。

天文堡——布拉赫在汶岛上的观测台

画椭圆

把两个钉子钉在板子上，用绳子将它们连起来。把一根铅笔放在线内，绳子时刻绷紧，移动铅笔绕着钉子转动，一个椭圆就画成了。两个钉子的位置称为椭圆的焦点。在太阳系中，太阳就位于行星轨迹的一个焦点上。两个焦点的距离越大，行星的轨迹越扁。

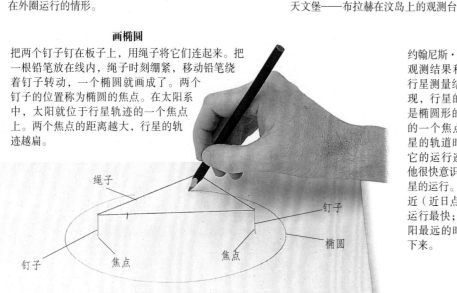

绳子

钉子

椭圆

钉子

焦点

焦点

行星运行定律

约翰尼斯·开普勒把自己的观测结果和布拉赫更新的行星测量结果相结合后发现，行星的运行轨迹应该是椭圆形的，太阳在椭圆的一个焦点上。在观察火星的轨道时，开普勒发现它的运行速度是变化的。他很快意识到太阳影响了行星的运行。当行星离太阳最近（近日点）的时候，行星运行最快；而在远日点离太阳最远的时候，它们就慢了下来。

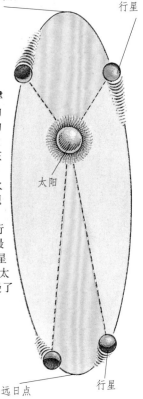

近日点

行星

太阳

远日点

行星

约翰尼斯·开普勒

德国数学家约翰尼斯·开普勒在1601年获得了"数学大帝"的称号。他创立了行星运行的三大定律，并且鼓励伽利略发表了自己的研究成果，来辅助证明哥白尼的理论。

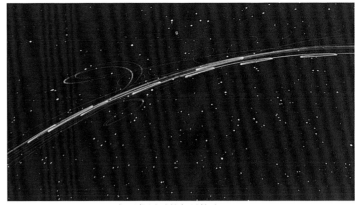

行星仪展示的行星轨迹

视路径

行星的反向运动就是一种与地心说相违背的不规则运动。按照早期的观点，一些行星看起来会倒着运行，因此在夜空里留下了一些很大的圆形轨迹（上图是火星运行的轨迹）。托勒密认为，行星的反向运行可以理解为它们在公转的同时还在本轮上转着小圈。如果将太阳作为太阳系的中心，这种明显有悖于常理的轨迹就可以得到合理的解释。地球的运行速度比火星要快，而火星的公转方向与地球虽然是同向的（左下图），但在目视路径上所反映出来的情形并非如此。

火星的视路径　　　视线

火星的轨道　　　太阳　　　从地球上看火星的视路径和火星　　　地球的轨道
实际轨道的模型

理论的"称量"

这张17世纪的手稿中缪斯女神在比较宇宙排列的不同理论。托勒密的体系在她的脚下，开普勒的体系比右方第谷的体系要"重"一些。

科学巨人

在那个任何新思想都被认为是危险的年代，伽利略·伽利雷用新研制的望远镜完成了无数的新发现，为哥白尼的日心说提供了充足的证据。伽利略关于木星的卫星和金星相位的发现清楚地表明，地球不是宇宙中所有天体运动的中心，这些天体的运行轨迹也不是理想的圆。因为这些发现和言论，伽利略被判为异教徒，并遭到终身监禁。艾萨克·牛顿出生于伽利略去世那年。他生活在一个对新思想充满热情的年代。

伽利略望远镜
伽利略制造了第一台天文望远镜。他的第一个望远镜放大倍数是8倍。几天之内，他又制造了一个放大20倍的。他继续把放大倍数增加到30倍，并亲自磨制了镜片。

教皇乌尔班八世
起初，天主教是欢迎哥白尼的著作的。但是从1563年开始，教会改变了对与原有教义相违背的观点的宽松态度。作为红衣主教，教皇乌尔班八世曾经对伽利略非常友好。然而在1635年，他却成为了伽利略审判团的领导者。

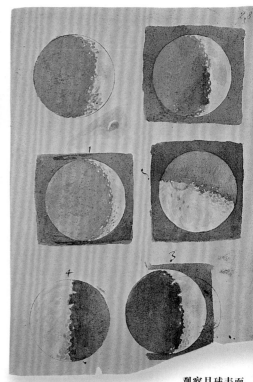

观察月球表面
伽利略利用望远镜测量了月球上的阴影部分，证明了月球上存在比地球上的山高许多的山。

多才多艺的伽利略
1611年，伽利略到罗马和教会的领袖一起讨论了他关于太阳及其在宇宙中的位置的发现。教会的领袖接受了他的发现，但是并没有接受哥白尼的日心说理论。伽利略被判为异教徒，并于1635年被教会囚禁，直到1642年去世。

金星的相位
1610年，得益于望远镜在天文观测中的应用，伽利略发现了木星的卫星和金星的相位。金星相位的变化是太阳光照射到绕其运行的行星上形成的。他知道这是一个证明地球不是宇宙中心的有力证据。他把自己的发现藏了起来，因为这些会被当权者认为是危险的东西。

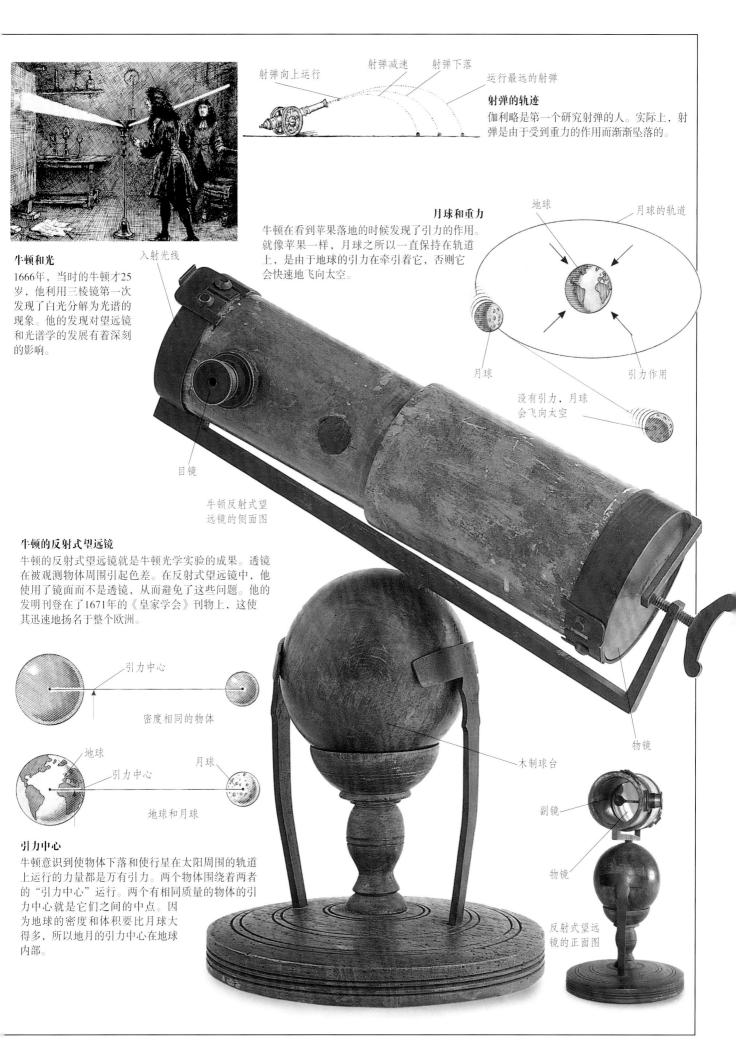

射弹向上运行　　射弹减速　　射弹下落
　　　　　　　　　　　　　　　　　　运行最远的射弹

射弹的轨迹
伽利略是第一个研究射弹的人。实际上，射弹是由于受到重力的作用而渐渐坠落的。

牛顿和光
1666年，当时的牛顿才25岁，他利用三棱镜第一次发现了白光分解为光谱的现象。他的发现对望远镜和光谱学的发展有着深刻的影响。

入射光线

目镜

牛顿反射式望远镜的侧面图

月球和重力
牛顿在看到苹果落地的时候发现了引力的作用。就像苹果一样，月球之所以一直保持在轨道上，是由于地球的引力在牵引着它，否则它会快速地飞向太空。

地球　　　　　　月球的轨道

月球　　　　　引力作用

没有引力，月球会飞向太空

牛顿的反射式望远镜
牛顿的反射式望远镜就是牛顿光学实验的成果。透镜在被观测物体周围引起色差。在反射式望远镜中，他使用了镜面而不是透镜，从而避免了这些问题。他的发明刊登在了1671年的《皇家学会》刊物上，这使其迅速地扬名于整个欧洲。

引力中心

密度相同的物体

地球　　引力中心　　月球

地球和月球

引力中心
牛顿意识到使物体下落和使行星在太阳周围的轨道上运行的力量都是万有引力。两个物体围绕着两者的"引力中心"运行。两个有相同质量的物体的引力中心就是它们之间的中点。因为地球的密度和体积要比月球大得多，所以地月的引力中心在地球内部。

木制球台

物镜

副镜

物镜

反射式望远镜的正面图

149

光学原理

大约在公元前2000年，人们就注意到了一片弯曲的玻璃片具有放大作用。公元前5世纪，希腊哲学家曾经用一个装满水的玻璃球来放大他的手稿字迹。13世纪中期，英国科学家罗杰斯·培根发现，越小的水晶球上的碎片对物体的放大倍数越大。尽管眼镜在1285—1300年之间就被发明了，但是直到16世纪初期到中期，科学家才把透镜组合起来发明了望远镜。望远镜有两种类型，折射式望远镜使用几个透镜来折射光线；而反射式望远镜则是使用镜面将光线反射汇聚起来。

望远镜的发明者

一般认为，第一架真正的望远镜是1608年来自荷兰瑞兰德的眼镜制造师汉斯·利伯希发明的。利伯希把两片透镜放进镜筒里，然后就宣称发明了望远镜。在16世纪50年代中期，一个名叫莱昂纳多·狄格斯的英国人把镜面和透镜组合在一起，通过它们的反射和折射作用就能够均匀地放大物体。关于这是不是真正的望远镜，至今还存在争议。现在一般认为，第一个把望远镜应用在天文学上的人是伽利略。

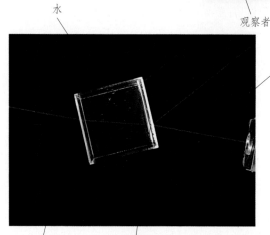

水

观察者　目镜

激光

折射原理

光通常是沿直线传播的，但是在穿过不同密度的介质时会发生折射。在左图中，一束激光直射到一个充满水的方形容器上发生了折射（从上方观测），因为它经过了三种不同密度的介质——水、玻璃和空气。

光进入空气又被折射了

光被折射了

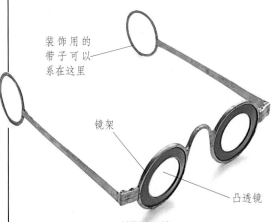

装饰用的带子可以系在这里

镜架

凸透镜

早期的眼镜

大多数早期的眼镜都使用凸透镜，帮助患有远视的人看清近在手边的物体。后来，眼镜开始使用凹透镜，来帮助那些患有近视的人。

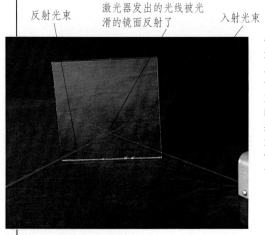

反射光束

激光器发出的光线被光滑的镜面反射了

入射光束

反射原理

光滑的表面会将直射在它上面的光线"弹射"出去。射向镜子的光线被称为入射光线，从镜子离开的光被称为反射光线。入射光线的入射角度和反射光线出射的角度相等。我们照镜子时看到的就是镜子的反射光线。

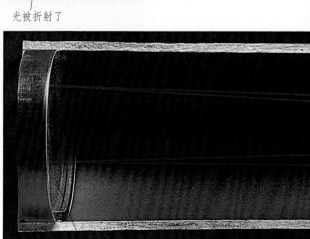

大凸透镜

约翰·多伦德

英国光学家约翰·多伦德是第一个制作消色差望远镜的人。他发明的消色差望远镜制作起来很容易，并完善了色差问题。

色差

当光线穿过一个普通透镜时，每种颜色的光被折射的程度不同，光汇聚在不同的点上，形成色差，这就使得物像周围出现色斑。我们可以通过再加上一个透镜（不同的密度）来完善这个问题，当光束通过两个透镜的折射后，所有颜色的光就会几乎汇聚到同一个点上。

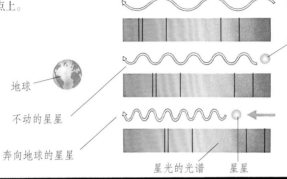

蓝色焦点

光线

透镜

红色焦点

远离地球的星星

两种颜色同一个焦点

光线

两个棱镜

星星

地球

不动的星星

奔向地球的星星

星光的光谱　星星

光效应

光的运动影响波长，这种现象可以用多普勒效应来解释。当星星朝向地球运动时，其光波被压缩，向光谱中波长短的一端（蓝光）偏移。而当光源背向地球运动时，光波被拉长，向红光端偏移。这两种现象分别称为"蓝移"和"红移"。

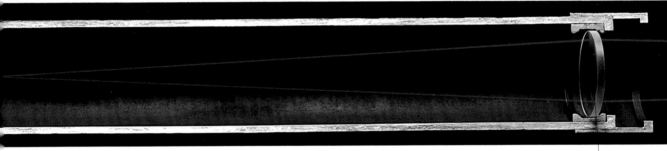

折射式望远镜

在折射式望远镜中，物镜（远离眼睛的镜片）聚集光线并且成像，目镜（靠近眼睛的镜片）放大物镜成的像。伽利略使用的就是折射式望远镜，这种折射式望远镜的缺点就是存在色差（上图）。

反射式望远镜

艾萨克·牛顿发明了一种反射式望远镜。这种望远镜用一个大凹面镜来捕获光线。然后通过反射把光线聚集到斜置的平面镜上成像，最后通过目镜放大这个像。反射式望远镜不会形成色差，因此图像更清晰。

观察者

目镜镜头

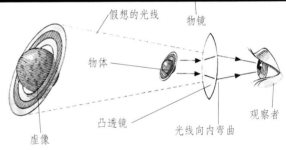

假想的光线　物镜

物体

凸透镜

虚像

光线向内弯曲

观察者

透镜放大原理

眼睛透过凸透镜看物体时，物体看起来变大了，这是因为透镜把光线向内弯曲。而眼睛依旧以为光线是直线传播，所以眼睛看到一个放大了的虚像，其放大的倍数取决于透镜弯曲的角度。

平面镜

入射光线

光学望远镜

进入望远镜的光线越多，天空的图像就越亮。因此，天文学家将镜面越做越大。19世纪，折射式望远镜备受青睐，光学科学家们花费了大量精力来制造大透镜。20世纪，镜子的材料有了很大的改进。大镜子捕获的光线比小镜子多，但是过于沉重，甚至会在重力作用下变形，从而扭曲图像。为了解决这个问题，科学家们想出了一些办法，其中之一就是使用拼接主镜。拼接主镜是由许多小镜子并排固定起来组成的。另外一个方法就是采用"主动光学系统"，它的镜子是可以移动的，这样就补偿了镜面下垂带来的误差。

望远镜摄影

自从19世纪以来，天文摄影机成了天文学家的一个重要工具。天文学家在望远镜上安装一个摄影机，同时使用一个电机驱动，使望远镜和地球自转同步，这样就能够拍摄到远处天体长时间曝光的照片了。

目镜

目镜架

调整望远镜高度的支架

调整镜筒的手柄

赫歇尔望远镜

英国的天文学家威廉·赫歇尔制作的望远镜性质优良，比如他那个口径15厘米的牛顿反射式望远镜的放大倍数就达到了200倍。这个木制的望远镜就是他在做天文观测时使用的，赫歇尔还凭借它发现了天王星。

望远镜镜筒

主镜位于镜筒内

放文件的抽屉

抬高或者降低望远镜的手柄

支架

轮子

更大的放大倍数

增加望远镜的放大倍数是早期天文学家面临的一个重要的挑战。当时唯一的方案就是把物镜和目镜的距离做得很长。然而这幅画中展示的这个18世纪的长焦距的望远镜根本没法使用，旁边经过的人引起的轻微震动，就会使整个望远镜剧烈震动起来。

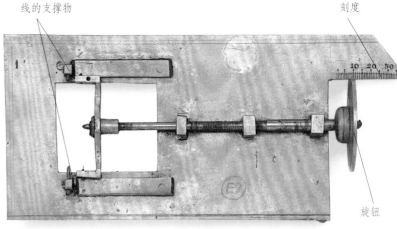

线的支撑物

刻度

旋钮

远距离测量

望远镜越大，观察范围越大，度量就越粗糙。测微仪可以提供精确的刻度，这是一种测量极远处两颗星星之间距离的工具。这个测微仪是威廉·赫歇尔制造的。要确定一颗星星的位置，用一根细线连接两个支撑点，然后旋转旁边的旋钮来调整支撑点的位置。

赤道仪

望远镜应该以某种方式固定。赤道仪曾经是一种良好的固定装置，至今仍然是一些天文爱好者的最爱。望远镜和地轴的方位相同，在北半球以北极星为标示；在南半球则以南极附近的星星作标记。随着星星绕着北极星转动，望远镜也自动绕着轴转动来跟随星星的轨迹。这个71厘米的折射式望远镜就使用了赤道仪，它于1893年安装在英国格林尼治。

支点

弧上的刻度

供天文学家够到目镜的梯子

天文象限仪

早期望远镜固定在天文象限仪上，象限仪通常固定在墙上。望远镜挂在支点上，目镜沿着象限仪的弧旋转。通过这种方法，天文学家可以准确地测量出星星的高度。

双子望远镜

双子望远镜中的一架在夏威夷（北半球），另一架在智利（南半球），它们结合在一起就能将观测范围扩展到整个天空。每架望远镜都有一个直径8.1米的主动式镜片。

打磨的镜片

美国加利福尼亚州帕洛马山上的海尔望远镜是最著名的望远镜之一，其直径达5米的镜片是在1934年用35吨玻璃熔铸而成的，打磨工作却被第二次世界大战打断了，直到1947年才完成。帕洛马山是海拔最高的天文台之一。

拼接镜面望远镜

夏威夷凯克望远镜，有一块大约10米宽的六面镜。它由36块小六面镜组成，每块直径为1.8米，它们都由电脑控制着，位置可以随时调整，以纠正镜面弯沉带来的误差。

天文台

天文台是天文学家观测天空的地方。早期天文台建立在城市的最高处。天文学家要获得地平线360度的全景，高度非常重要。北非和中东的伊斯兰地区（巴格达、开罗和大马士革）建立有世界上最伟大的天文台。巴格达的天文台有一个6米大的象限仪和一个17米的石制六分仪。印度斋浦尔天文台是世界上保存完好的古天文台之一。随着年代的不同，天文台的形状也发生了很大的变化。巴黎天文台是至今还在使用的最古老的天文台，它始建于1667年。露天天文台在天气不好时就不能使用，天文学家需要一个顶棚。最初，这些顶棚是由滑板或者滑门建造，它们可以拉开以提供观测视野。从19世纪开始，天文台开始使用旋转圆顶。

圣克鲁斯的利克天文台

威廉·帕森斯在爱尔兰的圣克鲁斯铸造了一个182厘米的镜片，重量接近4吨，放大倍数为800～1000倍。帕森斯的反射式望远镜用这个镜片做出了很多重大的发现，其中包括对星系和星云结构的观测。

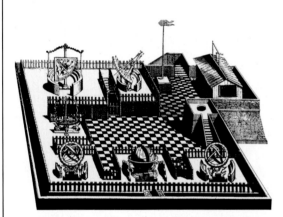

北京古观象台

北京古观象台是明朝和清朝的皇家天文台。仪器包括浑仪、天球仪、地平经仪、象限仪和六分仪等。

印度斋浦尔天文台

印度拉贾斯坦的斋浦尔天文台是在1726年由统治者贾伊·辛格大君建造的。这里有一个巨大的日晷、一个小型太阳刻度盘，以及一个倾斜27度的晷针，还有一个巨大的六分仪和一个子午仪。

154

莫纳克亚

越来越多的人造光源和空气污染迫使天文学家去一些人迹罕至的地方建造天文台。夏威夷岛上的莫纳克亚火山空气稀薄，气候温和，天文学家们在其上架设了各种光学望远镜、红外望远镜和射电望远镜。

电脑控制的望远镜

望远镜现在已经变得非常巨大。这个克里米亚物理天文台上的口径51厘米的日冕仪就是由电脑控制的电机驱动的。日冕仪就是一种用来观测太阳大气外层的望远镜。

什么是子午线？

子午线是一条假想的贯穿南北极的坐标线，用来测量地表或天空中物体之间的东西距离。子午线因为太阳在正午时会经过当地的子午线而得名。天文学家在研究测绘天文学或者在天文台架设望远镜时经常会用到它。

本初子午线

本初子午线

1884年，在华盛顿举行的某次国际会议确定了本初子午线（也就是零度子午线）。本初子午线穿过英国格林尼治皇家天文台里的艾里子午环。在格林尼治以南，本初子午线穿过法国和非洲，然后穿过大西洋到达南极。

横跨子午线

1850年，第七届英国皇家天文学家乔治·比德尔·艾里决定要建造一个新的子午仪。为了建造它，他把英国原来的本初子午线向东移了5.75米。格林尼治子午线用一条绿色的射向天空的激光束和一条穿过皇家天文台的艾里子午环的亮线来标示。

天文学家

天文学家和其他科学家的主要不同就在于天文学家不能在固定的地点做实验，他们必须等待和观测。观测是天文学的核心，天文学家们要么通过光学望远镜进行直接观测，要么利用电脑分析数据。根据工作内容的差异，天文学家可分为很多类型。测绘天文学家对星星的相对位置比较感兴趣，他们的主要工作是制作天空的二维地图，天体物理学家则致力于研究天文物理学和宇宙起源的秘密。

时髦的业余天文爱好者
18世纪，天文学成了一些富人的消遣。

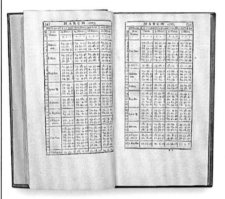

航海天文年历
1766年出版的《航海天文年历》提供了一些重要的星星在三个时刻与月球的视距离。航海者在看不到陆地时，可以计算出他们所在的经度。

第一届皇家天文学家
1675年，约翰·弗拉姆斯蒂德当选为英国第一届皇家天文学家。他生活并工作在同年由英国查尔斯二世国王建造的格林尼治皇家天文台里。

天文家族
1667年，巴黎天文台建立。法国国王任命波伦亚的著名天文学家乔凡尼·多门内克·卡西尼为第一任台长。其后，卡西尼家族三代都曾出任过这个职位：雅克·卡西尼、恺塞萨尔·弗朗索瓦·卡西尼·德，以及让·多门内克·卡西尼——他绘制了第一幅法国地图。大多数历史学家都简称他们为卡西尼一世、卡西尼二世、卡西尼三世和卡西尼四世。

仙后座 α 星钉子标记　宝瓶座 α 星钉子标记　旋转表盘

标示天蝎座 α 星的钉子
标示长蛇座 α 星的钉子

俄国的天文学
俄国天文学家罗蒙诺索夫对精确经纬的航海测绘比较感兴趣。1761年，他在观察金星的子午圈时发现这颗行星比较"脏"，认为金星的大气层比地球的大气层要厚好多倍。

星钟
测绘天文学研究的一个基本方面就是测量星星相对于星钟的位置。星钟的旋转表盘上记下了重要星星的位置。把钉子放在被观测星星附近的小孔里，当这颗星星经过当地子午线时，钟表就会发声。

纳皮尔骨头

为了确定一颗星星的位置，往往需要进行大量计算，有时候人工几乎无法完成，这是古代天文学家面临的一个重大问题。1614年，苏格兰梅奇斯顿小镇的农场主约翰·纳皮尔出版了第一本对数表全集。1617年，纳皮尔发现，把一些刻着数字的杆子挨着排起来就能做复杂的乘法和除法运算。它们由骨头制成，因此就以"纳皮尔骨头"之名而闻名。

忠于家庭

卡洛琳·赫歇尔是天文学家威廉·赫歇尔的妹妹、天文助手兼管家。她发现了8颗彗星。同时，她对侄子约翰·赫歇尔有着很深的影响，约翰后来因为测绘南半球的星空而成名。

刻有纳皮尔数字的杆子

数字显示器

旋转杆

摇柄

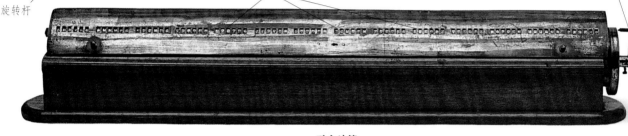

天文计算

19世纪，为了进行天文计算，仪器制造者们开始研究制造各种机械计算器。上图展示的就是当时发明的一种计算器，摇一次手柄，就可以产生一个42位长的数字。

扶手

可以调整的靠背

天文椅

天文椅发明得比较晚。直到17世纪末期，在这种工具发明之后，天文学家才得以躺下来观测星星。而带软垫的椅子又过了50年才出现。

保暖

在照相机发明之前，天文学家通常要花费好几个小时盯着目镜里的星星，在没有顶棚的天文台里做大量的观测记录。因此穿上几件暖和、舒适的衣裳是非常重要的。

座位

调整座位高度的棘齿

棘齿栓

轮子

光谱学

一个世纪以前，天文学家已经可以利用光谱来研究天体的化学组成和温度。分光镜能够把来自天体的"白光"分解成更细的光谱。在牛顿发现的光谱学基础上，德国光学家约瑟夫·冯·夫琅和费研究了太阳光谱，他在光谱上发现了一些黑线。1859年，德国科学家古斯塔夫·基尔霍夫发现了夫琅和费线是由太阳外层较冷的化学物质产生。每种化学物质都有自己独特的谱线，就像指纹一样。

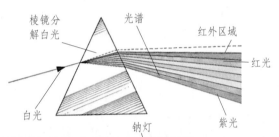

彩虹的颜色
彩虹是太阳光照射在水滴上发生折射形成的。水珠聚集在一起，就好像是一个个棱镜。

棱镜分解白光　光谱　红外区域　红光　白光　钠灯　紫光

威廉·赫歇尔发现红外线
1800年，威廉·赫歇尔做了很多实验来探索热和光之间的关系。他重新做了牛顿把白光分解成光谱的实验。每次只留下一种颜色的谱线，这样就能测试每种光谱的温度。他发现红色光谱一端的温度比蓝色一端的高。而且在红色光谱那端没有颜色的区域，其温度比其他区域要高很多。他把这个区域叫作红外区域。

分光镜固定在望远镜的这里

底片支架

钠

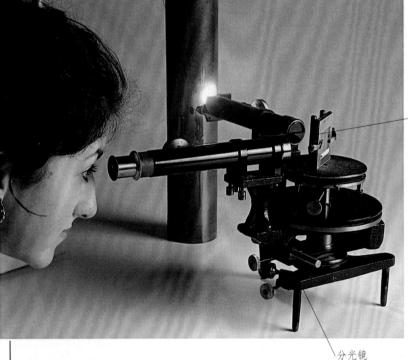

衍射光栅

分光镜

带有吸收谱的太阳光谱

钠辐射光谱

钠

观察钠辐射光谱
通过分光镜观察钠光可以帮助我们理解太空中光谱的原理。根据古斯塔夫·基尔霍夫光谱分析：第一定律表明，高密度的热气体在受到高压时会产生各种颜色的连续光谱。第二定律表明，低密度的热气体在受到低压时会产生明亮（在黑色的背景下）的发射谱线。第三定律说明，光从高密度的热气体进入冷气体时，会产生吸收谱——在一条明亮光谱带上出现若干完整的暗线。

太阳里有什么
当我们用分光镜观察钠光的时候，它产生的光谱是一条黄色的亮线（上图）。太阳光谱的一部分含有一些较窄的暗线，这些就是夫琅和费线。我们可以据此判定太阳的化学成分。光谱里黄色部分的两条黑线对应着钠。因为地球大气层中没有钠，所以它肯定来自太阳。

基尔霍夫和本生

1853年，德国化学家罗伯特·本生发明了无光灯，这让研究不同的化学气体对已知光谱的作用变成了现实。为了进行这种研究，他和古斯塔夫·基尔霍夫共同发明了分光镜。

连续光谱

吸收颜色

为了证明光谱分析定律，基尔霍夫让白光沿直线通过钠气，钠的颜色就被吸收了。光谱上原来显示钠特性的部位变成了黑色。在上面这个实验里，当把高锰酸钾溶液放在光和棱镜之间后，光谱中的一些谱线就被吸收了。

高锰酸钾的谱线

恒星的光谱

天文学家通过从遥远的恒星传播过来的光谱，分辨出这些恒星"指纹"，得出化学成分。谱线之间的密度测量出温度，谱线的宽度提供了温度、运动、磁场是否存在等信息。

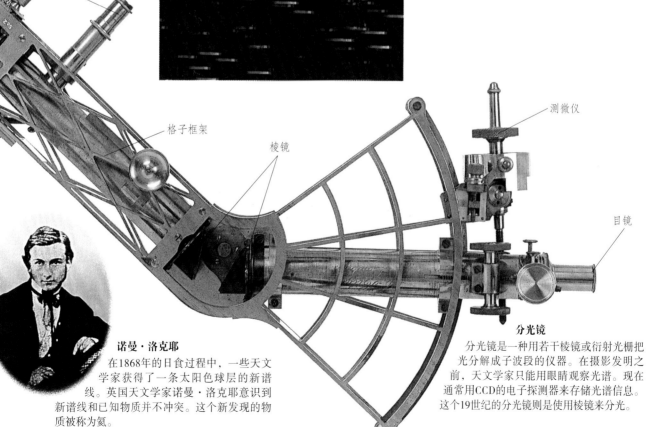

目镜

格子框架

棱镜

测微仪

目镜

诺曼·洛克耶

在1868年的日食过程中，一些天文学家获得了一条太阳色球层的新谱线。英国天文学家诺曼·洛克耶意识到新谱线和已知物质并不冲突。这个新发现的物质被称为氦。

分光镜

分光镜是一种用若干棱镜或衍射光栅把光分解成子波段的仪器。在摄影发明之前，天文学家只能用眼睛观察光谱。现在通常用CCD的电子探测器来存储光谱信息。这个19世纪的分光镜则是使用棱镜来分光。

射电望远镜

宇宙中可能存在不可见辐射。第一种被（偶然）发现的辐射是无线电波。为了探测无线电波，天文学家建造了巨大的天线来捕获这些长波，然后再仔细"看"。早期的射电望远镜也不是很大，当今通过连接多个射电望远镜，甚至可以建成一个与地球表面同等大小的射电望远镜阵。天文学家在研究来自太空的无线电波时，还经常使用远在地球大气层之外的探测器。

射电星系
上图展示了从星系NGC 1316中心黑洞中喷射出来的炽热气体云产生的不可见的射电辐射。这幅射电云图呈橘黄色，它是由美国甚大天线阵拍摄的。

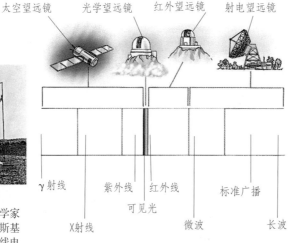

电磁波谱
电磁波频率的范围被称为电磁波谱，最右端是无线电，然后是红外线，向左依次是可见光、紫外线、X射线，波谱最顶部是γ射线。能穿过地球大气层的辐射通常只有可见光和无线电波，红外线也能到达某些高山山顶，其余辐射我们只能利用特殊的探测器将仪器发射到太空中去才能探测到。所有望远镜"看到"的都是太空中不同波段的辐射。

微波辐射的证据
第一份宇宙微波辐射的证据是美国科学家卡尔·央斯基收集到的。1931年，央斯基使用自制的仪器（上图），研究了无线电通信里的静电干扰短波。他推断，这个静电干扰肯定来自银河系。

阿雷西博射电望远镜
这个巨大的阿雷西博射电望远镜建造在一块天然石灰石的凹面上，它位于波多黎各的阿雷西博南部丛林中。这只"大碗"由一个巨大的钢丝网构成，宽305米，接收面达20公顷（20万平方米）。其顶部的接收器可以移动，对准天空的不同地方。

射电天文爱好者
听说央斯基的发现之后，美国的天文爱好者雷伯于1936年在他家的院子里建造了一个巨大且可移动的无线电接收器。利用那个直径为9米的抛物形接收面收集到的无线电波，雷伯开始绘制来自银河的无线电辐射图。

热点

右图是射电天文学家制作的一张水星表面温度图。水星离太阳最近，最热的地方是其赤道附近——红色区域（蓝色最冷）。

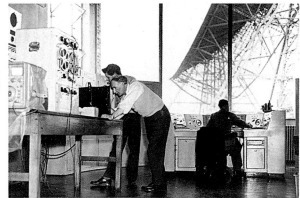

伯纳德·洛维尔

英国天文学家伯纳德·洛维尔是射电天文学的先驱。在这幅图中，他正在口径为76米的马克1号望远镜（后来被命名为洛维尔望远镜）的中心控制室。这个望远镜于1957年开始使用。

星系　无线电波　焦点

抛物形接收面

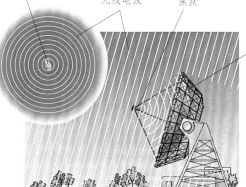

高科技望远镜

光学望远镜通常要选在远离居住区的地方，而射电天文学却不需要晴朗的天空。右图这个望远镜是世界上最大可操纵的单天线射电望远镜之一，口径是100米，位于德国的波恩城附近。

射电望远镜工作原理

射电望远镜的抛物形接收面能够调整朝向，以接收来自不同方向的无线电信号。抛物面把信号聚焦到一个点上，这个点信号被发送至接收机、录音机，然后被送至中心数据控制室。电脑设备把接收到的无线电波信号转换为我们可以观看的太空物体的图像。

抛物形接收面

甚大天线阵

射电望远镜可以连接在一起，形成一个更大的接收面。最大的望远镜阵列之一就是美国新墨西哥州索科洛沙漠附近的甚大天线阵（VLA）。它由27个抛物形接收面排成一个巨大的"Y"形，覆盖半径达27千米。

固定物和支撑点

闯入太空

随着科技的进步，用人造卫星和探测器搜集信息的技术更加成熟了，使用它们进行太空探索可以避免太空环境对航天员生命的威胁。太空技术给我们生活带来的巨大利益：轻质、坚固的新材料和净化水的方法的发现都受到了太空研究的直接影响；电视信号的传送依赖于人造卫星；船舶、飞机甚至汽车的导航系统也是靠卫星传播信号；天气预报得益于气象卫星反馈的信息；环境卫星则用来监控地球表面。

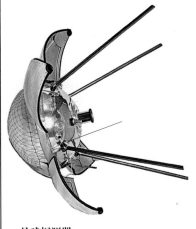

月球探测器

1957年，苏联发射了第一颗人造地球卫星——"伴侣1号"。在20世纪50年代末到1976年之间，人类向月球发射了几颗探测器来探测月球表面。"月亮女神1号"是第一个发射成功的月球探测器。它在月球上空飞行了6000千米。而第一个向地球发回照片的探测器则是"月亮女神3号"，它发回了月球背面的照片。第一个登上月球的是"月亮女神9号"，它于1966年2月在月球着陆。"月亮女神16号"首次采集了月球上的土壤样本，并把它带回了地球。

进入太空

美国物理学家罗伯特·戈达德在1926年发射了第一枚以液体为燃料的火箭。这种燃料系统克服了发射轨道卫星所面临的固体燃料质量太大的问题。

太空第一人

1961年4月12号，苏联发射了太空飞船"东方1号"。它由宇航员尤里·加加林驾驶。加加林在距离地表303千米的上空绕地球飞行了一圈之后，成功地返回到了地表。

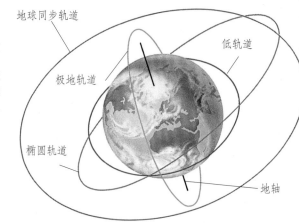

卫星轨道

卫星的运行轨道必须与它所要执行的任务相符。太空望远镜一般在较低的轨道运行。美国的侦察和监视卫星在南北半球上空都有分布，将侦察范围覆盖到整个地球。而俄罗斯卫星的轨道通常是椭圆形的，这样在俄罗斯的领土上空停留的时间更长。通信和气象卫星的轨道在赤道上方，它们运转一周的时间正好是24小时。

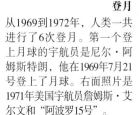

登月

从1969到1972年，人类一共进行了6次登月。第一个登上月球的宇航员是尼尔·阿姆斯特朗，他在1969年7月21号登上了月球。右面照片是1971年美国宇航员詹姆斯·艾尔文和"阿波罗15号"。

航天飞机

尽管发生过少数几次灾难性事故，但航天飞机仍然是进行太空作业的重要工具。每次任务通常持续大约一周时间，其中包括将宇航员载到哈勃太空望远镜上进行修理工作。更重要的是，航天飞机在建造国际太空站的工作中，承担了运载零件、太空舱和装配组的工作。

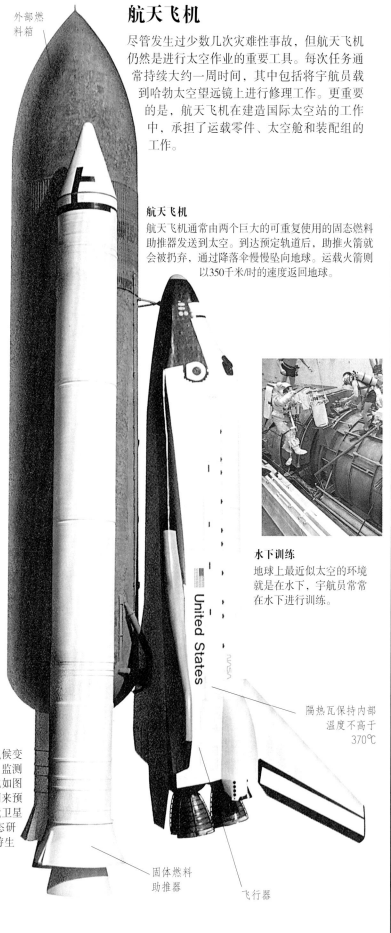

外部燃料箱

太空合作

欧洲太空局的运载火箭"阿丽亚娜号"被欧洲很多国家用来发射通信卫星。"阿丽亚娜号"为各个国家联合起来共同分享太空科技成果提供了一种平台。这幅图是"亚里安3号"在法国圭亚那地区升空。不幸的是，火箭在这幅照片拍摄后不久就爆炸了。

航天飞机

航天飞机通常由两个巨大的可重复使用的固态燃料助推器发送到太空。到达预定轨道后，助推火箭就会被扔弃，通过降落伞慢慢坠向地球。运载火箭则以350千米/时的速度返回地球。

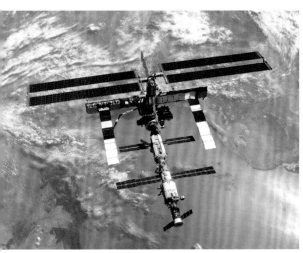

在太空中生活

1986年，苏联发射了第一个太空舱——"和平号"空间站。在"和平号"上生活时间最长的是瓦列里·波利亚科夫，长达438天。

水下训练

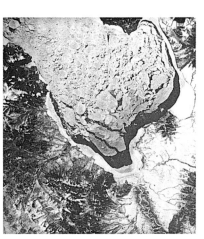

地球上最近似太空的环境就是在水下，宇航员常常在水下进行训练。

隔热瓦保持内部温度不高于370℃

太空探索的意义

气象卫星用来监控气候变化以及绘制洋流图。监测卫星收集的数据（比如图中俄罗斯的冰川）用来预测气候的变化。环境卫星一般用于地质和生态研究，绘制海洋里浮游生物的分布图。

固体燃料助推器

飞行器

太阳系

太阳系由太阳和围绕太阳运行的行星、卫星，以及一些星际物质构成。太阳系中的物质由于受到太阳的引力作用而被束缚在一起。太阳的质量是太阳系中所有行星质量之和的1000倍左右。太阳系形成于大约50亿年前，它是由一团巨大的星际气体和尘埃在自身引力作用下收缩而形成的。这些行星分为两组。靠近太阳的4颗大行星被称为类地行星，密度较大，体积较小，表面坚固。其余大行星被称为类木行星，和木星很像。类木行星都是由气体构成的。在火星和木星之间有一个太空碎片遍布的区域，它被称为小行星带。

天文学的奥秘

这个寓言式的雕塑描绘了一位"天文学女神"，她身披缀满星星的长袍，身旁还放置着地球仪、望远镜、六分仪。她旁边的妇女像可能代表数学。中间的小天使拿着一个横幅，上面写着"称量和测量"，哪个才是天文学的奥秘？

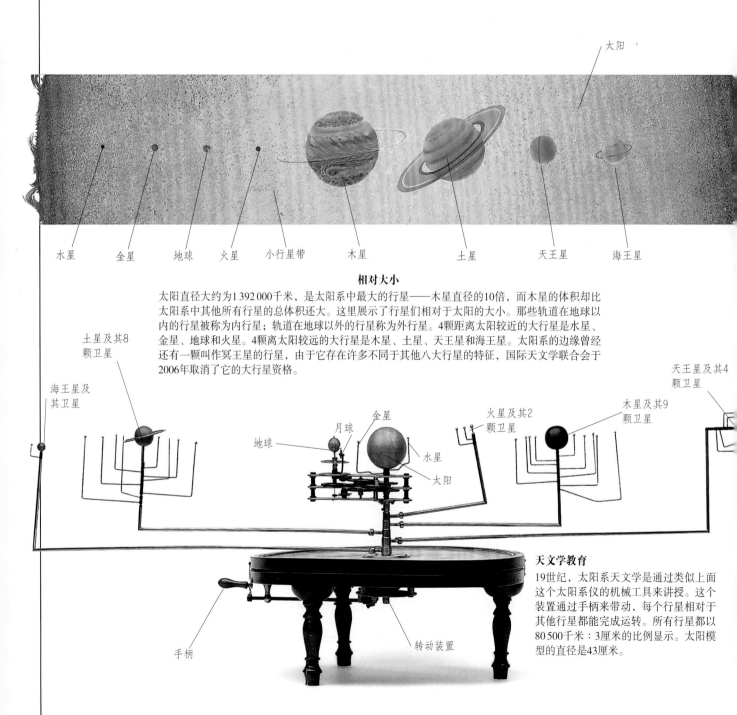

太阳

水星　金星　地球　火星　小行星带　木星　土星　天王星　海王星

相对大小

太阳直径大约为1 392 000千米，是太阳系中最大的行星——木星直径的10倍，而木星的体积却比太阳系中其他所有行星的总体积还大。这里展示了行星们相对于太阳的大小。那些轨道在地球以内的行星被称为内行星；轨道在地球以外的行星称为外行星。4颗距离太阳较近的大行星是水星、金星、地球和火星。4颗离太阳较远的大行星是木星、土星、天王星和海王星。太阳系的边缘曾经还有一颗叫作冥王星的行星，由于它存在许多不同于其他八大行星的特征，国际天文学联合会于2006年取消了它的大行星资格。

土星及其8颗卫星

海王星及其卫星

天王星及其4颗卫星

月球　金星

地球

火星及其2颗卫星

木星及其9颗卫星

水星

太阳

天文学教育

19世纪，太阳系天文学是通过类似上面这个太阳系仪的机械工具来讲授。这个装置通过手柄来带动，每个行星相对于其他行星都能完成运转。所有行星都以80 500千米∶3厘米的比例显示。太阳模型的直径是43厘米。

手柄

转动装置

天体力学

法国数学家皮埃尔—西蒙·拉普拉斯是第一个尝试用数学方法来计算月球和行星运动的科学家。他的巨著《天体力学》共5卷。在这本书里，拉普拉斯把太阳系中的所有运动看成是单纯的数学问题。他用他的计算证明了宇宙引力的存在。

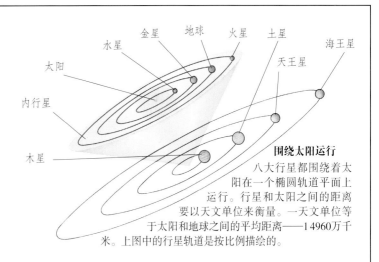

围绕太阳运行

八大行星都围绕着太阳在一个椭圆轨道平面上运行。行星和太阳之间的距离要以天文单位来衡量。一天文单位等于太阳和地球之间的平均距离——14960万千米。上图中的行星轨道是按比例描绘的。

拍摄行星

太空探测器的一项重要任务就是把远处行星和卫星的照片传回来。它们通过一种与数码相机相似的拍摄工具来完成这个任务。这个拍摄系统的核心就是CCD，也叫作电荷耦合装置。CCD是一块芯片，上面有成千上万个感光像素。照在每个像素上的光线不同会产生不同的电信号。电信号通过单板计算机读出，并转化为数字流。数字流通过无线电波传回地球，然后通过电脑重现图像。

逃逸的分子

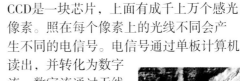

"水手9号"拍摄的火星表面照片

轻的分子

小球通过震动获得能量

产生颜色

天文学中的CCD一般都使用黑白芯片。为了得到彩图，需要通过不同的滤光器分别拍摄3张照片，然后把得到的图形在计算机里面合成彩图。

重的分子

动能仪

太阳系里面的氢气

氢是太阳系里最常见的原子。氢原子的能量很大，质量小的行星不能束缚住它。因此，原子量大的氮在地球大气层里占的比例很大，氢则由于地球引力不够大而脱离了地球。这个动能仪中，红色球代表原子量大的分子，银色球代表原子量小的分子，比如氢。太阳大部分是由氢构成的，因其有足够的引力将氢束缚住。氢同样也是木星、土星、天王星和海王星的主要成分。

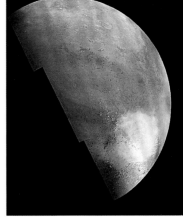

火星的彩图

行星的CCD图片通常受限于芯片上的像素。为了得到高清晰度的图像，通常要从几个角度拍摄行星，然后做成一个拼图。就像这里展示的火星图片一样。

太阳

几乎所有的古代文明都把太阳看作是生命的赐予者和地球万物的能量源泉。太阳处于太阳系的中心，主要是由受热发光的氢气构成的气态天体，因此没有固定的形态。因为它离我们很近，所以天文学家就通过研究太阳来了解其他恒星的特征。他们重点研究的是延伸到太空中的大气层——日冕、色球和光球层。利用光谱分析仪，科学家了解到，太阳与很多恒星一样，主要成分也是氢。在太阳核内，氢原子受到巨大的压力，最终变成了氦。太阳内每分钟将有2.4亿吨的气体变成能量。

日冕观测仪

1930年，法国天文学家伯纳德·里奥（1897－1952年）发明了日冕观测仪。它使天文学家可以不用等到日全食就能观测日冕。

观测太阳

尽管太阳距离地球1.49亿千米，但是它到达地球表面的光线仍然很明亮。人不可能直接观测太阳，也不能通过望远镜或者双目望远镜来进行观测。伽利略就是因为长期观测太阳而失明了。上图天文学家在美国亚利桑那州的基特峰国家天文台进行观测。太阳望远镜塔顶的两个镜子将太阳沿着一个镜筒反射到底部的镜子中。

地轴　南半球向太阳倾斜

澳大利亚是夏天

季节变化

季节变化是因为地球在绕着太阳运行的同时，也在绕着地轴自转。地轴的倾斜角为23.5°。当南极倾向太阳的时候，南半球正是夏季，而北半球是冬季。

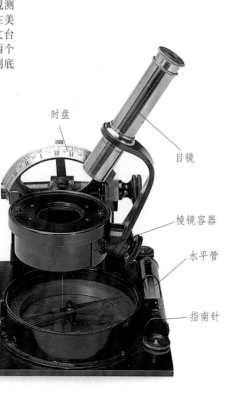

太阳经过当地子午线的时刻就是当地的正午。1842年，乔凡尼·阿米奇发明了正午仪。它有一个直角三棱镜，镜子的两面是银色的，一面是透明的。在太阳经过头顶时，两个面反射的太阳的像合成为一个。这时就是当地的正午。

时盘

目镜

棱镜容器

水平管

指南针

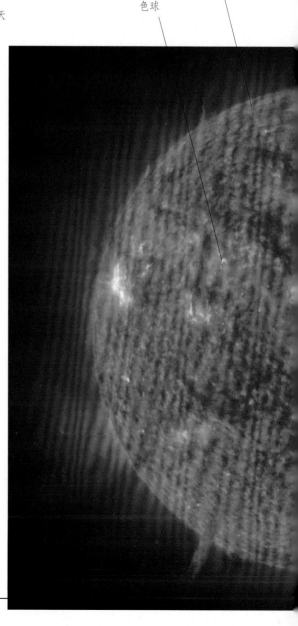

色球　光球

日冕

太阳的最外层是日冕。尽管它向太空延伸了几百万千米，但我们在白天仍然看不见它。在日全食的时候，日冕就像太阳周围的皇冠一样。这幅1970年3月墨西哥日全食照片可以看到日冕。

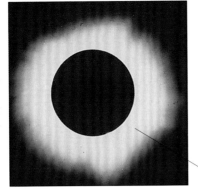

日冕

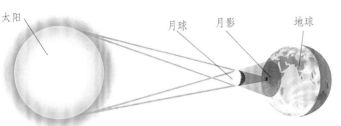

太阳　月球　月影　地球

日食

当月亮运行至太阳和地球中间时，会在地球表面留下一个大的阴影，这时会发生日食。日全食并不常见，同一个地方360年也不见得能发生一次。

太阳黑子

太阳黑子就是太阳表面较冷的区域。太阳磁场对热量从中心到表面的输送会产生干扰，致使太阳表面某些区域的温度低于周围。黑子个数达到峰值的时候，太阳就会经历一些大爆炸，产生耀斑。耀斑致使大量带电粒子冲入太空。如果这些粒子进入地球大气层，就会导致无线电通信瘫痪，并产生极光现象。

记录黑子

观察黑子的变化可以知道太阳是旋转的。与行星不同，太阳整体的旋转速度并不一样。太阳赤道旋转一周所需的时间是25个地球日。极点旋转一周的时间接近30个地球日。这些图片是1947年3到4月的14天内的黑子运动记录。

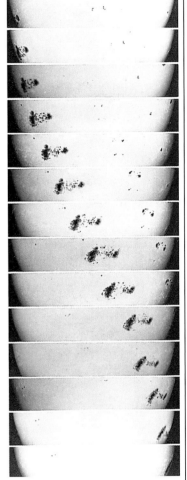

日珥

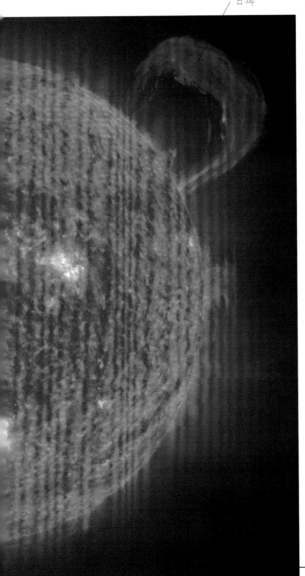

太阳照相仪

天文学家通过一种可调望远镜来观察太阳。这种望远镜没有目镜，是一个装有滤镜的大屏幕。太阳的图像投射到这个屏幕上显示出来，镜子上面有坐标。

太阳的大气层

太阳尽管是颗恒星，但是没有表面，只有不同密度的气体。可见光一般是来自太阳的光球层，它大概有300～400千米厚。上面是更热的色球。最外层是日冕。太阳处于一个不断变化的状态，日珥就是受到太阳磁场的干扰形成的。

太阳的参数

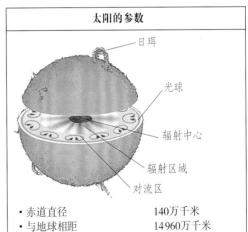

日珥
光球
辐射中心
辐射区域
对流区

·赤道直径	140万千米
·与地球相距	14960万千米
·自转周期	25天
·体积（地球为1）	1306000
·质量（地球为1）	333000
·密度（水为1）	1.41
·表面温度	5500℃

月球

月球是地球的卫星，与地球相距38.4万千米。它是除太阳外天空中最亮的天体，亮度是金星的2000倍。关于月球的起源仍然是人们争论的热点。一些科学家主张"同生说"，认为地球和月亮形成于同一个时期，来源于原始太阳系中的碎片和气体。还有人认为，月球是被地球引力所捕获的天体。还有人认为曾有天体和地球相撞，一些碎片就形成了月球。

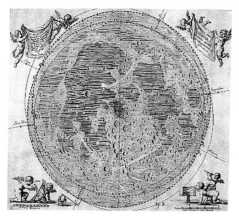

早期的月球图片

月球总是同一面面向地球。但是因为月球的轨道不是正圆形的，而且它运行的速度也是变化着的，所以我们可以看到一半多一点的月球表面——从地球上大概可以看到月球的59%，这种现象称为"天平动"。1647年，约翰·赫维留（1611－1687年）在他的《月面图》中展示了月球的"天平动"。

阴影可用来计算陨石坑壁的高度

哥白尼陨石坑

月球的陨石坑形成于3.5亿至4.5亿年前。月球上因为没有大气层，所以表面不会被腐蚀。这个石膏模型展示了哥白尼陨石坑，90千米宽，3352米深。

陨石坑地面

陨石坑壁

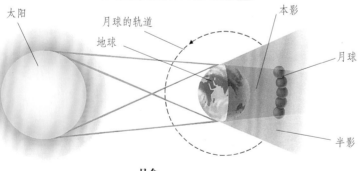

太阳　月球的轨道　地球　本影　月球　半影

月食

当地球经过太阳和月球之间时，会产生月食。这时地球的影子就落在了月球表面上。

赤道晷

潮汐表　指南针　纬度表

潮汐表

月球引力和太阳引力的共同作用会导致海水的涨落，这种现象称为潮汐。在新月或满月时，当太阳、月球和地球在一条线上时潮水涨得最高，这就是大潮。当太阳和月亮成直角时，它们产生的拉力较小，这时就是小潮。潮汐表在航海者进港时十分重要。

月球赤道

月相

月相是由于月球在围绕地球转动时，太阳和月球之间的夹角不断变化形成的。当月球和太阳在地球相反的两边时，太阳直射月球表面，这时就是满月。当月球亮的部分增大的时候，月球就由亏变盈；反之则由盈变亏。

初四的蛾眉月　　十五的满月　　十九的凸月　　廿一的下弦月　　廿四的残月

月球的成分

月球背面的特征直到20世纪50年代还是个谜。这张月面图是1969年"阿波罗11号"拍摄的。"阿波罗11号"探索月球的一个主要目的就是带回月球的岩石样本，以揭示月球的起源。月球的成分和地球相似，但是不完全一样。月球上的铁少，主要矿物质硅酸盐的含量却和地球差不多，但它们的组成不同。这支持了"碰撞说"理论的诞生。

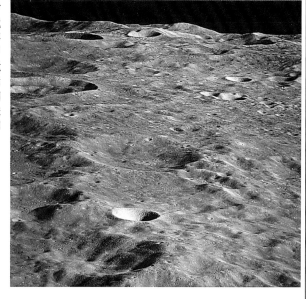

转动装置

子午圈

研究月球的石头

地质学家用地球上的石头研究月球上的石头。这些石头被碾碎，然后放在显微镜下观察。这些矿石主要是由地球上常见的长石和橄榄石构成的，它们没有经过风化。

通过偏振光显微镜显示的颜色

通透部分表示没有经过风化

时圈

地球

月球仪

月球表面图是用来研究月球表面地形的。这张月面图是艺术家约翰·罗素在1797创作的，它是个月球仪。它只有一大半有图，因为当时月球背面的结构还不为人所知。直到1959年10月3日，当苏联人收到"月亮女神3号"探测器传来的月球背面的信息后，我们才看到了月球背面的景象。

月球的参数

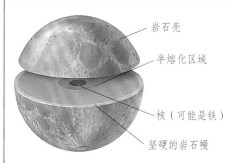

岩石壳

半熔化区域

核（可能是铁）

坚硬的岩石幔

·月相周期	29天12小时44分
·表面温度	–155℃～125℃
·自转周期	27.3天
·与地球的平均距离	384000千米
·体积（地球为1）	0.02
·质量（地球为1）	0.012
·密度（水为1）	3.34
·赤道直径	3476千米

地球

地球是太阳系内唯一一个适合高级生物生存的行星。它有液态的水、富含氧气和氮气的大气层、多样的气候形态，这为动植物的多样化提供了基础。几百万年以来，地貌和海洋一直都在不断变化，山脉隆起后又被风化，大陆板块也在不断漂移。现在人类活动和人口过剩正在威胁这个和谐的平衡。热带雨林面积的减少和化石燃料的燃烧，使大气中二氧化碳的增长速度远远超过了植物将它重新吸收并转化成氧气的速度，导致了"温室效应"的出现，地球的温度可能会升高。

地球和月球
英国天文学家詹姆斯·布拉德莱注意到很多星星的轨道都不规则。他推断这是因为我们是从地球上进行观测，而地球由于受到月球的引力作用，绕着地轴摇摆不定。

地理变迁
地壳是由几块一直在运动的板块组成的。因为地壳下方的熔岩在流动，板块相撞地区的岩石隆起产生山脉，山脉又被风化成陡峭的悬崖，就像巴塔哥尼亚的安第斯山脉那样。

撒哈拉沙漠

水占地球2/3的表面

加拿大

可移动的地球仪

大熊座

天球

盒子

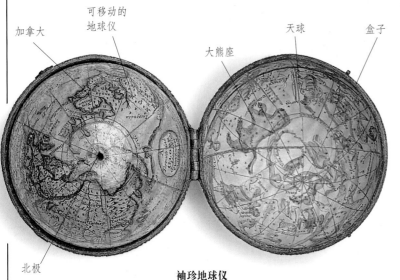

北极

云层

袖珍地球仪
地球仪是一个方便记录地球表面特征的工具。这个19世纪的袖珍地球仪从地理政治学的角度记录了世界的全貌。它把陆地划分成了不同的国家和势力范围。它的里面还有一幅天球图，其上标示了所有星座。

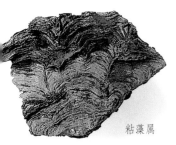

藻类化石
死亡的植物和生物遗体沉淀下来，慢慢变成了化石。这块化石含有微小的藻类遗体。藻类是地球上最早的生命形式。

早期的生物
地球上最早出现的生物是原始植物，它们从空气中吸收二氧化碳，通过光合作用生产氧气。当大气层中有足够的氧气时，动物开始出现。然而，生物只有在地球上的环境适合它们生存的情况下才能存活。比如，恐龙曾是地球上的霸主，但是还是在6500万年前灭绝了。

埃德蒙顿龙

人类破坏
人类是否会像恐龙一样灭绝呢？恐龙是地球变化的被动牺牲品，而人类正在"不遗余力"地破坏家园。公元2000年，地球人口突破60亿。所有人都在制造垃圾和污染。温室效应和化学物质正在破坏臭氧层。

哺育生命的大气层
大气层维持了地球生命的生存，并使我们免受太阳的有害辐射。它分为好几层，维持生命的是紧贴地球表面的10千米厚的对流层。

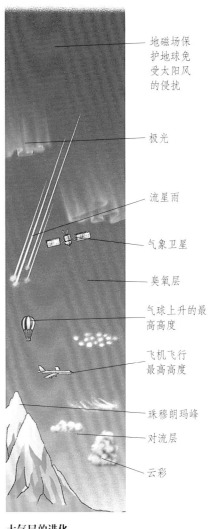

地磁场保护地球免受太阳风的侵扰

极光

流星雨

气象卫星

臭氧层

气球上升的最高高度

飞机飞行最高高度

珠穆朗玛峰

对流层

云彩

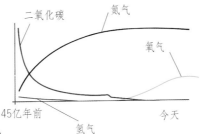

二氧化碳　　氮气

氧气

45亿年前　　　　今天

氢气

大气层的进化
自从地球形成以来，地球大气层的成分也在不断变化。二氧化碳的含量在30亿至45亿年前急剧下降。氮气的含量相对升高了。氧气的含量也上升了，这是由于原始植物的光合作用消耗了二氧化碳，释放了氧气。

地球是球形
早在公元前5世纪，希腊哲学家就提出地球是个球体。但是直到19世纪末第一颗人造卫星发射后，人类才知道地球的样子。

地球的参数

氧气/氮气大气层

固态的铁核

熔化的铁核

岩石地幔

岩石地壳

· 公转周期	365.25天
· 表面温度	−70℃ ~ 55℃
· 自转周期	23小时56分
· 与太阳的平均距离	14960万千米
· 体积	1
· 质量	1
· 密度（水为1）	5.52
· 赤道直径	12760千米
· 卫星数量	1个

水星

水星围绕太阳的运行速度比其他行星要快，完成一周只需要88个地球日。因为离太阳比较近，所以水星很难观测。尽管它是夜空中最亮的行星之一，但是它离太阳太近了，所以看起来不是很明亮。水星仅仅能作为一颗"晨星"或"晚星"被观测，在太阳升起或落下时与地平线擦肩而过。和金星一样，水星也有"相位"。由于离太阳很近，水星上白昼的温度足以熔化部分金属。而在夜晚，温度下降至−180℃。它是太阳系所有行星中昼夜温差最大的行星。

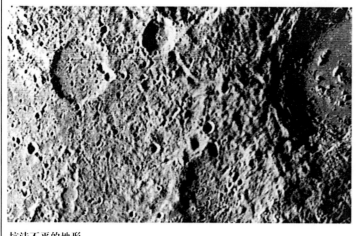

早期的水星图

很多天文学家都尝试着记录水星那难以捉摸的表面，其中成果最多的是法国天文学家尤金·安东尼亚迪。上图是他在1924—1929年间制作的水星地图。而"水手10号"太空探测器拍摄的照片则给出了一张完全不同的水星地图。

坑洼不平的地形

水星的表面和到处是坑的月球表面很像。水星表面的坑也是由于陨星的碰撞而形成的。由于没有大气层，这种地形可以保持很长时间。

地震波

水星上的山丘和山脉是由陨星碰撞形成的。在陨石撞击的地方形成了一个大坑（比如卡洛里盆地），并且从水星的半液态核内部发出地震波。地震波传到水星的另外一侧，使外壳发生弯曲，隆起形成了山脉。

卡洛里盆地

山脉　　地震波

探测水星

1973年"水手10号"太空探测器发射入轨，围绕太阳运行。在照相机损坏之前，它对水星进行了3次近距离拍摄。

水星表面

这张照片是1974年"水手10号"经过水星时拍摄的。水星上面有一系列卷曲的山脉的形成，这些山脉称为"皱脊"，它们是水星所特有的。"水手10号"探测器发现水星上也有磁场，强度只有地球的1%左右。

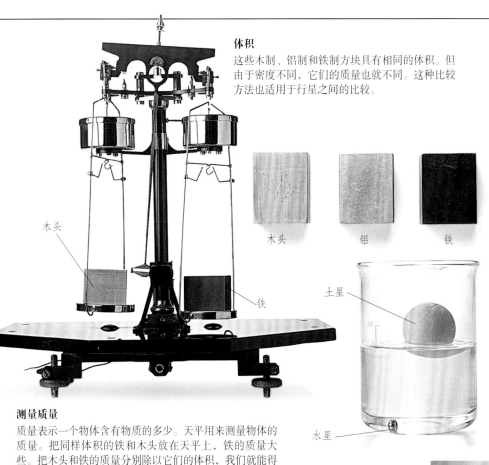

体积

这些木制、铝制和铁制方块具有相同的体积。但由于密度不同，它们的质量也就不同。这种比较方法也适用于行星之间的比较。

木头

铁

木头　　　铝　　　铁

测量质量

质量表示一个物体含有物质的多少。天平用来测量物体的质量。把同样体积的铁和木头放在天平上，铁的质量大些。把木头和铁的质量分别除以它们的体积，我们就能得出铁的密度比木头的大的结论。

测量行星

我们可以测量地球上物体的质量，但是只能通过观测行星的运动行为、分析引力作用，以及根据太空探测器返回的数据来估算行星的体积和质量。

比较密度

水星的体积虽小，但是质量很大。它只比月球大一点，但质量却是月球的4倍。天文学家认为水星应该有一个铁核，并占据了它半径的1/4，这一点被"水手10号"发现的磁场所证实。如左图所示，将各大行星的密度与水相比较，土星会漂浮在水上，而水星则会下沉。

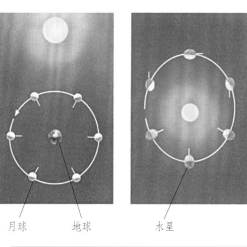

土星

水星

轨道周期

水星的轨道比较长，像一只鹅蛋，它的自转周期是公转的1.5倍。因此，水星的公转周期只有88个地球日，而它的一天却长达58.6个地球日。

月球　　地球　　　　水星

陨石坑

多张图片的拼图

水星的参数

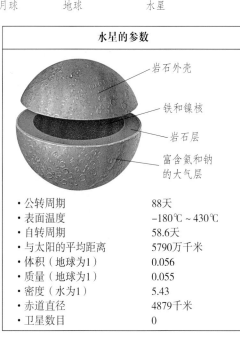

岩石外壳

铁和镍核

岩石层

富含氦和钠的大气层

· 公转周期	88天
· 表面温度	−180℃ ~ 430℃
· 自转周期	58.6天
· 与太阳的平均距离	5790万千米
· 体积（地球为1）	0.056
· 质量（地球为1）	0.055
· 密度（水为1）	5.43
· 赤道直径	4879千米
· 卫星数目	0

金星

金星是夜空中除月亮外的最亮天体，但它并不是一颗恒星，大小和地球相似。金星有一个非常浓厚的大气层，即使使用最先进的望远镜也看不到其表面，只有雷达才能穿透大气层拍摄到它的表面结构。它的大气层是致命的，其中充满了二氧化碳和硫酸的混合气体，因为热量都被这些致命的气体困住了，所以会导致异常的"温室效应"。

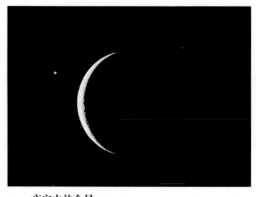

夜空中的金星
这张照片是在地球上拍摄的，它展示了新月及其左上方的金星。在黎明时分，金星就像一个灯笼，闪闪发光。

计算距离
在世界各地对某个行星的凌日现象（行星经过太阳时显现的轮廓）进行观测，是计算地日距离的方法之一。英国探险家詹姆斯·库克船长在1769年领导了一只舰队从塔希提岛上来观测金星的凌日现象。利用这些观测结果，天文学家能够计算出整个太阳系内天体的相对大小和距离。

金星的参数

铁核

岩石层

硫酸盐

二氧化碳大气层

· 公转周期	224.7天
· 表面温度	465℃
· 自转周期	243.2天
· 与太阳的平均距离	10 800万千米
· 体积（地球为1）	0.86
· 质量（地球为1）	0.815
· 密度（水为1）	5.25
· 赤道直径	12 100 千米
· 卫星数目	0

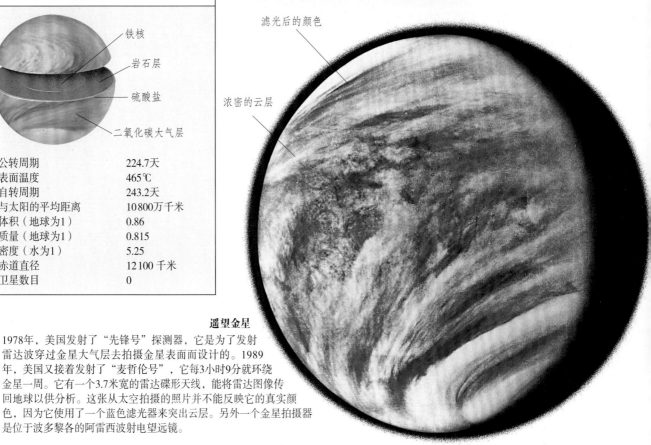

滤光后的颜色

浓密的云层

遥望金星
1978年，美国发射了"先锋号"探测器，它是为了发射雷达波穿过金星大气层去拍摄金星表面而设计的。1989年，美国又接着发射了"麦哲伦号"，它每3小时9分就环绕金星一周。它有一个3.7米宽的雷达碟形天线，能将雷达图像传回地球以供分析。这张从太空拍摄的照片并不能反映它的真实颜色，因为它使用了一个蓝色滤光器来突出云层。另外一个金星拍摄器是位于波多黎各的阿雷西波射电望远镜。

神秘的表面

即便使用最好的望远镜进行观测，金星看起来也是一片空白。俄国天文学家米哈伊尔·罗蒙诺索夫猜想金星表面被厚厚的云层覆盖着。英国天文学家弗雷德·霍伊尔认为这些云层实际上是一些尘埃颗粒。雷达探测器证实，金星的表面实际上分布着一些活火山。

"金星号"探测器

20世纪六七十年代，苏联发射了一系列"金星号"探测器来探测金星表面。其中三个探测器进入金星大气层后就立刻停止了工作。后来的"金星号"探测器证实了其中原因——金星表面大气层的压力太大，是地球的90倍，而且具有强酸性，温度达到465℃，普通探测器根本无法承受如此恶劣的环境。

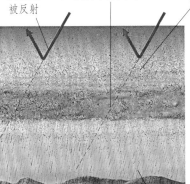

太阳光被反射

二氧化碳使太阳光线可以进去但是出不来

硫酸盐层

火山活动

红外辐射

温室效应

金星大气层中含有大量二氧化碳，阳光可以照射进来，但是热量散发不出去。尽管厚厚的云层阻挡了80%的太阳光线，但其表面的温度依然达到了465℃。

平衡物

轮子

登陆金星

这张图片是"金星13号"在1982年登陆金星后发回来的。图片中还能看到该探测器的局部。左下方的是探测器的轮子，中下方的是平衡体。金星的地表看起来光秃秃的，由火山石构成。那里有足够的光线供拍照，但是1个小时之后，探测器就陷入了一个鹅卵形的坑中，不能工作了。

马特蒙斯火山

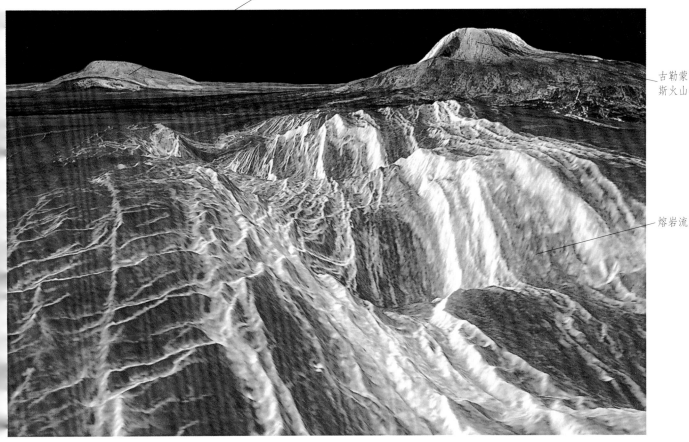

古勒蒙斯火山

熔岩流

三维图

这幅图是"金星号"探测器发回的西部艾斯特拉地区的照片。火山熔岩流（图中明亮的部分）覆盖了整个地表，掩盖了金星本来的地表特征——大部分地区都是陨石坑。这些颜色是根据苏联"维尼拉号"探测器记录的信息模拟出来的。

火星

火星在夜空中看起来是橙白色的。火星是一个很小的行星，只有地球的一半大小，但是它们有很多共同点。火星和地球一样，一天是24小时左右，有极冠和大气层。很多科学家认为，火星上面应该有一些生命形式，至少是生命存在的证据，但是它的表面不可能存活生命。火星大气层很稀薄，不能阻挡太阳的紫外线。火星离太阳比地球远，温度更低。

火星上的标记

1659年，荷兰科学家克里斯蒂安·惠更斯绘制了第一张火星地图。这幅图展示了火星表面的一个V形地貌，每隔24小时出现在同一个地方。它实际上就是塞地斯高原。

阿拉比亚地区

火星的运河

意大利天文学家乔范尼·夏帕雷利仔细研究了火星表面。1877年，他注意到一种地形，便把它们称为"运河"。这个错觉就是关于火星曾被水力工程师占领的传说的来源。尤金·安东尼亚迪是第一个画出较为精确的火星表面图的人。

冰水

冰崖

冰冠

火星周围

火星大气层比地球稀薄，大部分是由二氧化碳构成的。"海盗2号"太空探测器探测到了大量的水蒸气和冰崖（右图）。第一个环绕火星的太空探测器"水手9号"拍摄的照片上展示了火星北极地区的一些峡谷，它们可能是干枯的河床。火星上也有火山，其中的奥林帕斯火山是太阳系中最大的火山。火星上面还有沙漠、溪谷和极地冰冠。

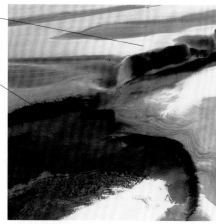

极地冰川的证据

2001和2002年，"火星奥德赛号"探测器证实了火星土壤深部有大量的冰川。这颗行星的两极被白色的东西覆盖，看起来就像地球的极地冰冠一样。火星的极地冰冠大部分是的冰块和一些固态的二氧化碳。上图展示的这个冰崖有3.5千米高。

计算机处理后的火星照片，由"海盗号"太空探测器拍摄

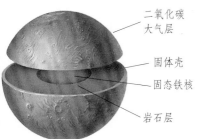

机器人手臂

岩石样本

1997年，"探路者号"带着一个63厘米高的"火星探险车"在火星着陆。这个机器人携带了一种分析火星岩石结构的特殊工具。

探测生命

20世纪70年代发射的两个"海盗号"探测器对火星土壤进行了测试。它们没有找到任何生命迹象。

组装"海盗"号

火星环球勘探者

1997年，"火星环球勘探者"开始环绕火星运行。它研究了火星的天气和化学成分，同时也对其表面进行了拍摄。

沙漠地形

火星地表就像一个沙漠。风卷起红土，红土悬浮在大气层中，使天空呈橘红色。为了让"海盗号"探测器显示真实颜色，这个太空船装备了一些颜色补偿器。这些图片都已经过颜色补偿校正。

火星的卫星

火星有两颗卫星，分别是火卫一（右图）和火卫二，直径分别为28千米和16千米。火卫一的轨道离火星只有6000千米，5000万年后，它可能会与火星碰撞，并坠向火星表面。

火星上的沟壑

"火星环球勘探者"发回的照片显示了这些迷人的地貌，它们处在陨石坑的坑壁上，可能是由地表底部的永久冻结带融化后，地下水溢出到表面形成的。这是证明火星上有水的最有力的证据。这幅图底部的波纹是沙丘。

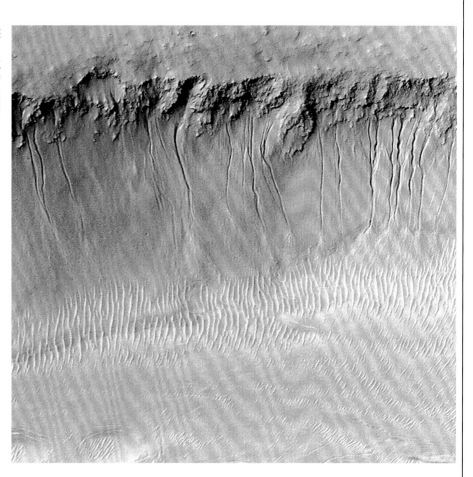

火星的参数

二氧化碳大气层
固体壳
固态铁核
岩石层

• 公转周期	687天
• 表面温度	−120℃ ~ 25℃
• 自转周期	24小时37分
• 与太阳的平均距离	2.3亿千米
• 体积（地球为1）	0.15
• 质量（地球为1）	0.11
• 密度（水为1）	3.95
• 赤道直径	6790千米
• 卫星数目	2个

木星

这个巨大而明亮的行星是太阳系中最大的行星，它的四个卫星和其他行星差不多大。木星的结构和类地行星的结构不同，它主要的物质是气体，以氢气和氦气为主。在气体内部，压力很大，氢气变成了液态；再往内，就成了固态氢。木星一直都在以每年几百万米的速度收缩，其产生的热量比从太阳吸收的热量还要多。尽管木星是颗行星，但是历经数年到达它的太空探测器还是得避开其强烈的辐射带。"伽利略号"太空船自从1995年以来，一直围绕木星运转。它发回了一些令人震惊的照片。

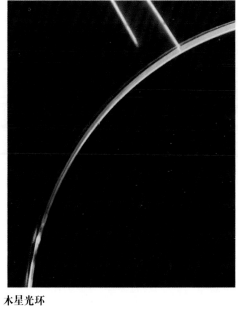

木星光环
美国的"先驱者号"探测器在20世纪70年代的时候经过了木星；"先驱10号"发回了第一幅木星图片。1977年，美国发射了两颗"旅行者"探测器来探测木星的云层顶部及其5颗卫星。"旅行者1号"发现了一个模糊的光环环绕在木星周围。这幅照片的顶部可以看到这个狭窄的光环（大约30千米厚）。

1660年，英国科学家罗伯特·虎克在木星的三个较大的带之间看到了一个大斑。乔凡尼·卡西尼同时也看到了这个斑，但是随后天文学家就见不到它了。1878年，美国天文学家爱德华巴纳德又观测到了这个大红斑。

北极区
北温带
飓风
北热带
赤道带
赤道带
南热带
大红斑
南温带
南极区

木星的云层
木星云层顶部可以划分为几个颜色不同的地带。亮一点的地方称为带，暗的地方称为区。北温带最亮，是富含氢气的云层。赤道带上面经常有一些起伏，这是因为大气层被飓风掀起来了。木星上有很多白色或者红色的斑点，这些是一些巨大的云层。褐色和橘黄色的地带，表示那里含有包括乙烷在内的有机分子。

木星的参数

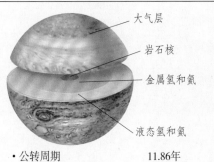

大气层
岩石核
金属氢和氦
液态氢和氦

• 公转周期	11.86年
• 表面温度	−150℃
• 自转周期	9小时55分
• 与太阳的平均距离	7.78亿千米
• 体积（地球为1）	1 319
• 质量（地球为1）	318
• 密度（水为1）	1.33
• 赤道直径	142 980千米
• 卫星数目	79个

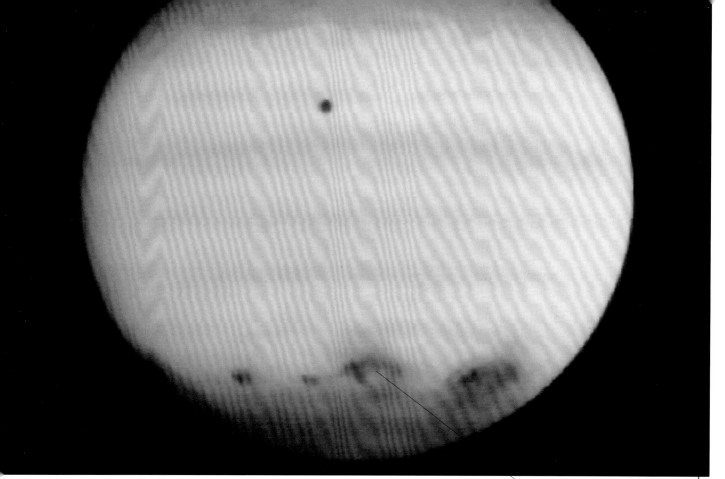

撞击点

一次重要的撞击

1994年7月，苏梅克—列维9号彗星的碎片以21万千米/时的速度撞击了木星的南半球。这颗彗星是天文学家卡罗林、尤金·苏梅克和大卫·列维发现的，他们还预测了它的运行轨道。天文学家们首次成功预测了两个天体将要相撞，并观测到了相撞过程。此次总共有20多块彗星碎片撞击了木星，其中一些喷出了3000千米高的火焰和岩流。

木星的卫星

1610年，伽利略第一次系统地研究了木星四个最大的卫星。每天晚上，它们相对于木星的位置都会变化，所以他正确地推断出它们是围绕木星运转的。这个观点更加证明了地心说的荒谬。1892年，天文学家们又发现了另一颗小卫星，它在木星云层附近绕着木星运行。至今，天文学家们总共在木星周围发现了79颗卫星。

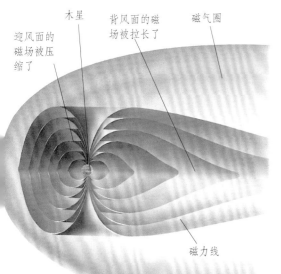

木星 迎风面的磁场被压缩了 背风面的磁场被拉长了 磁气圈 磁力线

旋转的木星

木星的自转速度很快，一天只有9小时55分。快速运转不但使得赤道向外凸起，而且致使其中心处的金属氢产生了很大的磁场。磁场受到太阳风的作用，被拉长了，尾巴背着太阳延伸了一段很长的距离。

木卫四

木卫四是木星的第二大卫星，也是坑最多的卫星。这些坑是冰形成的。这些明亮的区域就是太空天体撞击形成的冰坑。

艾奥

艾奥（木卫一）是离木星最近的卫星。它是"伽利略"卫星之一，"伽利略"卫星还有另外三颗，它们分别是加尼美得（木卫三）、欧罗巴（木卫二）和卡里斯托（木卫四）。从地平线可以看到火山喷发喷射出的熔岩流，它将一些硫物质喷出了300千米。这张照片是"旅行者"从50万千米外拍摄的照片，经过了特殊的颜色处理。

土星

土星及其光环可能是最好辨认的天文景观之一。它的公转周期是29年。土星主要是由氢气构成的，大气层结构与木星很像，密度小得多。土星的密度很小，甚至可以在水上漂浮。和木星一样，土星的自转速度很快，以致其赤道向外凸出。土星也有很强的磁场。它云层顶端的风速达到了1800千米/时，但是很少有飓风。大约每过30年，土星北半球在夏天的时候会出现大白斑，最近一次是1990年出现的。

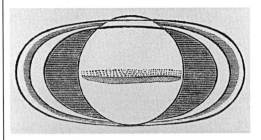

17世纪的观点

1675年，巴黎天文台台长乔凡尼·多门内克·卡西尼发现，土星的光环不止一个，而是两个，两者之间有一个暗带。他在1676年画的这幅图展示了这个暗带，因此它被称作"卡西尼缝"。

土星和土星环

"旅行者"探测器证明，土星光环是由不同大小的冰块组成的。光环本身只有30米厚，但是整个光环的宽度却超过了27.2万千米。

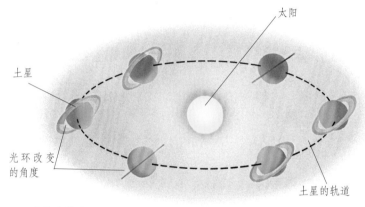

变化的外观

土星的自转轴是倾斜的，光环也随着土星倾斜，其外观也在时刻发生着变化，土星光环的形状取决于观测年份——土星的一年是地球上的29.5年。光环的倾斜角是由土星和地球在各自轨道上的相对位置决定的。

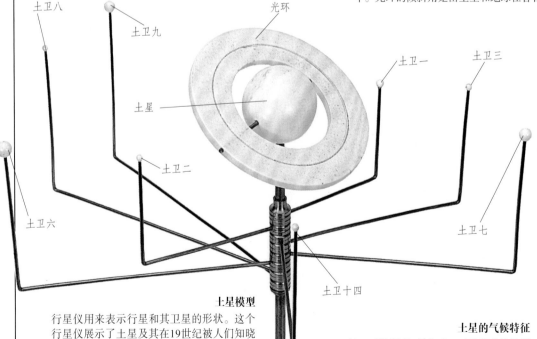

土星模型

行星仪用来表示行星和其卫星的形状。这个行星仪展示了土星及其在19世纪被人们知晓的8颗卫星。

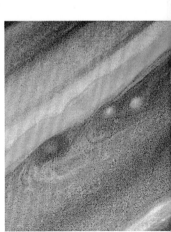

土星的气候特征

1981年，"旅行者2号"在700万千米外拍摄了土星北半球的气候特征。其明显特征就是常有风暴云和白斑出现。

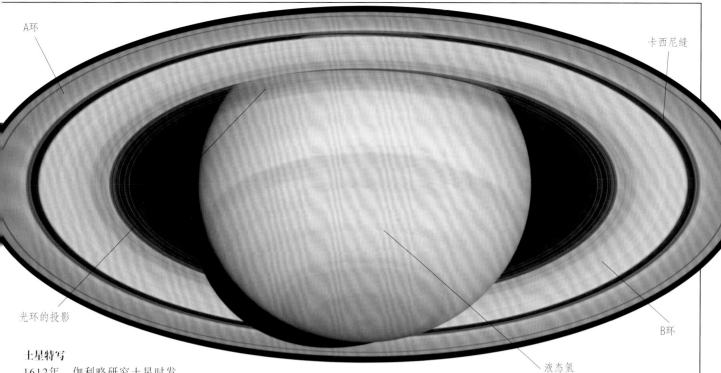

A环

卡西尼缝

光环的投影

B环

液态氢

土星特写

1612年，伽利略研究土星时发现，他在1610看到的两颗行星不见了。1616年，它们又重现了，但比以前更平坦了。伽利略看到的是处在不同角度的土星光环。从地球上可以看到土星的三层光环。"A环"包含了内层卫星的轨道，中间的"B环"有一些横线，科学家认为这可能是一些由于受到土星磁场的影响而悬浮在光环上的碎片。1979年，"先驱11号"发现了明亮的外层光环——"F环"。这层麻布形的光环是正常的光环受到附近卫星的引力而形成的。

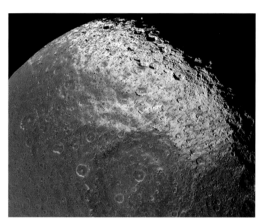

两种色调的卫星

土卫八是土星的第三大卫星，直径为1436千米，几乎全部由冰组成。它最奇异的特征就是其地表的一面比另一面昏暗得多。昏暗区域覆盖着一层像焦油一般黑的矿物，这些物质似乎是从太空中坠落的。左图是由"卡西尼号"拍摄的。

虎斑

土卫二的轨道距离土星表面约500千米。这张由"卡西尼号"航天器拍摄的土卫二地表冰层的伪彩色照片上，展现了一组被天文学家称为"虎斑"的平行裂缝（蓝色部分）。

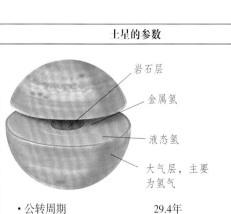

土星的参数

岩石层

金属氢

液态氢

大气层，主要为氢气

・公转周期	29.4年
・云端温度	−180℃
・自转周期	10小时40分
・与太阳的平均距离	14.3亿千米
・体积（地球为1）	744
・质量（地球为1）	95.18
・密度（水为1）	0.69
・赤道直径	120535千米
・卫星数目	82个

观察光环

1610年，伽利略首次发现了土星的光环，但他对观测结果做了错误的理解，认为土星是一个分为三层的行星。直到1655年，荷兰天文学家克里斯蒂安・惠更斯使用自制的望远镜成功地辨别和描述了土星的光环。

天王星

天王星是利用望远镜发现的行星，它是被偶然发现的，当时威廉·赫歇尔正在英格兰的巴斯用他那15厘米口径的反射式望远镜重新观测所有行星。1781年，他注意到十二宫图中的双子宫附近有一颗异常明亮的天体。起初，他以为是一颗新星，后来认为是一颗行星。天王星的名字是德国天文学家约翰·波得根据农神之父来命名。

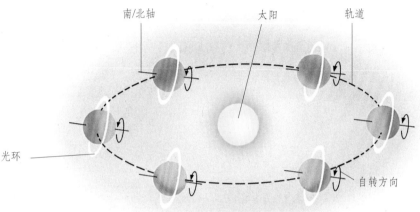

威廉·赫歇尔
由于望远镜太贵了，威廉·赫歇尔在1773年决定自己制作。从那时开始，天文学就成了赫歇尔的挚爱。

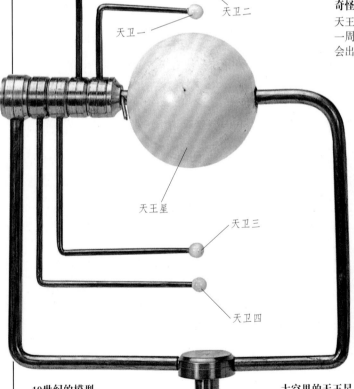

奇怪的倾斜
天王星围绕一根与轨道几乎垂直（夹角约98°）的轴旋转。它围绕太阳公转一周的84年间，在季节交替之前，其北极将会出现持续42年的夏天，南极则会出现长达42年的冬天。

19世纪的模型
这个早期的天文模型展示了天王星及其4颗倾斜98°的卫星。这个太阳系仪制作于19世纪，天文学家们当时只发现了天王星20多个卫星中的4颗。

太空里的天王星
天王星比地球大4倍。和木星和海王星不同，天王星的云层比较普通。这两幅照片是2004年哈勃望远镜拍摄的天王星的真彩图（左图）和伪彩图（右图）。

天王星的太空观测

一个天体被另外一个掩盖的现象称为掩星。1977年，美国国家航空航天局柯伊伯机载天文台的科学团队观测到了一颗被天王星掩盖的星星。与此同时，科学家还首次发现了天王星暗淡的光环。

文学中的卫星

所有天王星卫星的名字都是来自英国文学里的鬼怪和幽灵。美国天文学家杰拉德·柯伊伯在1948年发现了米兰达（米兰达是莎士比亚的《暴风雨》里面的角色）。科学家们推测，米兰达是在某次大碰撞中形成，飘浮的碎片由于引力作用又聚集在了一起，形成了这个奇怪的由碎石和冰组成的混合物。

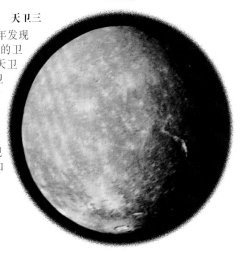

天王星的光环

1977年，天文学家在观测天王星的掩星时注意到，首次发现天王星有几个模糊的光环。1986年，"旅行者"探测器又发现了天王星的两个光环。天王星的光环薄且黑，由1米宽的碎片环构成。光环之间的宽带证实光环在逐渐销蚀掉。

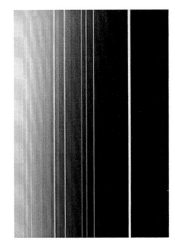

天卫三

威廉·赫歇尔在1789年发现了天王星的两颗最大的卫星，命名为奥柏龙（天卫四）和泰坦利亚（天卫三），它们分别是莎士比亚的《仲夏夜之梦》里面的国王和王后的名字。1851年，英国天文学家威廉·拉塞尔发现了艾瑞尔（天卫一）和安比利尔（天卫二）。

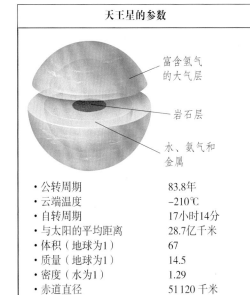

薄雾影响大气层颜色

极区

处理留下的瑕疵

天王星的参数	
富含氢气的大气层	
岩石层	
水、氨气和金属	
·公转周期	83.8年
·云端温度	−210℃
·自转周期	17小时14分
·与太阳的平均距离	28.7亿千米
·体积（地球为1）	67
·质量（地球为1）	14.5
·密度（水为1）	1.29
·赤道直径	51 120 千米
·卫星数目	27个

海王星和冥王星

海王星是通过计算而不是观测发现的。19世纪末，天文学家发现天王星的轨道有点异常，好像有东西牵着它往外走。1845年，英国青年天文学家约翰·库奇·亚当斯宣布，他已经计算出天王星之外的一颗行星的可能位置，然后参照宝瓶座的位置将它标记了下来。当时，他的发现被忽略了。1846年7月，法国天文学家勒维耶公布他计算出了天王星之外的新行星的位置。于是世界各地的天文学家都开始寻找这颗新行星。1846年9月25日，柏林天文台的天文学家约翰·伽勒写信给勒维耶，告诉他已经确定了海王星的位置。

奥本·勒维耶

勒维耶是法国综合理工大学的化学和天文学教师。

海王星的光环

海王星也有一系列光环环绕着它。这些光环是海王星经过某颗恒星前方时被发现的。1984年7月，海王星出现了掩星现象，它的光环遮住了远方恒星的光线。海王星有两个主要的光环，里面还有两个不到15千米宽的模糊的光环。这些光环在1989年被"旅行者号"探测器所证实。

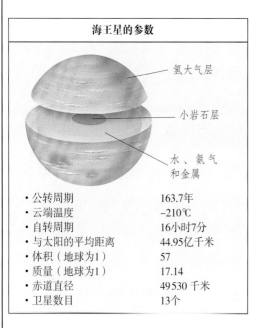

海王星的参数

氢大气层	
小岩石层	
水、氨气和金属	
公转周期	163.7年
云端温度	−210℃
自转周期	16小时7分
与太阳的平均距离	44.95亿千米
体积（地球为1）	57
质量（地球为1）	17.14
赤道直径	49530千米
卫星数目	13个

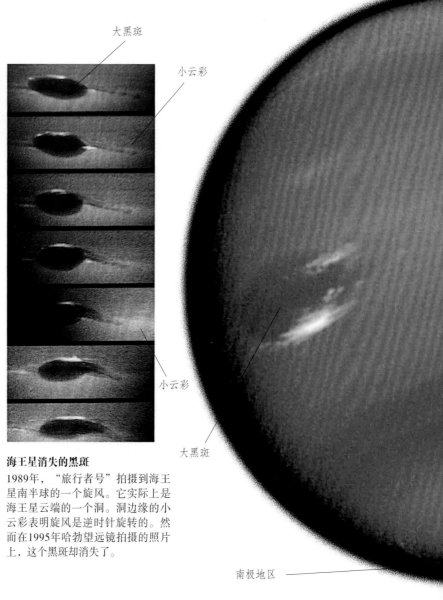

大黑斑

小云彩

小云彩

大黑斑

南极地区

海王星消失的黑斑

1989年，"旅行者号"拍摄到海王星南半球的一个旋风。它实际上是海王星云端的一个洞。洞边缘的小云彩表明旋风是逆时针旋转的。然而在1995年哈勃望远镜拍摄的照片上，这个黑斑却消失了。

冥王星的发现

1930年，美国天文学家克莱德·汤博，发现了海王星之外的行星——冥王星。冥王星在太空中的视运动非常慢，这表明它距离我们非常遥远。天文学家现在才知道，冥王星太远了，它不可能影响海王星的运行轨道。那个引导天文学家去发现冥王星的计算结果是错误的，冥王星的发现应该完全归功于汤博。

海卫一的发现

海卫一是在1846年被发现的。科学家们对它非常感兴趣。它的运行方向和行星自转的方向相反，同时也是太阳系中最冷的天体，表面温度只有-235℃。海卫一的表面是桃红色，很可能是由甲烷冰构成的。它上面也有活火山，会向大气层喷发出氮气和甲烷。

柯伊伯带

1951年，荷兰裔美籍天文学家杰拉德·柯伊伯预测在海王星外存在一个由冰封物体组成的完整环带，而冥王星只不过是其中最早发现的一颗。但是其中的第二个天体直到1992年才发现，不过此后陆续发现数百颗小行星，其中包括2005年发现的厄里斯。左面这幅艺术家的想象画作就是根据著名的厄里斯创作的，它旁边是个叫作阋卫一的卫星。

冥王星和查龙

冥王星及其卫星查龙之间的距离只有1.97万千米。查龙是1978年科学家发现的。右面的照片是哈勃望远镜拍摄的，它比从地球上拍摄的图片（左图）要清晰。

海蓝色的大气层

由水和气体组成的海洋

小黑斑

海王星的特写

这张照片是1989年"旅行者2号"在12年的太阳系之旅中拍摄的，它处在距离海王星600万千米之外的地方。"旅行者号"接着拍摄了海王星最大的卫星——特里顿（海卫一）的照片，又发现了6颗围绕着它运行的卫星。海王星有一个湛蓝色的美丽的大气层，它主要是由氢气以及一小部分氮气和甲烷组成。大气层遮住了里面温暖的海水和气体。"旅行者2号"发现了海王星上面的风暴，还发现了大气层高处美丽的白云。

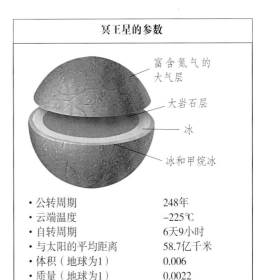

冥王星的参数	
	富含氮气的大气层
	大岩石层
	冰
	冰和甲烷冰
· 公转周期	248年
· 云端温度	-225℃
· 自转周期	6天9小时
· 与太阳的平均距离	58.7亿千米
· 体积（地球为1）	0.006
· 质量（地球为1）	0.0022
· 密度（水为1）	2.03
· 赤道直径	2390千米
· 卫星数目	5个

太空"游荡者"

太阳系里的有些物体并没有聚集到一起形成恒星或者行星，这些岩石碎片和冰块都在太空里遨游着。它们的轨道通常是一个扁椭圆形，从太阳系的远方向太阳运行。彗星就是一种冰块状的天体。小行星是那些没能形成大行星的石块。木星的引力场很大，使附近碎片的轨道构成各种奇异的形状，这加剧了某些小行星之间的相撞。流星是进入地球大气层的太空岩石碎片，有些残骸会落到地球表面，人们称它们为陨石。

预测彗星

1705年，艾德蒙·哈雷在浏览天文记录时注意到有三次彗星记录十分相似，而且间隔都是76年。哈雷通过计算推断，这三颗彗星可能是同一颗。他预测这颗彗星在1758年会再次出现，但是他没有活到那时候来观看这个以他名字命名的彗星。

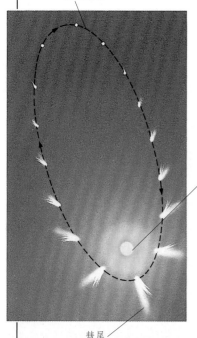

彗星轨道

太阳

彗尾

彗尾

我们可以通过彗星反射的光看到它们。当它们接近太阳时，其表面开始蒸发，释放出一团巨大的尾气。这个尾巴通常指向太阳的反方向，因为其要受到太阳风和辐射压力的作用。

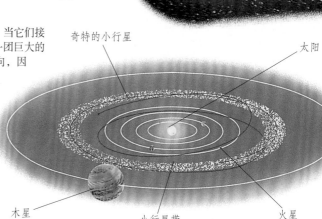

彗核

奇特的小行星

太阳

木星

小行星带

火星

小行星带的位置

从意大利僧人格西贝·比雅西于1801年1月发现第一颗小行星以来，科学家又发现并命名了1万多颗小行星。这些小行星大多数都在火星和木星之间的一个轨道带上运行，木星的引力使很多小行星的轨道变得十分怪异。

科罗尼斯小行星族

这张小行星艾达的照片是"伽利略"太空船在1993年飞向木星的时候拍摄的。这个坑洼不平的表面可能就是小行星撞击形成的。艾达有52千米宽。

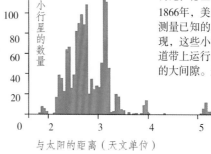

小行星的数量

与太阳的距离（天文单位）

柯克伍德空隙

1866年，美国天文学家大卫·柯克伍德在测量已知的小行星到太阳的距离的时候发现，这些小行星似乎在一个比较宽松的轨道带上运行，这些轨道带之间有一些奇怪的大间隙。这是因为受到木星引力场的影响而形成的。木星的引力可以把小行星牵引到太阳系内层。

哈雷彗星

1986年，哈雷彗星重现，欧洲空间局发射了"乔托号"探测器研究它。探测器采集了彗尾物质的样本，并且发现其核心是一个16×8千米大的泥冰混合物。

彗尾中的尘埃

尾巴里的气体

陨石

直到1803年，西方科学界才接受陨石是从太空坠落下来的观点。陨石分为三类，每个种类的名字都描述了相应陨石的物质组成。陨石有一个烧焦的外壳，这是因为陨石在穿过地球大气层时产生的巨大热量而造成的。

熔珠

玻陨石是一种大理石块大小的圆形玻璃状物体。它们在地球上最为常见。当陨石撞到砂岩地区时，它产生的热量会将地球土壤中的金属物迅速融化。这些熔珠凝固后就会形成玻陨石。

玻陨石

12月中旬的双子座流星雨

8月中旬的英仙座流星雨

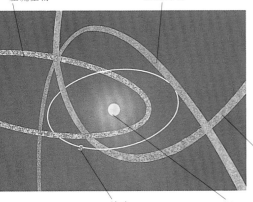

象限仪座流星雨

地球　　　太阳

墨奇森陨石

这块陨石（左图）于1969年坠落在澳大利亚西部的墨奇森河附近。它含有大量的碳和水。

墨奇森陨石

流星雨

当地球的轨道经过一个流星群时，这些流星看起来就好像是从天空中的某一点向外发射，于是就形成了流星雨。

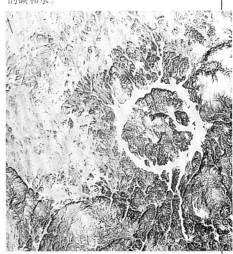

冰陨石坑

大陨石曾在地球上留下了很多痕迹，但是一些陨石坑渐渐长满了植被或开始风化。这张图片是加拿大一个被冰覆盖的陨石坑，它现在是一个66千米宽的水力发电蓄水池。

恒星的诞生与死亡

离地球最近的恒星是半人马座阿尔法星，它与地球相距4.2光年，约40万亿千米。恒星是一种发光的气态球状天体，它通过中心的核聚变反应产生能量。当恒星老去后，它的燃料就用尽了。核聚变反应进行的过程中，恒星也在不断收缩，这会使恒星中心温度升高。但恒星的外层则会向外扩张并变冷，当恒星膨胀到一定程度，它就会变成一颗"红巨星"。恒星大气层的残留物挥发之后，恒星看起来就像一颗"白矮星"。如果恒星接着燃烧剩下的铁时，就会产生爆炸，形成"超新星"。爆炸过后，星核可能会残留下来成了一个"脉冲星"或"黑洞"。

星表

法国天文学家查尔斯·梅西耶制作了一个大约包含100个星云的星表。星表中的每个星云都被编了号，并加了一个前缀"M"。

亨丽埃塔·勒维特

1912年，美国天文学家亨丽埃塔·勒维特开始研究造父变星。造父变星是一种明亮的黄色超大恒星。变星是那些没有固定亮度的恒星。勒维特发现，变星的亮度越大，光变周期越大。光变周期可以用来确定100光年外的恒星与地球之间的距离。

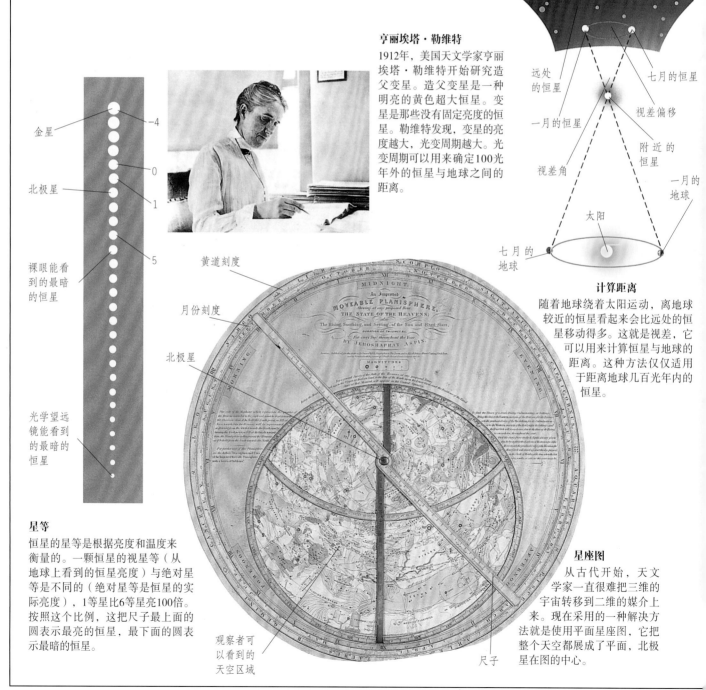

金星
-4
0
1
北极星
5
裸眼能看到的最暗的恒星
光学望远镜能看到的最暗的恒星

黄道刻度
月份刻度
北极星

远处的恒星
七月的恒星
一月的恒星
视差偏移
附近的恒星
视差角
一月的地球
太阳
七月的地球

计算距离

随着地球绕着太阳运动，离地球较近的恒星看起来会比远处的恒星移动得多。这就是视差，它可以用来计算恒星与地球的距离。这种方法仅仅适用于距离地球几百光年内的恒星。

星等

恒星的星等是根据亮度和温度来衡量的。一颗恒星的视星等（从地球上看到的恒星亮度）与绝对星等是不同的（绝对星等是恒星的实际亮度），1等星比6等星亮100倍。按照这个比例，这把尺子最上面的圆表示最亮的恒星，最下面的圆表示最暗的恒星。

观察者可以看到的天空区域

尺子

星座图

从古代开始，天文学家一直很难把三维的宇宙转移到二维的媒介上来。现在采用的一种解决方法就是使用平面星座图，它把整个天空都展成了平面，北极星在图的中心。

研究恒星

英国天文学家威廉·哈金斯是最早把光谱学用于天文研究的科学家之一。他也是第一个把多普勒效应和恒星红移联系起来的科学家。1868年，他注意到天狼星的光谱向红色区域移动了一点。尽管这个测量经过证实是伪造的，但是他正确地推断出这是由于恒星远离地球造成的。

猎户座α星（参宿四）

猎户座α星是一颗变星，亮度是太阳的1.7万倍，位于猎户座的"肩膀"上，距离地球400光年。天文学家认为它将会在一次超新星爆炸中"灭亡"。

新星和超新星

新星本意是指一颗新诞生的恒星。现在我们知道，新星是指两个离得很近的双星之间，一颗恒星向另外一颗转移物质导致的爆炸。超新星就是一颗大质量恒星的"暴死"。恒星的核可能会残留下来形成了一颗小白矮星或者黑洞。超新星中的气体也有可能形成新的恒星。这些图片展示了1987A超新星在2星期之内爆发前（左图）后（右图）的情形。

猎户座的轮廓

参宿五

恒星诞生区域

星云，一个由气体和尘埃构成的恒星诞生区域，里面的物质在引力作用下会瓦解，最终形成一些新的恒星。每颗恒星都会产生恒星风，把它周围的灰尘和气体吹散，然后它就会显现出来。

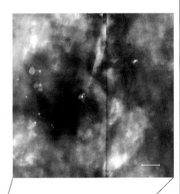

参宿七

猎户座

星座就是一组看上去离得很近的恒星组成的图案，它们通常在三维空间中距离很远。猎户座中包含明亮的参宿四和参宿七。

猎户座星云M42

恒星有一个固定的生命轮回，起点是气体转化为恒星的时刻。星云之所以呈现出彩色的光芒，是因为它内部存在着很多炽热的年轻恒星。上图中的星云是猎户座的一部分。

银河系内外

第一个星系形成于一百多亿年前宇宙诞生之时。每个星系都是在自身的引力作用下收缩而成的，形状各不相同。一个星系大约包含1 000亿颗恒星，直径大约有10万光年。埃德温·哈勃是第一个系统研究远处星系的天文学家。哈勃提出，这些星系正在以一定的速度远离我们，速度和它们与我们的距离成正比。他的理论表明，宇宙正在膨胀。

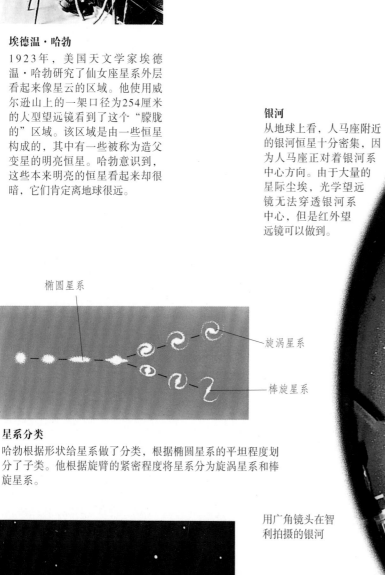

埃德温·哈勃
1923年，美国天文学家埃德温·哈勃研究了仙女座星系外层看起来像星云的区域。他使用威尔逊山上的一架口径为254厘米的大型望远镜看到了这个"朦胧的"区域。该区域是由一些恒星构成的，其中有一些被称为造父变星的明亮恒星。哈勃意识到，这些本来明亮的恒星看起来却很暗，它们肯定离地球很远。

银河
从地球上看，人马座附近的银河恒星十分密集，因为人马座正对着银河系中心方向。由于大量的星际尘埃，光学望远镜无法穿透银河系中心，但是红外望远镜可以做到。

椭圆星系

旋涡星系

棒旋星系

星系分类
哈勃根据形状给星系做了分类，根据椭圆星系的平坦程度划分了子类。他根据旋臂的紧密程度将星系分为旋涡星系和棒旋星系。

用广角镜头在智利拍摄的银河

天文台建筑

涡状星系
涡状星系是典型的旋涡星系，它距离地球大约2500万光年，处在大熊座尾巴末端的猎犬座中。这是19世纪罗德·罗斯画的星云图。

银河系的形状

从侧面看，银河系中心有一个椭圆形的凸起，周围环绕着一个包含着旋臂的薄盘。银河系的直径大约10万光年，中心厚度为1.5万光年。太阳离星系中心大约3万光年。银河看起来像一根带子，这是因为我们身处银河系里面，恒星盘就在我们周围。从上面看，银河系是一个典型的棒旋星系，太阳位于猎户臂的旋臂上。

地平线

太阳　中心平面

太阳位于猎户臂上　中心平面

仙女座星系

仙女座星系是一个旋涡星系，形状和我们的银河系很像，但银河系的质量只有它的一半。它是我们用裸眼所能看到的最远的天体。它有两个较小的椭圆形的伴星系。

什么是宇宙论

宇宙论是天文学的一个分支，它研究宇宙的起源和演化。宇宙学是一个古老的学科。20世纪，相对论、粒子物理学、理论物理、核宇宙扩张等理论为研究宇宙论提供了科学的基础和方法。

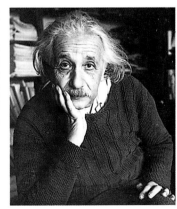

爱因斯坦

德裔美国人爱因斯坦提出，质量是能量的一种形式，他由此重新定义了从牛顿时代开始一直占据主导地位的物理学理论。他认为引力会使时空弯曲，这为科学家们理解恒星的诞生和灭亡以及黑洞提供了依据。

黑洞
一次超新星爆发可以产生一个黑洞。黑洞是一种密度非常大的物体，光都不能穿过它，因此它很难被发现。

大质量恒星

黑洞　X射线

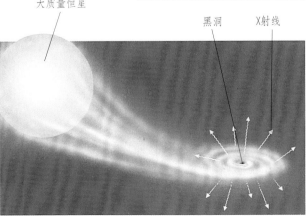

天文学前沿

找出宇宙的起源是天文学家面临的最大挑战之一。现代望远镜还没有先进到完全解决这个问题，但是它们能提供关于宇宙初期的很多信息，进而形成一系列理论。近来，天文学家开始使用一些仪器来探测来自太空远处的微波辐射。这些辐射透露了一些宇宙初期发生的事情。

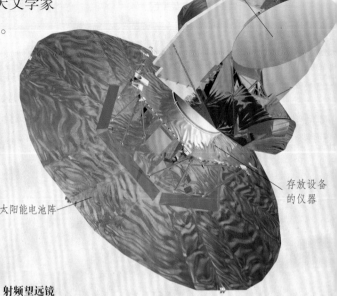

反向碟形天线扫描远处太空

太阳能电池阵

存放设备的仪器

射频望远镜

角度度量干涉仪（DASI）和普通望远镜不同。它的任务就是探测背景辐射的细节信息。DASI位于南极，那里可以更加清晰地观测太空。

微波各向异性探测器

为了更好地观测宇宙微波背景辐射，NASA发射了微波各向异性探测器（WMAP）。它位于月球和地球距离4倍远的地方，在太阳的另一边。探测器能够看到整个太空的景象，精确地测量出微波背景辐射。

布莫让望远镜

1998年，"布莫让"微波望远镜在南极洲上空盘旋了10天，高度是3.7万米。它传回的这张照片展示了微波背景辐射存在的一般形式。它们像是穿过早期宇宙的冲击波，甚至可能是大爆炸产生的回波。

氦气气象气球可以上升到很高的高度

准备发射到太空的望远镜

哈勃望远镜拍摄的类星体

哈勃望远镜正在探索外层空间，以期发现一些类星体（左图）之类的神秘天体。类星体非常明亮，它周围的星系几乎都看不到。

黑洞可能会引起类星体活动

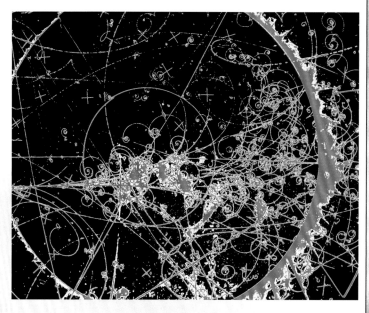

中子

这个气泡室是高速撞击后产生的中子的亚原子微粒模型。科学家希望宇宙中神秘的"暗物质"消失现象能够通过发现一种新的重型中微子来解释。

大爆炸

大爆炸

微波背景辐射（CMB）图是大爆炸原理有力的证据。如果宇宙曾经是一些高温、高密度的物质，然后开始膨胀、冷却，那么就应该会达到向外释放辐射的时刻。这个过程留下的痕迹正好和CMB相吻合。

CMB图

这张星空图是延展过后的平面图。它展示了从地球上各个角度看到的景象。包含了一些特殊图案，表明130亿年前宇宙大爆炸产生的作用力还在起着作用。

暗的区域温度较低一点

亮点表示星系将要形成的区域

WMAP探测器拍摄的宇宙微波背景辐射

斯蒂芬·霍金

宇宙学家斯蒂芬·霍金和罗杰·彭罗斯一起证明了爱因斯坦的空间和时间理论是支持大爆炸说法的。霍金利用类似的计算预测，黑洞应该向外发出辐射。

第四章
晶体和宝石

人们总是把晶体和完美无瑕、晶莹剔透联系在一起，其实大多数晶体都不完美。古希腊人曾将水晶误认为是冻得不会再融化的冰。

什么是晶体

人们总是把晶体和完美无瑕、晶莹剔透联系在一起。可是大多数晶体既不完美也不透明。在晶体这种固态物体中，原子排列得很规则。许多物质都能够形成表面光滑、形状规则的结构，这个过程叫作结晶，晶体表面上的平面就叫作晶面。

物质的状态
随着温度的不同，物质会在固态、液态和气态三种形式间转化。气体（水蒸气）中的分子运动非常活跃；在液体（水）中，分子运动就会慢下来；在固体（冰）中，分子会规则地排列，形成晶体。上图中的冰晶大约是其真实大小的450倍。

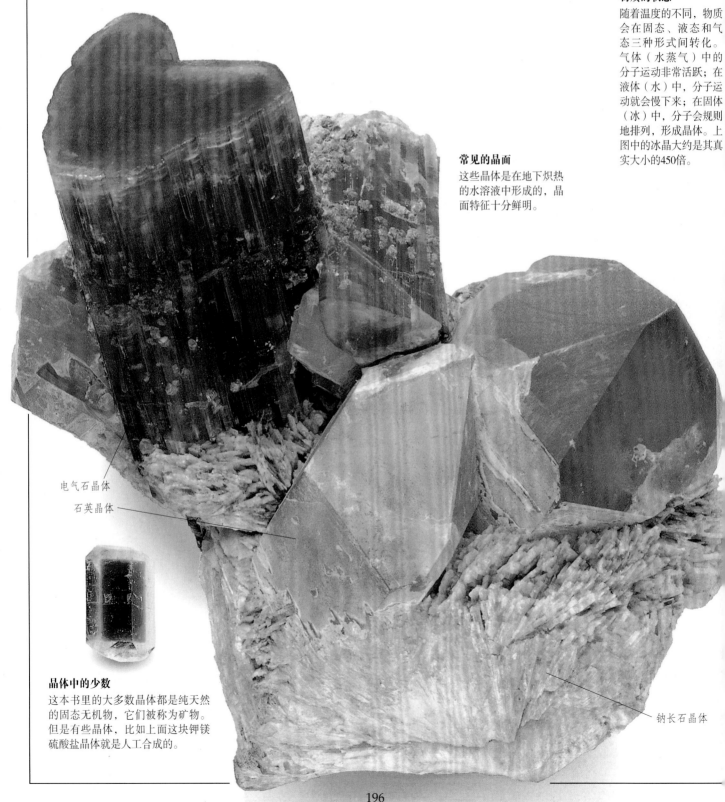

常见的晶面
这些晶体是在地下炽热的水溶液中形成的，晶面特征十分鲜明。

电气石晶体

石英晶体

钠长石晶体

晶体中的少数
这本书里的大多数晶体都是纯天然的固态无机物，它们被称为矿物。但是有些晶体，比如上面这块钾镁硫酸盐晶体就是人工合成的。

小至尘埃的晶体
砾石、沙，以及泥土颗粒都是由被侵蚀的岩石形成的。它们最后会成为空气中的尘埃。这些物质都是由晶体构成的。

石英岩砾石

长石晶体

玄武岩砾石

石英砂

泥土

有机晶体
晶体并不仅仅存在于岩石中，在植物和动物体内就存在着方解石和磷灰石之类的矿物。

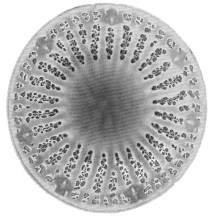

微型晶体
显微镜下的小环藻属硅藻。硅藻是一种微型藻，它的细胞壁是由微小的硅石晶体构成的。

晶洞
在黎巴嫩的溶洞中，长着十分瑰丽的钟乳石和石笋。

滴滴相连
钟乳石和石笋主要是由方解石晶体构成的。富含碳酸钙的水从上面滴落，形成了生长的石笋。

动物体内的矿物
这块牛黄和鸟粪石具有几乎相同的结晶成分，而鸟粪石是一种天然矿物。

方解石晶体

应激性
肾上腺素是一种激素。这幅放大图片表明，肾上腺素也是结晶质的。

人体中的磷灰石
哺乳动物的骨骼中也含有微小的磷灰石晶体。左图是一块人类的肱骨。

天生丽质

形态完好的晶体是美丽且稀有的。形成这样的晶体需要适宜的条件，而当晶体成形之后，环境的改变能对它们起到保护作用。然而，形成并保存下来的晶体有可能在开矿等人类活动中被损坏。因此，留存下来的晶体常常十分引人注目。这里展示的晶体大约是真实大小的60％。

淡红银矿
樱桃红色的淡红银矿晶体被称为"深红色的银子"，它们常和银矿并生在一起。上图中这个晶簇来自于智利科皮亚波省查纳西约的一个著名的银矿。

车轮矿
这些亮灰色"齿轮"晶体来自于英格兰的赫若兹福特铅矿区。这个铅矿区在1850—1875年间生产的车轮矿晶体，至今都未被超越。

科幻小说《晶体之梦》是由法国艺术家让·吉罗德基于晶体形状创作的

200

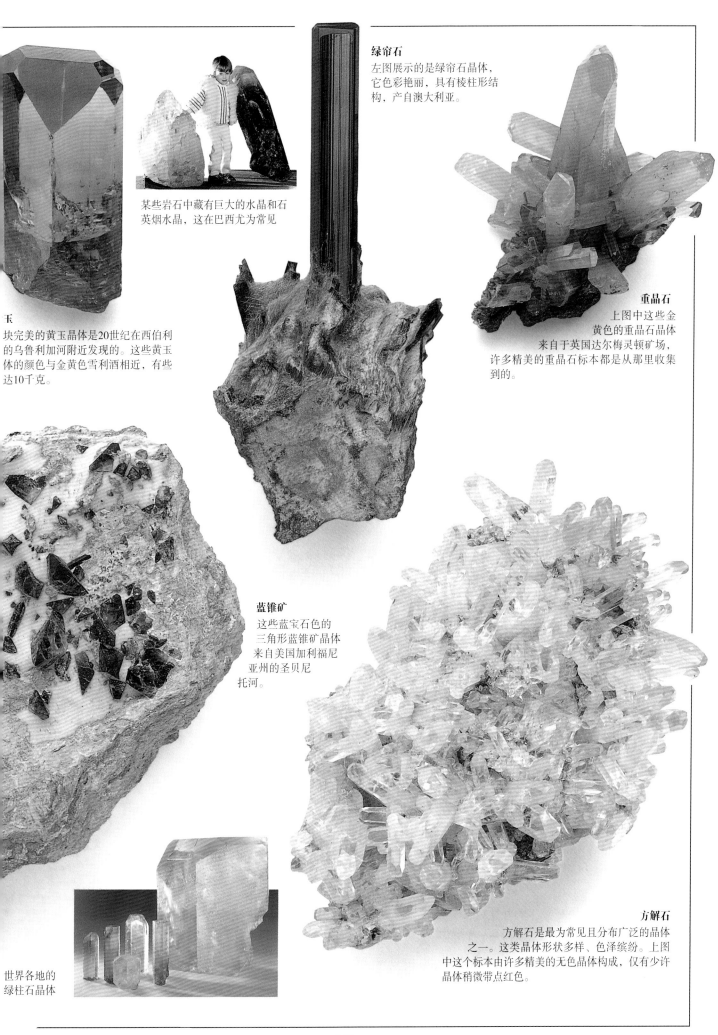

某些岩石中藏有巨大的水晶和石英烟水晶，这在巴西尤为常见

绿帘石
左图展示的是绿帘石晶体，它色彩艳丽，具有棱柱形结构，产自澳大利亚。

玉
块完美的黄玉晶体是20世纪在西伯利的乌鲁利加河附近发现的。这些黄玉体的颜色与金黄色雪利酒相近，有些达10千克。

重晶石
上图中这些金黄色的重晶石晶体来自于英国达尔梅灵顿矿场，许多精美的重晶石标本都是从那里收集到的。

蓝锥矿
这些蓝宝石色的三角形蓝锥矿晶体来自美国加利福尼亚州的圣贝尼托河。

方解石
方解石是最为常见且分布广泛的晶体之一。这类晶体形状多样、色泽缤纷。上图中这个标本由许多精美的无色晶体构成，仅有少许晶体稍微带点红色。

世界各地的绿柱石晶体

晶体的外观

晶体都具有一定规则的对称特征。其一，晶面组具有平行的棱边；其二，任何一个晶面都有一个平行晶面。晶体有三种类型的对称形式。如果一块晶体能够对称地一分为二，那么分界面叫作"对称面"。如果一块晶体围绕直线旋转，同一类型的晶面出现很多次，那么这条直线就是"对称轴"。根据绕对称轴旋转一周晶面出现的次数，可把对称轴分为二次对称轴、三次对称轴、四次对称轴和六次对称轴。若一块晶体完全由成对的平行晶面包裹而成，那么我们就说这块晶体有一个"对称中心"。

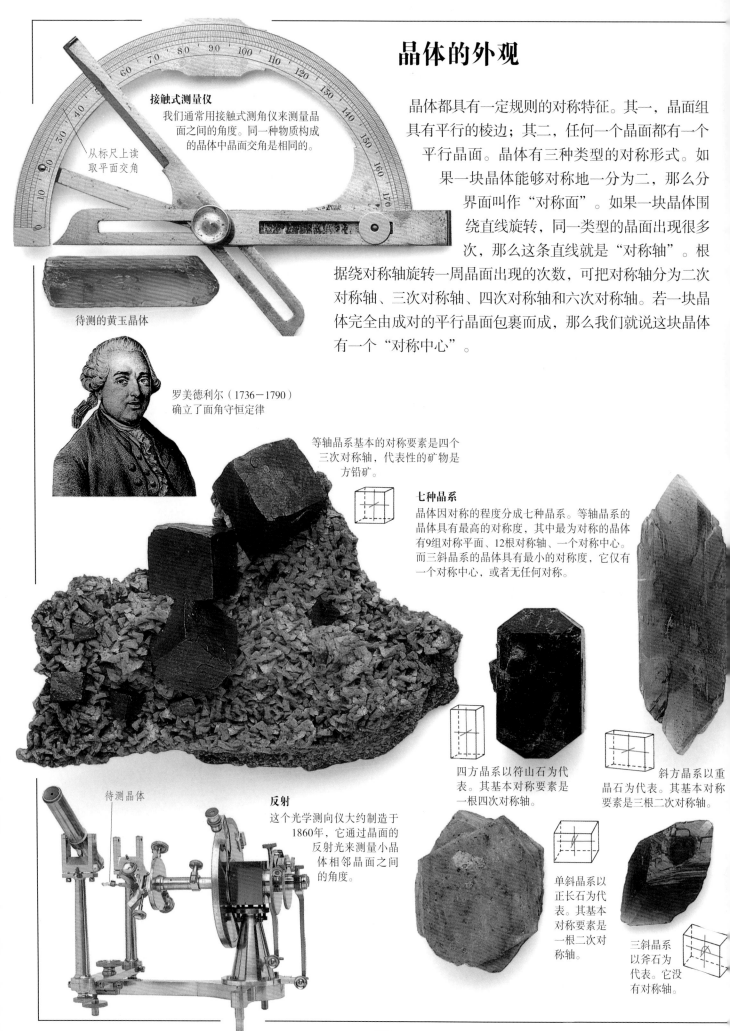

接触式测量仪
我们通常用接触式测角仪来测量晶面之间的角度。同一种物质构成的晶体中晶面交角是相同的。

从标尺上读取平面交角

待测的黄玉晶体

罗美德利尔（1736－1790）确立了面角守恒定律

等轴晶系基本的对称要素是四个三次对称轴，代表性的矿物是方铅矿。

七种晶系
晶体因对称的程度分成七种晶系。等轴晶系的晶体具有最高的对称度，其中最为对称的晶体有9组对称平面、12根对称轴、一个对称中心。而三斜晶系的晶体具有最小的对称度，它仅有一个对称中心，或者无任何对称。

四方晶系以符山石为代表。其基本对称要素是一根四次对称轴。

斜方晶系以重晶石为代表。其基本对称要素是三根二次对称轴。

反射
这个光学测向仪大约制造于1860年，它通过晶面的反射光来测量小晶体相邻晶面之间的角度。

待测晶体

单斜晶系以正长石为代表。其基本对称要素是一根二次对称轴。

三斜晶系以斧石为代表。它没有对称轴。

202

似同非同
结晶学家认为三方晶系是六方晶系的一个分支。这两者的对称轴属于同一类型。

对称设计
这幅枫叶图是为纪念1981年国际晶体协会第十三次会议而创作的。这些重复的图案是基于晶体的对称单元设计的。

三斜晶系模型

等轴晶系模型

三方晶系以方解石为代表。其基本对称要素是一根三次对称轴。

晶体模型
图中这些玻璃模型1900年制造于德国。模型中的棉线表示对称轴。

六角晶系模型

六方晶系以绿柱石为代表，其基本对称要素是一根六次对称轴。

形状

晶体生长的过程中也可能会有"形状"的变化。黄铁矿的等轴晶系中就发现了三种形状。

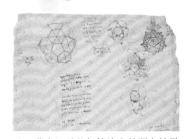

达·芬奇记录几何体演变的研究结果

立方体
立方体有六个正方形面。

八面体
八面体有八个等边三角形平面，每个面都与三根四次对称轴相交。

五角十二面体
五角十二面体由十二个五边形晶面组成。

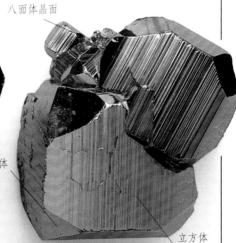

八面体晶面

十二面体晶面

立方体晶面

杂合体
上图显示立方体晶面、八面体晶面和十二面体晶面结合在一起。

下图说明了等轴晶系中不同形状之间的关系。

八面体

立方体和八面体

立方体

立方体和五角十二面体

五角十二面体

晶体的内部结构

晶体的原子结构决定其形状和特性。矿物中的原子通常是以相同的方式聚集成晶体的。早期的结晶学是阿贝·阿维于1784年创立的。1808年，道尔顿称物质是由原子积累而成的。1895年，伦琴发现了X射线，1912年，劳厄认识到这些射线能够帮助我们确定固体中的原子排列。从此，我们开始了解晶体的内部结构。

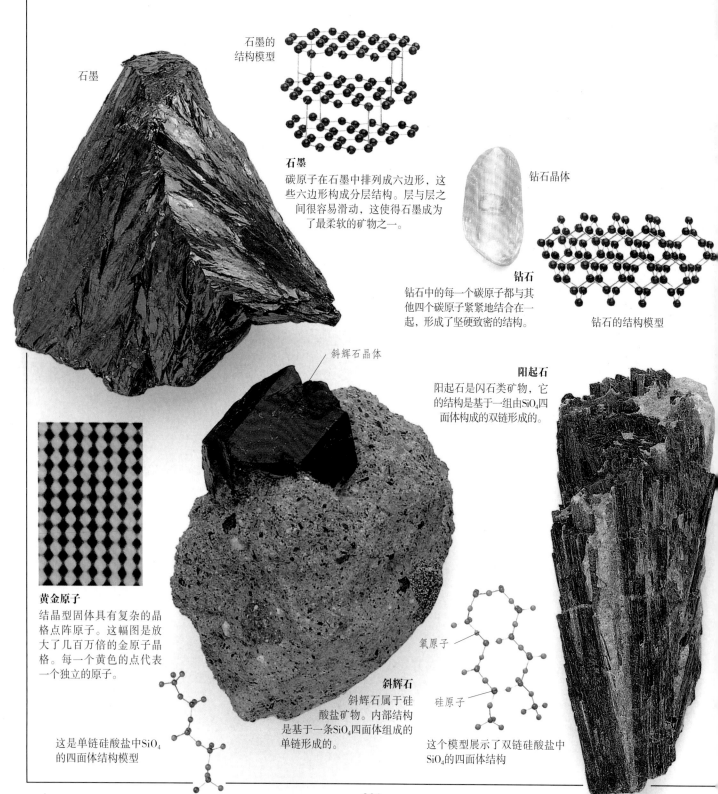

戒指上的钻石

石墨芯铅笔

同素异形体
钻石和石墨都是由碳元素形成的，但是不同的内部结构决定了它们性质上的明显差异。

石墨的结构模型

石墨

石墨
碳原子在石墨中排列成六边形，这些六边形构成分层结构。层与层之间很容易滑动，这使得石墨成为了最柔软的矿物之一。

钻石晶体

钻石
钻石中的每一个碳原子都与其他四个碳原子紧紧地结合在一起，形成了坚硬致密的结构。

钻石的结构模型

斜辉石晶体

阳起石
阳起石是闪石类矿物，它的结构是基于一组由SiO_4四面体构成的双链形成的。

黄金原子
结晶型固体具有复杂的晶格点阵原子。这幅图是放大了几百万倍的金原子晶格。每一个黄色的点代表一个独立的原子。

斜辉石
斜辉石属于硅酸盐矿物。内部结构是基于一条SiO_4四面体组成的单链形成的。

氧原子

硅原子

这是单链硅酸盐中SiO_4的四面体结构模型

这个模型展示了双链硅酸盐中SiO_4的四面体结构

绿柱石

绿柱石具有很多六个SiO_4四面体连成的环。

劳厄（1879—1960年）
劳厄利用X射线照片指出，晶体是由原子组成的平面构成的。

波长（米）	
10^{-15}	伽马射线
10^{-11}	
	X射线
10^{-9}	
	紫外线
10^{-7}	
	可见光
10^{-6}	红外线（热射线）
10^{-4}	
	微波
1	
	无线电波
10^{5}	

波长逐渐减小

电磁波

X射线属于电磁波的一部分。电磁波可根据波长来划分。人眼可见的白光是不同波长的电磁波混合而成的。

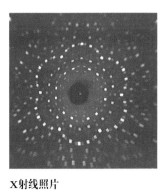

X射线照片
劳厄的这张照片演示了X射线照射绿柱石时产生的衍射现象。

解理

晶体受力后会沿解理面裂开。解理面是沿晶体结构中最脆弱的平面形成的，能反映原子排列规则。

黄玉
这块蓝色黄玉的解理面非常完美。黄玉是一种结构中混有SiO_4单晶群的硅酸盐矿物。

解理面

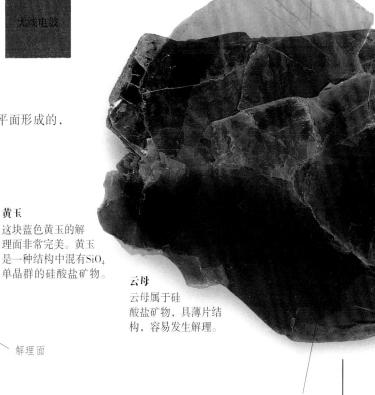

云母
云母属于硅酸盐矿物，具薄片结构，容易发生解理。

单薄的解理小片

阿贝·阿维（1743—1822年）
阿维认为，晶体外观规则是因为内部结构十分规则。他观测到方解石断裂成菱形，并且确定晶体生长和叠加砖块很类似。

石英
石英的结构以氧原子和硅原子紧密结合的三维网状构造为主干。这类晶体解理面十分光滑，带有蚌纹结构。

晶体的颜色

颜色是晶体的显著特征。晶体颜色的产生原因很多，许多矿物都具有多种颜色。物体显示特定的颜色是因为我们的眼睛和大脑对不同波长的光线反应不同。当白光（日光）照射在晶体上时，如果某些波长的光线被吸收了，那些未被吸收的光线将会产生相应的颜色。如果被吸收的光线重新辐射出来而不产生变化，这样的矿物呈无色。

月光石
上图中月光石的白色或蓝色光泽是钠长石晶层产生的。

无色透明的水晶

紫色透明的紫水晶

不透明的乳白色石英

透明或不透明的晶体
晶体可以是透明的，也可以是半透明的或者是不透明的。大多数宝石都是透明的，有些是有颜色的，有些是无色的。

白色矿物

有些矿物能保持相同的颜色，这是因为它们是由能吸收光波的原子组成的，我们称之为自色矿物。例如，铜矿几乎都呈现出红色、绿色或蓝色。

艾萨克·牛顿（1643—1727年）
英国科学家艾萨克·牛顿发现白光能够分离成七种不同颜色的光，并对彩虹的形成做出了解释。

上图中的彩色光谱是白光在棱镜中发生色散形成的

硫
硫是一种亮黄色自色矿物，经常以壳状形式出现在火山口和火山喷气孔周围。

蓝铜矿
蓝铜矿总能保持淡蓝色，并由此产生了"蓝铜色（天蓝色）"这个词语。古人还常用蓝铜矿作颜料。

他色矿物

许多矿物由于杂质或原子结构中的吸光缺陷而呈多种颜色。我们称这些矿物为他色矿物。

菱锰矿
锰矿（如菱锰矿）一般是粉红色或红色的。某些绿柱石中的亮红色是由微量的锰产生的。

钴华
钴矿（如钴华）通常是粉红色或淡红色的。

萤石
某些矿物在紫外线照射下能发出荧光，一般是由异质原子激活产生的。矿物的荧光颜色通常与自然光下的颜色不同。右图萤石晶体在自然光下是绿色的。

变换的颜色

某些矿物中的颜色看起来闪烁不定，这可能是晶体物理结构干扰了光线，也可能是薄膜显影产生的，极微小的片状共生包裹体也能产生类似的光干涉现象。

盐
盐晶体的原子结构中缺失一个原子，由此形成了一个色心，所以普通盐能够显色。

赤铁矿（赭石）
赭石表面闪动的颜色是由表面薄片中的光线干涉产生的，我们称之为晕色。

拉长石
长石类矿物拉长石有时呈浅黄色，但大多是暗灰色。其内部双晶会产生光干涉，使矿物显现光泽，并形成色斑。

鉴定

鉴别晶体必须先检测它们的性质。许多矿物都具有固定的化学成分和晶体结构，因此，也相应具有了独特的物理性质——颜色、习性、解理以及表面特征。要研究这些性质，只要便携式透镜就可以了，但研究硬度和比重（SG）等性质要用到基础仪器设备，光学特性、原子结构和化学组成则需要采用精密仪器了。

夏洛克·福尔摩斯正在猎狗的协助下寻找线索

找出不同之处
这两颗颜色几乎一样的宝石是两种不同的矿物：一块是黄玉（左），另一块是黄水晶（右）。

双重显影
就像这块菱形方解石一样，一些晶体具有双折射的性质。通过这块菱晶的光线分成了两束，从而产生了重影。

方解石下毛线的重影

用来测定比重的化学天平

正长石　　方铅矿
SG＝2.6　　SG＝7.4

比重（SG）是矿物的一个基本性质，它是某种单矿物的质量和与它同体积水的质量的比值。上图中两块晶体体积大致相等，但比重相差非常大，这反映出它们的原子结构不同。

硬度
硬度取决于固体中维持原子状态的结合力的强度。1812年，F·莫斯发明了能够测定矿物硬度的莫斯硬度计。他选择了10种矿物作为标准物质，并按硬度进行排列。除了刚玉（9）和钻石（10）之间的硬度间隔不同，其他标准矿物之间的间隔大致相等。

1
滑石

2
石膏

3
方解石

4
萤石

10
金刚石

探针技术

电子探针显微分析技术可用来研究矿物标本。在配置特殊分析系统的电子扫描显微镜（SEM）中，一束电子聚焦在标本上产生了独特的X射线光谱。

X射线光谱显示了铁（Fe）、砷（As）、钙（Ca）和锌（Zn）等较大的色谱峰

错误的鉴定

通过X射线照射法检测，褐铁矿上蓝灰色晶体是砷铁矿（一种含水的砷酸铁）。然而进一步分析后发现，它们竟还有钙和锌。

红宝石中铬的色谱

铁铝榴石中铁的色谱

石头把光吸收了

我们通常用显微镜来区分颜色相似的宝石。把宝石放在光源和狭缝之间，在色谱中会出现暗色带，这是因为这些波段的光线被宝石吸收了。

9
刚玉

金刚石

测定折射率

折射率（RI）表示矿物的折光能力，即对光线的折射能力。我们能用折光计测定折射率和双折射率。一束光线穿过石头时，会在标尺上产生一个或两个阴影界线，从而我们能得出折射率。

尖晶石
RI：1.71

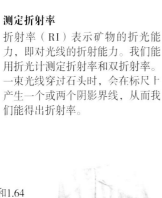

电气石
RI：1.62和1.64

5
磷灰石

6
正长石

7
石英

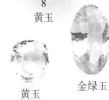

8
黄玉

蓝宝石

黄玉

金绿玉

蛋白石

橄榄石

石榴石

紫水晶

莫斯（1773—1839年）

弗里德里希·莫斯是格拉茨的一位矿物学教授，他发明了硬度计。

自然生长

晶体的生长是原子一层层排列成规则的三维网状结构的过程。它们的生长可以始于任何一种形态，通常是从一个中心或一个面开始生长。只要有类似的物质添加到外表面，晶体就能持续生长。形成一块完美的晶体是相当困难的，要受到温度、压力、化学条件，以及空隙数量的影响。在一个小时内，有千百万个原子排列到晶体表面，所以产生瑕疵就不足为奇了。

晶体层
这张显微照片显示了岩浆岩薄剖片中不同晶体的分层。

扭轮
某些晶体，比如上图中辉锑矿的扭曲，可能是由于生长过程中受到机械弯曲造成的。

硇砂晶体

矿泉
含有矿物的热液或气体有时会通过温泉或者喷气孔到达地表，如硇砂（氯化铵）。到达地表时，矿物可能会结晶。

沉淀结晶
岩浆冷却时，很多矿物会结晶。岩浆岩分层是因为不同的造岩矿物在不同的时段沉淀。

晶洞
含有精美晶体的洞穴，我们称之为晶洞。左图中晶洞是1979年在美国缅因州云母山被发现的。

压力致变
地壳深处的高温和压力使岩石中的矿物重新结晶，从而形成新的矿物。这就是变质作用。这个标本中的蓝色蓝晶石和棕色十字石晶体就是通过这种方式形成的。

石英　　菱铁矿　　黄铜矿

成形
在左图标本中，首先生成的是萤石晶体，然后外面形成了一层菱铁矿。后来萤石溶解、消失了，黄铜矿和石英晶体在这个中空的立方体中生长，形成了现在看到的结构。

建筑的单元结构
摩天大楼的建造和晶体的形成相似，都是一层层地添加相同形状的"砖块"。

双晶

同种矿物的两块晶体结合在同一个晶面上，形成双晶，连接双晶的平面叫双晶面。

蝴蝶双晶
上图是方解石蝴蝶双晶。

同步生长
双晶的两个部分融合生长时形成贯穿双晶。图中是紫色萤石的双晶标本。

绿柱石蚀刻
就像这块绿柱石一样，溶液或热气会溶解晶体表面，形成蚀坑——一种形状规则的空洞。蚀坑的形状与晶体原子结构有关。

蚀坑

螺旋状的圆
晶体表面常常不平整。上面这张放大的晶体表面图像表明，原子在晶面形成了连续的螺旋结构。

晶体竞争
许多平行线沿着或穿过晶面形成层纹，通常是由两种晶体同时生长造成的。

铜矿上的层纹

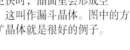

漏斗晶体
当晶面边缘的生长速度比中心更快时，晶面里会形成空洞，这叫作漏斗晶体。图中的方铅矿晶体就是很好的例子。

石英中的金红石包裹体

晶体外壳
晶体可能会密封包裹其他矿物晶体（如赭石、绿泥石和电气石）。这些矿物叫作包裹体。

流体包裹体

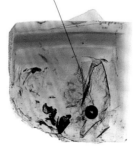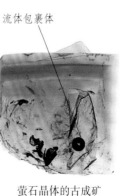

幻影石英
晶体在生长中可能会产生规则的包裹体，我们称之为"幻影"。上面这层纹是石英发生碎裂时，由表面的绿泥石结晶形成的。

"幻影"形成层

萤石晶体的古成矿流体包裹体

良好的晶体习性

晶体的一般形态特征叫作晶体习性，它是结晶学的重要部分，对晶体鉴定作用很大。对于形状完好的晶体，晶体习性完全可以作为某种特殊矿物的特性，在鉴别矿物时，只要鉴别其晶体习性就行了。单晶生成的形状通常会形成它特殊的习性。晶体中某些晶面可能会发育得更好，会形成各种不同的形状。

大多数矿物都不是单晶，而是以晶簇的形式形成合体。

两种晶形
这些"蘑菇"状方解石晶体的"茎"是偏三角面体形，茎端是菱面体。这组晶体来自英格兰的坎布里亚。

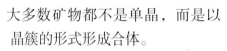

板状
这个板状红色钼铅矿晶体来自于美国亚利桑那州。钼铅矿属于四方晶系，晶体一般非常薄。

钟乳石状
这组钟乳石状的黑色针铁矿出产于德国科布伦茨。针铁矿石属于斜方晶系，是一种重要的铁矿。

针尖状
这块针尖状结构沸石内部晶体十分细长，呈放射形分布。这组晶体出产于印度孟买。

块状
右图为块状晶体，在这种晶体中不能分辨出独立的晶体。蓝线石是一种稀有矿物，通常呈块状。

晶体状
北爱尔兰的巨人石堤看起来就像六棱柱晶体的大集会。这种景象是由于玄武岩熔岩浆冷却时收缩、拼接成的。

豆状
这块豆状石灰石产自捷克。豆石呈圆形，豌豆大小，其内的晶体（此处为碳酸钙晶体）呈圆环状层层聚合在一起。

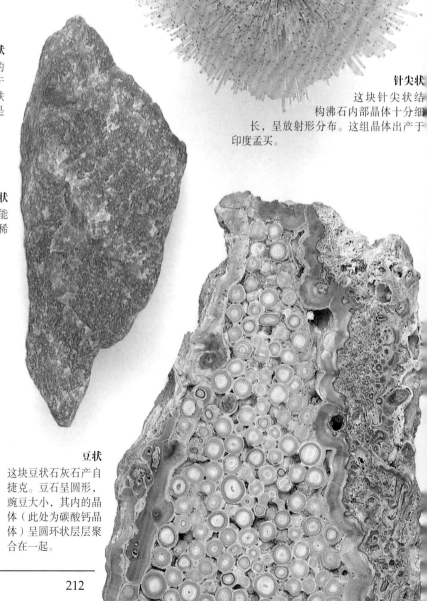

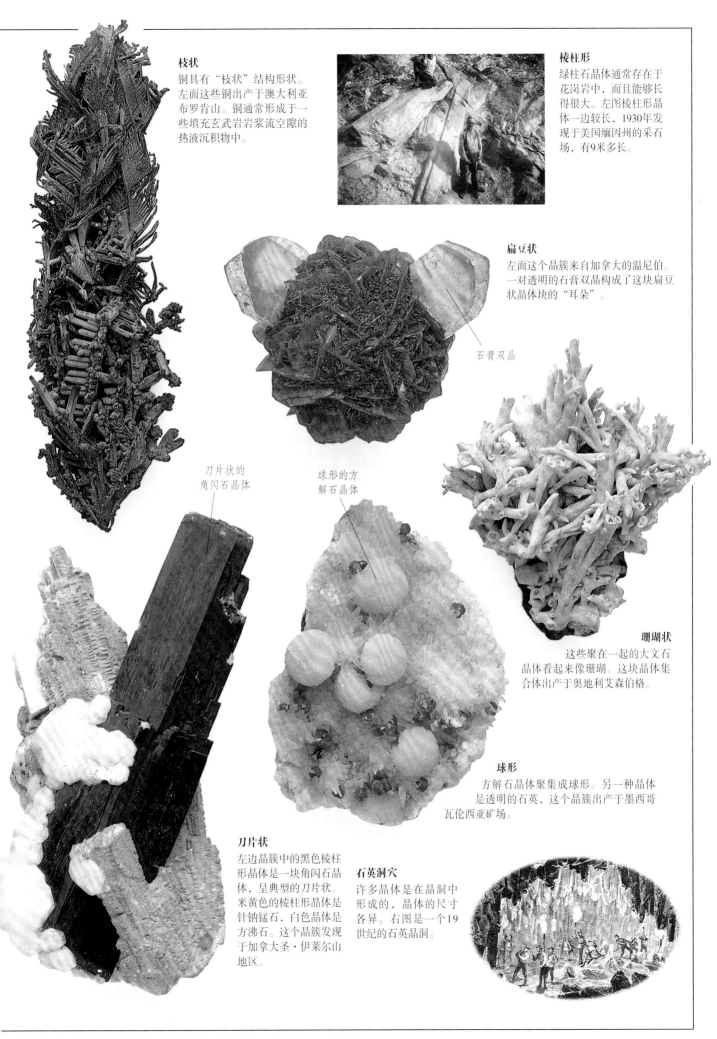

枝状
铜具有"枝状"结构形状。左面这些铜出产于澳大利亚布罗肯山。铜通常形成于一些填充玄武岩岩浆流空隙的热液沉积物中。

棱柱形
绿柱石晶体通常存在于花岗岩中,而且能够长得很大。左图棱柱形晶体一边较长,1930年发现于美国缅因州的采石场,有9米多长。

扁豆状
左面这个晶簇来自加拿大的温尼伯。一对透明的石膏双晶构成了这块扁豆状晶体块的"耳朵"。

石膏双晶

刀片状的角闪石晶体

球形的方解石晶体

珊瑚状
这些聚在一起的大文石晶体看起来像珊瑚。这块晶体集合体出产于奥地利艾森伯格。

球形
方解石晶体聚集成球形。另一种晶体是透明的石英,这个晶簇出产于墨西哥瓦伦西亚矿场。

刀片状
左边晶簇中的黑色棱柱形晶体是一块角闪石晶体,呈典型的刀片状。米黄色的棱柱形晶体是针钠锰石,白色晶体是方沸石。这个晶簇发现于加拿大圣·伊莱尔山地区。

石英洞穴
许多晶体是在晶洞中形成的,晶体的尺寸各异。右图是一个19世纪的石英晶洞。

发现和复原

有些矿物（如铜）的产量很大，而某些矿物（如银、金和钻石）产量小，售价高。只有当矿藏集中在某个地区且容易开采时，开矿才是有利可图的。能提炼出铜、铁、锡等有用金属的矿物叫作矿石。

这尊19世纪的雕像表现的是波兰维利奇卡盐矿场的矿工们正在下矿井

康沃尔的古罗马人
古罗马人早已知道英格兰康沃尔地区蕴藏锡矿。现在矿砂仍需粉碎后才能和脉石分离，然后才能进行精炼。

这块英国康沃尔锡锭制造于1860年

黄铜矿

分散的颗粒
露天矿场开采的岩石中的矿物含量不足1%。例如这块黄铜矿矿石，黄铜矿以颗粒状分散在整块岩石中。

黄铜矿砂

石英

富矿脉
金属含量较高的矿石大多出现在矿脉中。矿脉多是通过深层开采开采。这块蚀变花岗岩中的矿脉中含有黄铜矿和石英。

这块水砷铝铜矿晶体出产于次生富集层

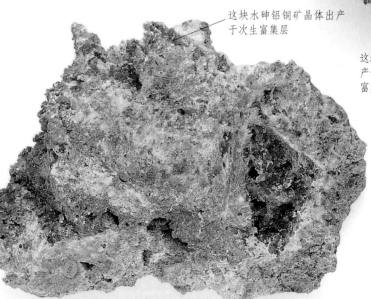

这块辉铜矿矿石出产于次生硫化物富集层

逐步富集
次生富集的自然过程能够使富集程度较低的矿砂得到更高程度的富集。地下水往下渗透，同时携带岩石中的元素。这些元素就会在下层岩石中再次沉积、富集起来。

水中荡洗
淘洗是分离矿物的一种简单方法。用水在盘中来回荡涤，洗掉轻的脉石，留下需要的矿物。在缅甸、泰国等地，人们常用这种方法分选宝石。

一名淘金者正在缅甸的伊洛瓦底江中淘金

最后形成
花岗伟晶岩由巨大晶体组成，其中包括电气石、黄玉和绿柱石。这些宝石是由岩浆结晶形成的。

电气石晶体

地下开采
深层采矿都是在地下进行。这是澳大利亚南部的库伯佩迪蛋白石矿场，此处盛产精美的白色蛋白石。

尺寸更小
这些绿柱石晶体的尺寸大约是20厘米×14厘米，相对较小。

露天矿场
澳大利亚西部的阿盖尔露天矿场是世界上最大的钻石产地。

结晶生长

科学家们一直在尝试制造晶体。人工合成的晶体可以做得完美无瑕，还能够做成特定的形状和尺寸来满足需要。现在制造电子或光学设备都需要用到晶体。对完美晶体的大量需求，正促使人们去制造更多的合成晶体。

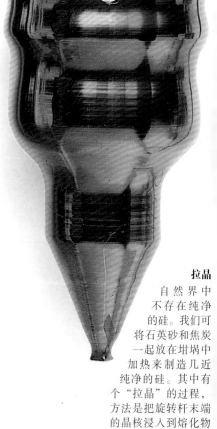

拉晶
自然界中不存在纯净的硅。我们可将石英砂和焦炭一起放在坩埚中加热来制造几近纯净的硅。其中有个"拉晶"的过程，方法是把旋转杆末端的晶核浸入到熔化物中，并慢慢地移动。

熔解
晶簇一般是通过将金属铋熔解、冷却后制作的。铋可以用来焊接，制作电保险丝和颜料。

通量聚变
祖母绿可通过助熔剂法制作。将含祖母绿的粉末和助燃剂放在坩埚中一起加热，然后冷却混合物，形成晶体。形成一块晶体需要几个月的时间。

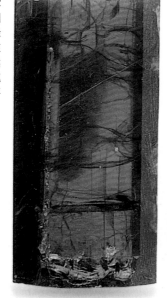

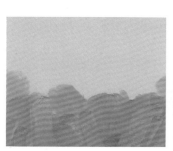
切割后的人造祖母绿

人工合成的祖母绿晶体

"发现号"
1988年，宇航员乔治·纳尔逊正在宇宙飞船"发现号"上拍摄蛋白质晶体生长的实验过程（左图）。

熔解技术

完美的晶体可以通过缓慢冷却或蒸发过饱和溶液来生成。下面的实验记录了这个过程。先将含有少许铬-铝杂质的ADP粉末完全溶解，然后进行冷却。

液体快速冷却，棱柱形晶体开始成形。

晶体生长速度减慢，变得清晰。

室温下，晶体继续缓慢生长。

停止冷却，但是继续蒸发。晶体缓慢成形。

火熔刚玉
火熔技术是奥古斯特·维尼尔教授1900年发明的，用来制造尖晶石、金红石和刚玉。粉末状物质被烈焰熔成液滴后滴落在载体上，随后形成单晶或刚玉。

找到了
1970年，美国通用电气公司宣布制成了优质钻石，上图展示了其中的两块。

亨利·莫瓦桑（1852—1907年）
在法国巴黎的爱迪生实验室里，亨利试图在铁坩埚中合成钻石。

人工合成的蓝宝石

在坩埚中合成的红宝石

形成晶体的载体

人造红宝石横截面

合成大小合适的晶体
1877年，法国化学家弗莱明最先人工合成优质晶体。他发明了在坩埚里制作红宝石的方法。

内壁上嵌有小宝石的坩埚

研磨特性
人工合成金刚砂（碳化硅）是用焦炭和砂组成的炉料在电热熔炉中制成的。金刚砂几乎和钻石一样硬，硬度为9.5，主要用作研磨材料。

六角形的金刚砂晶体

黄金热
许多人都在努力探索把普通金属变成金子的方法。大卫·特尼斯（1582—1649年）在《工作中的炼金术士》中描述了炼金方法。

应用中的晶体

20世纪末期，晶体技术变得重要起来。如今，晶体已经被应用到了电路控制、机器、电子、通信、工业设备和医药等领域，甚至信用卡中也有晶体。现在，科学家们还在不断研制新品种的晶体，以满足新用途。

钻石窗
钻石能够应用在太空环境中。这个窗孔中的钻石用于"金星先锋"号探测器上的红外辐射试验。靠近金星表面时，钻石必须承受450℃的高温。

防护罩里面的硅片

硅晶薄片

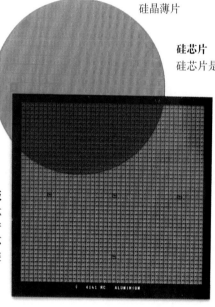

硅芯片
硅芯片是用很薄的硅晶片制成的，晶片需要用电路来进行蚀刻，电路图案通过基体薄膜转移到晶片上。

电路板
电脑中需要许多芯片。每块芯片都有着各不相同的电路，分工不同。芯片外有防护罩，都装在电路板上。

硅芯片基质

智能型卡片
智能卡上有一个硅芯片，里面嵌有微机。插入阅读装置中时，芯片会和电子连接器连接，读取卡片上的信息。智能卡能应用在身份证、驾驶证和公交卡上。

红宝石棒
人造红宝石晶体常用在激光实验中。红宝石被激发光激化后可产生纯红色激光。

硅芯片

激光
科学家正在进行激光实验。激光束可以聚焦产生强热，常被用于焊接、钻孔和手术。

钻石器械

钻石因其质地坚硬而获得广泛应用。它们可用于锯工、钻孔、研磨和抛光，可以制成各种不同大小、形状和强度的工具。工业钻石中80%以上都是人工合成的。

外科医生正在用钻石刃手术刀进行眼科手术

钻头
钻石钻头可在任何一种岩石上钻孔，常用于钻探油井和勘测金属或矿物。有些钻头表面就嵌有钻石。还有一些钻头中注有微小的钻石砂或者磨蚀剂。

表面嵌有天然钻石的钻头

用合成钻石研磨剂灌注的钻头

嵌入人造钻石制成研磨剂

钻石刃手术刀
钻石非常坚硬，而且不会腐蚀。右图的刀刃是用天然钻石制作的。

钻石刀刃

钻石沙砾
石英砂和抛光粉都是用人造钻石或者劣质的天然钻石做成的。它们可用于打磨、抛光或者研磨。

钻石线
用钻石线进行切割，可以使损失降到最低。这种线能够用来切割石料，控制爆破或制作鼓的边线。

"小珠"中含有人工钻石研磨剂

锯片
装有钻石的锯片常用来切割玻璃、陶瓷和岩石。刀片的边缘是嵌入"载体"中的工业钻石。

工人用钻锯切开窗口

良好的振动性

石英是常见矿物之一，以矿脉的形式广泛分布，与较大的矿床共生。石英是花岗岩、沙子和砂岩的主要成分。现在，石英岩和砂岩被广泛地应用在建筑以及玻璃和陶瓷的生产中。石英的压电性使之可用来测定压强。石英晶体振荡器能够精准、稳定地调控收音机和电视机的接收频率，晶体的压电效应还能用在气体点火器上。同时，石英还能用于修复晶体。

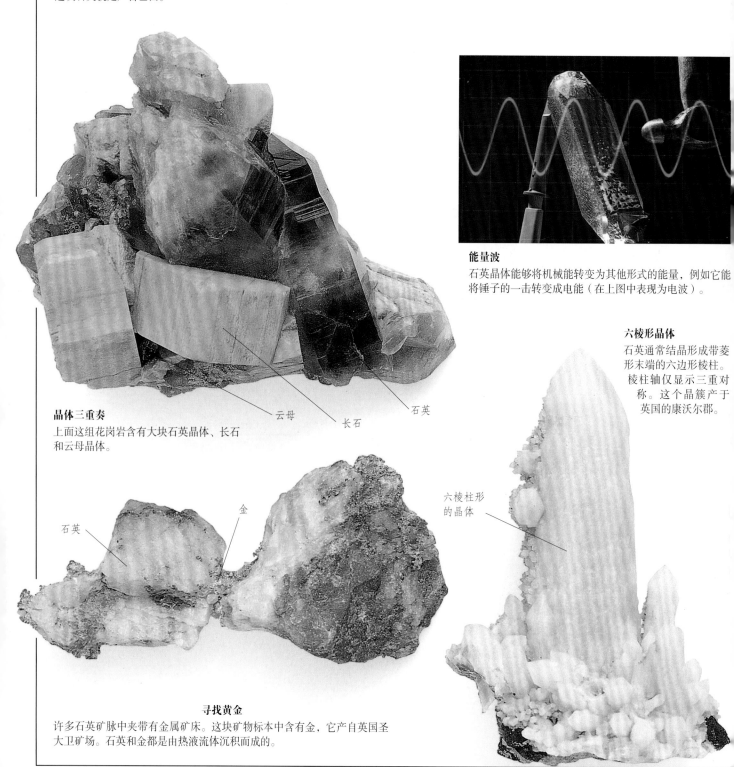

曾经的最爱

在人工合成晶体被发明之前，产于巴西的石英晶体是电子工业重要的原材料。上图中的这块石英就是产自巴西。

能量波

石英晶体能够将机械能转变为其他形式的能量，例如它能将锤子的一击转变成电能（在上图中表现为电波）。

六棱形晶体

石英通常结晶形成带菱形末端的六边形棱柱。棱柱轴仅显示三重对称。这个晶簇产于英国的康沃尔郡。

云母

长石

石英

晶体三重奏

上面这组花岗岩含有大块石英晶体、长石和云母晶体。

六棱柱形的晶体

金

石英

寻找黄金

许多石英矿脉中夹带有金属矿床。这块矿物标本中含有金，它产自英国圣大卫矿场。石英和金都是由热液流体沉积而成的。

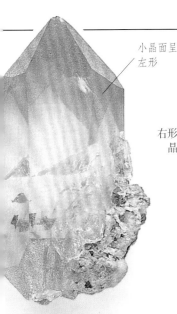

小晶面呈左形

右形石英晶体

左形和右形
在石英晶体中，硅原子和氧原子结合成的四面体呈螺旋状连接在一起，这种"螺旋扶梯"呈右形或左形。这种结构让石英具备了压电性。

左形石英晶体

阿尔卑斯结构
这种扭曲的石英烟水晶经常出现在欧洲阿尔卑斯山中，在那里被叫作"gwindel"。

晶体吊坠

治疗作用

躺卧在特定的石头上进行康复和治疗是一项古老的技术。有些人认为，人体能够吸收晶体的能量，达到康复。

清澈的晶体
这组产于美国阿肯色州的晶体经常用于晶体治疗。

康复能力
卡特里娜·拉斐尔是美国新墨西哥州陶斯晶体学院的创始人。她正在对病人进行晶体康复治疗。

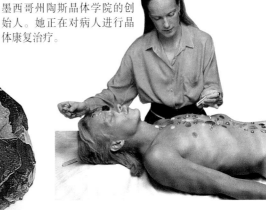

压电性

1880年,皮埃尔·居里和雅克·居里两兄弟发现了晶体的压电性。他们发现对石英晶体施加压力时能够产生正负电荷。

雅克·居里和皮埃尔·居里同他们的父母在一起

必要的纯度
现在一般通过热液成晶来获得高纯度的合成石英晶体。

手表部件
这块石英表中的石英晶片是用来计时的。

石英晶片

分秒不差
石英表中的晶体片每秒钟振动3万多次。晶体这种振荡的规律性使其成为了良好的精确计时装置。

石英

石英的组成成分是二氧化硅。它们能形成巨大的晶体，巴西就以出产大石英晶体出名。据记录，最大的石英晶体长约6米，质量则超过了48吨。瑞士阿尔卑斯山、美国和马达加斯加也出产优质石英。石英很硬，而且不会产生解理，是雕刻和切割的理想材料，被广泛用来制作宝石。石英一般是单晶或粗粒的集合体，而细粒的石英晶体则被称为玉髓或碧玉。

沙丘和灰尘
沙和灰尘的主要部分都是石英。莫斯硬度为6或6以下的宝石会受到灰尘的磨损。

石英晶体
晶系：三方晶系；
硬度：7；
比重：2.65

单晶

无色水晶、紫水晶、粉水晶、烟水晶和黄水晶都是有名的石英单晶。这些晶体通常很大，便于切割成宝石。

卡拉瓦乔画的巴克斯
16世纪法国有这样一个故事：酒神巴克斯宣布，他遇到的第一个人将被老虎吃掉。一名叫作紫水晶的少女成了这个不幸的人。黛安娜女神立刻把她变成了一块白色石头，把她从老虎口中救了出来。巴克斯后来为了表示歉意，把葡萄酒倒在石头上，将石头变成了紫色，并献给了黛安娜。

紫水晶
价值最高的石英是紫水晶，最好的紫水晶主要有两个产地：俄罗斯乌拉尔山花岗岩矿脉中及巴西、乌拉圭和印度的玄武岩中。

紫水晶　玛瑙　石榴石　珍珠　海蓝宝石　玛瑙

美丽绝世的宝物
这个制作于19世纪的金盒的中央镶有一块极为罕见的黄水晶。

天河石

粉水晶
大多数粉水晶都是大块状，一般被切割成凸圆磨光宝石或者雕刻成球珠。

晶体中的杂质
无色水晶是最纯净的石英，紫水晶和黄水晶含铁，粉水晶含钛和铁，烟水晶含铝。

非晶质

有些非晶质的石英是由非常细小的纤维颗粒组成的。玉髓——红玉髓、绿玉髓和玛瑙——都是这些颗粒以不同的排列方式形成的物体。当细小的石棉纤维被石英和氧化铁取代时，就形成了虎眼石和鹰眼石。

玉髓中的石英颗粒呈层状排列，这种结构在玛瑙的不同颜色层中清晰可见。在这个标本中，石英颗粒正向着熔岩的中心空洞逐步结晶。

玛瑙

石英溶液进入熔岩空洞

玛瑙环带

虎眼石

这块虎眼石矿脉最初包含石棉晶体，后来这些晶体被溶液溶解了，在它们原来所处的地方沉积了石英和氧化铁。石英完全复制了石棉的细小纤维结构，并产生了光点。

打磨后的虎眼石显示出"猫眼"的效应

老虎

红玉髓矿脉

晶体

红玉髓

半透明的橘红色玉髓叫红玉髓。玉髓进行热处理后会呈现出橘红色。

碧玉

这块碧玉中有互锁的石英和杂质，整个晶体变得不透明了。

绿玉髓

绿玉髓具有浮绿色光泽，是玉髓中最好、最昂贵的品种。现在最好的绿玉髓来源于澳大利亚的昆士兰。

镶嵌在黄金中的绿玉髓浮雕

钻石

钻石晶体
晶系：等轴晶系；
硬度：10；比重：3.5

钻石（diamond）源于希腊语"adamas"，意思是"不可征服的"，因其坚硬而被命名。钻石是由纯碳组成的，无比坚固的晶体结构使钻石成为最坚硬的矿物。钻石是在200千米的地底下形成的，某些钻石可能有30亿年的历史。2000多年前，钻石最先在印度的河流沙砾中被人们发现。1725年，巴西成为钻石的主要产地。到1870年，南非的钻石生产开始变得重要起来。现在，大约有20个国家出产钻石。最大的钻石生产国是澳大利亚，它的产量占世界钻石总需求量（尤其是工业需求）的四分之一。

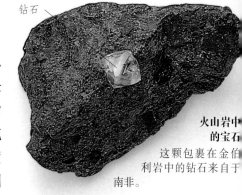

钻石

火山岩中的宝石
这颗包裹在金伯利岩中的钻石来自于南非。

未加工的钻石
金伯利岩中的未加工钻石通常具有璀璨的晶面，而沙砾中的钻石则可能是暗淡无光的。

开采出来的钻石

冲积的钻石

钻石

钻石潮

1925年，南非的利希滕贝格地区发现了蕴藏丰富的冲积矿床。政府决定通过竞赛来进行配额开采。1926年8月20日，1万名矿工排成长队为获得股权而展开了200米赛跑。

辨认钻石
含钻石的沙砾是一种自然分类过程的产物。在沙砾中找到的钻石大多质量很高。

不可征服的信念
左图中拿破仑佩带着镶有"摄政王"钻石的佩剑。

富有的混合体
砾岩是由圆鹅卵石和矿物颗粒黏结的混合体。这个南非西海岸的砾岩标本中蕴藏很多钻石。

印度钻石

这颗钻石包在砾岩中，它是在印度的海得拉巴地区被发现的。这个地区出产了许多著名的大钻石，如"光之山（Koh-i-noor）"和"摄政王（Regent）"。

钻石山谷

辛巴达曾经被困在了传说中的钻石山谷。辛巴达把自己绑在淘金者扔下的肉上，然后被大鸟衔出了山谷。

蝴蝶胸针

这个蝴蝶胸针镶有150多颗钻石。

女人最好的朋友

"钻石是女人最好的朋友"是歌曲的名字。玛丽莲·梦露戴了一颗叫作巴罗达月亮的黄色钻石，在电影中星光闪耀。

默奇森鼻烟盒

这个镶钻的金盒子上画有俄国沙皇亚万山大二世的画像。1867年，沙皇把这个鼻烟盒送给英国地质考察队董事罗德里克·默奇森先生。

明亮的颜色

大多数天然钻石都近乎无色，而真正无色的却很罕见。少数精品钻石则具有多种色彩。

可格尼斯·索瑞尔（1422—1450年）

可格尼斯·索瑞尔是法国国王路易七世的情人，打破国王和贵族才可以佩戴钻石的法律。

著名的钻石

美丽、稀有的钻石价值相当高，有些钻石具有悠久历史。

王冠中的珠宝

光之山（Koh-i-noor）被誉为最古老的大钻石。1850年，穆罕国王把它送给了维多利亚女王。如左图中的复制品所示，光之山并不引人注目，所以后人对它重新进行了切割。

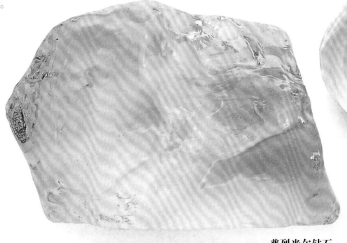

普列米尔钻石

1905年，"库利南"在南非普列米尔钻石矿场被发现。它重达3106克拉，是迄今发现的最大的钻石。上图是它的仿制品。1908年，这块钻石被切割成了9大块和96小块。最大的两块钻石——"库利南"（非洲之星）Ⅰ和Ⅱ由英国王室收藏。

"蓝色希望"

传说"蓝色希望"钻石会带来霉运，但这并不是真实的。这颗钻石重45.52克拉，现在收藏在美国的史密森学会。

刚玉

红宝石和蓝宝石都属于刚玉，是由氧化铝组成的矿物。只有纯红色宝石我们才称为红宝石；而"蓝宝石"本身是指一种蓝色石头，还包括黄蓝宝石和粉红蓝宝石。刚玉的硬度仅次于钻石，具有多向色性，颜色会随着观察角度的变化而不同。大多数宝石是从沙砾中发现的，最有名的产地是缅甸、克什米尔和斯里兰卡。现在，澳大利亚是蓝色和金色蓝宝石的最大产地。其他产地包括泰国和东非的一些国家。

刚玉
晶系：三方晶系；
硬度：9；
比重：3.96～4.05

双生蓝宝石晶体

宝石产地的发现
克什米尔境内的詹斯卡山谷是一个著名的上等蓝宝石产地。

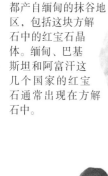

克什米尔蓝
克什米尔出产精美的蓝宝石，上图的两个样品就产于此地。"克什米尔蓝"用来形容这种颜色的蓝宝石。

与电气石共生的蓝宝石

缅甸晶体
大多数优质的红宝石都产自缅甸的抹谷地区，包括这块方解石中的红宝石晶体。缅甸、巴基斯坦和阿富汗这几个国家的红宝石通常出现在方解石中。

罗斯金的红宝石
1887年12月，哲学家约翰·罗斯金将这块缅甸红宝石送给了伦敦自然历史博物馆。这块红宝石重约162克拉，这种深红色又被称为"鸽子血红"。

来自缅甸抹谷地区的上等红宝石

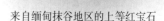

市场交易
这张拍摄于1930年的老照片描绘的是一群在抹谷宝石市场上交易的红宝石商人。红宝石是刚玉中最珍贵的一种。

尖晶石中的蓝宝石
蓝宝石经常和尖晶石一起出现在沙砾中。这块来自缅甸的蓝宝石和尖晶石晶体生长在了一起。

王后浮雕宝石
这些宝石大约是在1660年镶嵌在这口水晶罐上的。罐中间是英国女王伊丽莎白一世的红宝石浮雕头像。

星光红宝石
某些红宝石中带有星形火彩，是由包裹着细针状的金红石产生的。罗瑟·瑞夫斯红宝石重达138.7克拉，现属于美国的史密森学会。

丰富的颜色
纯刚玉是无色的，但是微量的杂质会给它带来丰富的颜色，如铬（红色）、铁（黄色和绿色）、铁钛合金（蓝色）。

蓝色佛像
这枚别针上的佛像是由蓝宝石雕刻成的。

锆石

黄水晶

蓝宝石

蓝宝石

蓝宝石

镶嵌宝石的十字架
这个银十字架上镶嵌了六块蓝宝石和四块其他宝石：墨蓝色尖晶石、紫水晶、黄水晶和棕色锆石。还有一块蓝宝石嵌在十字架的顶端。

蓝宝石

坚如磐石
大多数天然刚玉的质量都不好，比如上图中这块来自于马达加斯加的刚玉。因为刚玉非常坚硬，所以常被用来制作工业器具，过去则被用来打磨石头。

研磨料
金刚砂是一种不纯的刚玉。这个来自于希腊伊卡里亚岛的标本与赭石和磁石生长在了一起。这类岩石被用作研磨材料。

孔雀宝座
1627－1658年间莫卧儿帝国统治者沙贾汗的孔雀宝座镶嵌了几百颗宝石，其中包括108颗红宝石。

绿柱石

绿柱石因其色泽精美，经久耐戴，常用于制作珠宝。最有名的绿柱石是祖母绿（绿色）和海蓝宝石（蓝绿色）。黄色绿柱石被称为金绿柱石，粉色绿柱石叫作铯绿柱石。绿柱石这个名称可能源于梵语。绿柱石存在于伟晶岩和花岗岩中，有时重达数吨，呈现非宝石形状的晶体形式。最大的金绿柱石是在马达加斯加发现的，重达36吨，长约18米。

绿柱石晶体
晶系：六方晶系；
硬度：7.5；
比重：2.63～2.91

宿主岩石
云母片岩是祖母绿的典型源岩。大多数祖母绿中含有云母和角闪石，其成分与基质一样。

西班牙人的战利品
哥伦比亚的奇布查族印第安人开采出了祖母绿。1537年，西班牙人找到了契沃尔矿场，而送给西班牙宫廷的祖母绿大多都是从印加人手中掠夺来的。

开矿维持生计
世界上最精美的祖母绿来自哥伦比亚的木佐和契沃尔周边地区。许多祖母绿的开采和出口都是非法的，通常充满着抢劫和谋杀。

在这幅1870年创作的版画上，一群因犯正在哥伦比亚开采祖母绿矿

古老的入口

大约公元前1500年，祖母绿就开始在埃及的红海附近被开采了。1816年法国冒险家凯利奥德再度开采此处矿址，但没有取得成功。

精美的切割

这块911克拉的切割海蓝宝石现属于美国华盛顿的史密森学会。

次等祖母绿

埃及出产少量的祖母绿，这些祖母绿蕴藏在花岗岩、片岩和蛇纹石中，大多呈青绿色，含有许多杂质。

产生颜色的原因

纯祖母绿是无色的，红色和粉色是由锰产生的，蓝色和黄色是由铁产生的，绿色是由微量的铬或钒产生的。

海水绿

海蓝宝石字面意思指海水，但用来描述了宝石的颜色。不同的铁会使得海蓝宝石具有从淡绿色到蓝色等一系列颜色。海蓝宝石主要产地是在巴西。

铯绿柱石

金绿柱石

电气石杂质

干红

红色的绿柱石极其罕见，它是唯一晶体结构中不含水的天然绿柱石。左图标本就来自于美国犹他州的Wah Wah山。

宝石腰带

这块绿柱石晶体由不同种类的金绿柱石和铯绿柱石组成。这个宝石级绿柱石标本来自于巴西。这类绿柱石的产地还有加利福尼亚、马达加斯加和巴基斯坦。

土耳其如意

土耳其的托普卡博皇宫中有很多嵌有祖母绿的如意。这个18世纪的短剑剑柄中嵌有三颗祖母绿，还有一颗切割成六角形薄片的祖母绿铰合在末端的表盘上。

蛋白石

几个世纪以来，蛋白石的流行度忽高忽低。古罗马人把蛋白石当成权力的象征，但是后来蛋白石被人们认为是不祥之物。500多年前，阿兹特克人在美国中部开采出了蛋白石，现在那里仍盛产火蛋白石。澳大利亚是黑、白蛋白石的主要产地。蛋白石是少数非晶质宝石之一，容易破碎。名贵的蛋白石在打磨后能发出炫目的光芒，但墨西哥的火蛋白石通常采用多角形刻法或阶式切磨法加工。

蛋白石
晶系：无定型或者弱结晶型；
硬度：5.5～6.5；
比重：1.98～2.25

古罗马产地
这块白蛋白石来自斯洛伐克的塞温尼喀，古罗马人使用的蛋白石就是产自这里。

威尼斯瘟疫
安东尼奥·赞奇创作的这幅油画描绘了14世纪的黑死病疫情。威尼斯人认为蛋白石与黑死病有关，把蛋白石看作是不祥之物。

闪光
最好的黑蛋白石产于澳大利亚的闪电山脊。它的光泽十分显眼，加之非常罕见，使得黑蛋白石更加珍贵。

没有光泽的蛋白石
粉蛋白石是一种劣质蛋白石，但是因为颜色鲜艳，常用来镶嵌珠宝。上图中这块粉蛋白石来自于法国。

澳大利亚的蛋白石交易
所有大块的澳大利亚蛋白石都产自大自流井盆地的沉积岩中。著名的矿地有白崖镇、闪电山脊镇和库伯佩迪镇。

玻璃外观
晶莹剔透的玻璃状蛋白石（玉滴石）存在于火山熔岩中。图中的标本产自波希米亚。存在浮动颜色的蛋白石叫水蛋白石。透蛋白石平常是不透明的，但在水中却是无色透明的。

这张放大的贵蛋白石照片显示了内部排列规则的硅球。

"地图"

右图中这块形似澳大利亚大陆的蛋白石名叫"采矿者的胸针"，它是在1875年左右为纪念澳大利亚蛋白石上市而制作的。

闪光

贵蛋白石的光泽颜色取决于结构中硅球的大小。具有灰、蓝或黑底的蛋白石叫作黑蛋白石，其他的叫作白蛋白石。

墨西哥的火蛋白石

墨西哥因盛产火蛋白石而久负盛名。这类蛋白石几乎透明，还能发出五彩斑斓的光泽。

搬进去

澳大利亚的蛋白石产地相当炎热，所以表层矿洞被改整成住房。

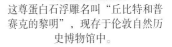

这尊蛋白石浮雕名叫"丘比特和普赛克的黎明"，现存于伦敦自然历史博物馆中。

宝贵的化石

蛋白石在化石作用中，经常会取代植物纤维、动物骨骼和甲壳留下来的空间。这块美国内华达州的木头已经被蛋白石取代了。

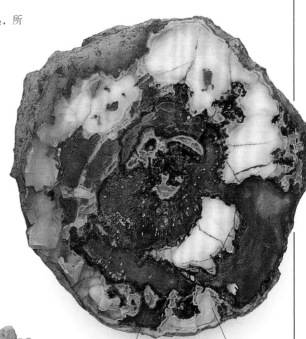

美丽的砾背蛋白石

砾背蛋白石如果存在足够的铁，就会变成深黑褐色，这样蛋白石的平整表面可以雕刻成美丽的浮雕。

贵蛋白石　　　　　劣质蛋白石

菠萝蛋白石

这块放射状的钙芒硝晶簇完全被贵蛋白石取代了。这类蛋白石是在澳大利亚发现的，一般被称为"菠萝蛋白石"。

醉酒的驾驶员

17世纪，路易十四将他的大马车命名为"蛋白石"。但车子驾驶员经常喝醉，所以这架大马车被认为是不祥之物。这幅范·德·默仑创作的《路易十四和玛丽亚·特蕾莎登辇图》对此进行了详细刻画。

其他宝石

美丽、稀有和坚硬——这些都是宝石的评判标准，诸如石英、钻石、红宝石、蓝宝石、绿柱石和蛋白石，以及黄玉、电气石、石榴石、橄榄石等其他宝石。紫锂辉石、榍石和萤石等质地较软，很少作为宝石流通，但有时会被加工成收藏珍品。

极妙的宝石
"捕捞珍珠和采集绿松石"，该图摘自马可·波罗创作的《奇观大全》。

黄玉

黄玉晶体
晶系：斜方晶系；
硬度：8；
比重：3.52~3.56

黄玉的产地
黄玉最有名的产地是巴西，下面这块淡蓝色的黄玉晶体就产自那里。

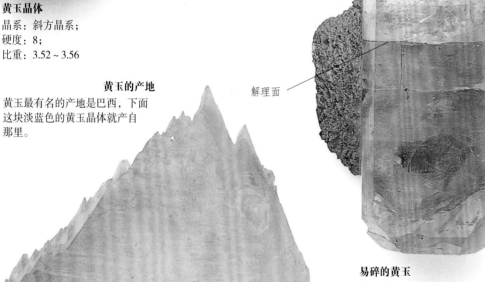

解理面

易碎的黄玉
黄玉质地很脆，很容易破碎，这是因为它有完整的解理面（上图）。制作珠宝时必须把黄玉镶嵌起来，以防撞击。

最精美的黄玉
金色黄玉产于巴西的欧鲁普雷图地区，这块楔形的棱晶就是代表。我们一般把含有微量粉色的黄玉称为至尊黄玉。

黄玉的恶作剧
钻石和黄玉一般都混杂在沙砾中，二者的比重也非常相似，这使得淘钻者经常误将黄玉当作钻石。

水色
黄玉是一种铝硅酸盐矿物，含有20%的水和氟。含水多于氟的黄玉是金褐色或者粉红色的，但这种情况很少；而含氟多于水的黄玉则是蓝色或者无色的。

"巴西公主"
这块黄玉叫作"巴西公主"，于1977年被切割，重21327克拉。现在最大的切割后黄玉重达36853克拉。

电气石

电气石具有复杂化学结晶型，是一种有平面型或楔形断面的棱晶。电气石晶体的每一个末端都具有不同结构，有时会通过不同的颜色表现出来。这使得电气石具有特殊的电性，能够吸尘。

电气石晶体
晶系：三方晶系；
硬度：7～7.5；
比重：3～3.25

药物或者矿物
维多利亚时代的哲学家约翰·罗斯金（上图）写道："电气石的化学性质更像一位中世纪医生的处方，而不仅仅是声名显赫的矿物杰作。"

框架结构
这个横切面是三角形三重对称结构。色区很好地展示了电气石晶体层状生长过程。晶体的最终形状是由最后的结晶期决定的，这块电气石晶体的外层是六边形的"框架"。

黑绿色电气石
电气石具有多向色性，从不同的轴向观察时，电气石的颜色是不同的。如果顺着长轴向下观察，这些绿色的电气石晶体就会呈现黑色。

晶体的生长环和树的年轮很相似

亲密的"邻居"
左边这块棱柱形电气石黏附着一块石英。粉色部分电气石先结晶，绿色是后来形成的。

电气石晶体

镶嵌在花岗岩中的电气石
宝石级电气石通常是在伟晶岩矿脉或花岗岩中被发现的。巴西、俄罗斯、美国、东非和阿富汗都出产这类精美的电气石晶体。

这块"西瓜"电气石显示出两种颜色

色彩缤纷
电气石是颜色范围最广的宝石，而有些电气石本身就有多种颜色。

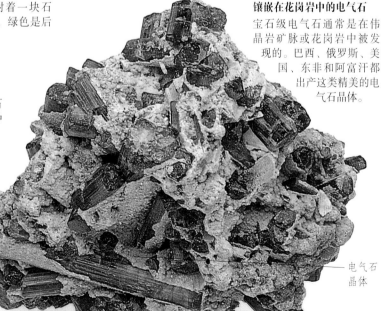

电气石晶体

石榴石晶体
晶系：等轴晶系；
硬度：6.5～7.5；
比重：3.52～4.32

铁铝榴石戒指

石榴石

石榴石是一类矿物的总称，包括铁铝榴石、镁铝榴石、锰铝榴石、钙铝榴石和钙铁榴石。它们能雕琢成宝石，用途广泛。石榴石因化学成分不同，显示出许多颜色。宝石级石榴石产于捷克、南非、美国、澳大利亚、巴西和斯里兰卡。

切割后的翠榴石

切割后的镁铝榴石

镁铝榴石
深红色的镁铝榴石在19世纪非常流行，主要出产于捷克的波希米亚。

翠榴石
祖母绿色的翠榴石是石榴石中最珍贵的，产于俄罗斯的乌拉尔山。

凸面磨圆的锰铝榴石

锰铝榴石
锰铝榴石的橘黄色是由镁产生的。宝石级锰铝榴石比较罕见。

石榴石之名
"石榴石"之名可能源于石榴的拉丁名"pomum granatum"。铁铝榴石–镁铝榴石组的宝石颜色很像石榴的颜色。

铁铝榴石
像铁铝榴石一样，石榴石通常会结晶成二十四面体。铁铝榴石一般为深色，所以经常会被切割成背面中空的凸面磨光大圆石，显得通透一些。

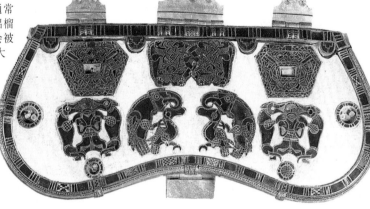

御用之物
英格兰萨顿胡地区发现了一艘盎格鲁–撒克逊王室墓葬船，船中有许多镶嵌着石榴石的钱包，这个就是其中之一。

钙铁榴石
只有绿色的翠榴石、黄榴石和这种黑榴石才用作宝石。黑榴石曾经被用作服表期间佩戴的珠宝。

切割后的钙铝榴石

颜色迹线
亮绿色的钙铝榴石含有微量的钒，而黄色和红色的钙铝榴石含有铁。红色的钙铝榴石就是肉桂石。

钙铝榴石
某些钙铝榴石看起来像圆醋栗。这些粉色标本产于墨西哥，显现出了清晰的十二面体晶型，这是石榴石主要习性之一。

橄榄石晶体
晶系：斜方晶系；
硬度：6.5；
比重：3.22 ~ 3.40

橄榄石

橄榄石是橄榄石矿物（olivine）中的一种宝石，属于铁镁硅酸盐矿物，在火山岩中很常见。

富含橄榄石的岩石

岩浆

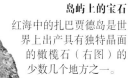
岛屿上的宝石
红海中的扎巴贾德岛是世界上出产具有独特晶面的橄榄石（右图）的少数几个地方之一。

产自亚利桑那州

产自挪威

产自缅甸

橄榄石的产地
大橄榄石出产于扎巴贾德和缅甸，但是美国的亚利桑那州和夏威夷以及挪威也出产橄榄石宝石。

橄榄石戒指

火山爆发
这块岩浆岩中富含橄榄石碎片。火山爆发时，岩浆会裹挟着这些岩石喷射出来。

名称变更
红海中的扎巴贾德岛出产的橄榄石曾被古希腊人当成黄玉，后来才更改过来。

月光石

月光石是最有名的长石类宝石。长石主要有两大类：一类富含碳酸钾，包括月光石；另一类富含碳酸钠和钙，包括日光石。长石的硬度为6 ~ 6.5，比重为2.56 ~ 2.76。

日光石
日光石上的明亮光泽是细小的黑红色赭石薄片反射自然光产生的。

月光石和日光石——两种长石类宝石

青色月光石
大多数月光石是无色、银色或青色，但有些月光石呈现出灰色、橘黄色或者淡绿色。显示出"猫眼"特征的灰色月光石叫作猫眼石。

日光石别针

月光石
这块来自缅甸的大型晶岩长石标本显现了月光石的光泽。月光石也存在于斯里兰卡和印度。

月光石戒指

尖晶石

最美丽的红色和蓝色尖晶石能与红宝石和蓝宝石相媲美。科学家罗美德利尔是第一个明确鉴别出红宝石和红尖晶石的人。红晶石（balas）这个词可能和产地Balascia有关，即现在位于阿富汗境内的巴达赫尚。

国王的报酬

爱德华（1330－1376年，威尔士亲王，英国国王爱德华三世之子，被称为"黑太子"）在1367年帮助西班牙国王赢得了纳胡拉战争，并因此获赠一颗红晶石，现在这颗宝石镶嵌在帝国皇冠中。

尖晶石晶体
晶系：等轴晶系；
硬度：8；
比重：3.5～3.7

表面抛光
这块尖晶石经过抛光处理，但仍然保留了八面体型。

微小的变形
尖晶石会结晶成八面体型。这个标本是平行生长的微小变形八面体尖晶石的集合体。尖晶石通常以双晶的形式存在。

黑太子红宝石

库利南Ⅱ钻石

结晶特征
这块来自俄罗斯贝加尔湖的尖晶石标本中，蓝色尖晶石镶嵌在白色方解石和白云母构成的基质中。

镶嵌在帝国皇冠中
大英帝国皇冠中的黑太子红宝石实际上是一块170克拉的尖晶石。它被镶嵌在钻石库利南Ⅱ的上面。伊丽莎白二世的提莫红宝石也是一块尖晶石。

近距离的旅行
这些来自于缅甸的尖晶石颗粒磨损得不是很厉害，表明它们运动的距离不是很长。

刺状晶体
这些来自德国博登麦斯的结晶型八面体是矾土锌矿——一种富含锌的尖晶石。它们展示出了典型的尖晶石三角形晶面。

晶体的颜色
纯尖晶石是无色的。红色和粉色尖晶石中存在少量的铬，蓝色和绿色是由铁或锌产生的。

锆石

锆石（zircon）的名字源于阿拉伯语"zargoon"，意思是朱红色或金色。斯里兰卡生产锆石已经有2000多年的历史。如今，泰国、澳大利亚和巴西也出产锆石。无色锆石的光泽和火彩看起来很像钻石，但比钻石要柔软得多。

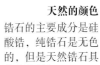

红色锆石与红色风信子的颜色
很相似，过去被称为风信子石。

天然的颜色
锆石的主要成分是硅酸锆，纯锆石是无色的，但是天然锆石具有多种颜色。

放射活性
这块特大的卵石来自于斯里兰卡，显现出了典型的锆石颜色。某些锆石含有大量的铀和钍，这些元素的放射性损坏了它们的晶体结构，使得锆石变成了非晶质。

热处理
加热红褐色的锆石晶体能够生成无色、蓝色或金色的锆石。

天然的褐色
锆石晶体

热处理后的蓝色
锆石晶体

锆石晶体
晶系：四方晶系；
硬度：7.5；
比重：4.6～4.7

热处理后的锆石切割成品

金绿玉

金绿玉的硬度仅次于钻石和刚玉。金绿玉的黄色、绿色和褐色是由铁或者铬产生的。金绿玉有三种：一种是透明的黄绿色宝石；一种是猫眼石或波光玉；还有一种是变色石，以颜色变化而出名。斯里兰卡和巴西都产这三种宝石，但是最好的变色石产自俄罗斯。

变色石
1830年，变色石（亚历山大石）首次在俄罗斯的乌拉尔山被发现，当时正是沙皇亚历山大二世的生日，因而得名。变色石在自然光下显深绿色，在灯光下显红色。

切割后的黄色
金绿玉

切割后的
变色石

流行于葡萄牙
18世纪，黄绿色的金绿玉首次在巴西被发现，随后在葡萄牙和西班牙流行起来。

金绿玉晶体
晶系：斜方晶系；
硬度：8.5；
比重：3.68～3.78

收藏家的珍藏

宝石的种类非常多，但市场上流通的只有几十种。许多人收集的珍奇宝石并不在市场上流通，他们会收集一些颜色或尺寸特殊的常见宝石，也会收集一些不能用于装饰的珠宝。例如闪锌矿和榍石，但质地太软，不能长久佩戴；蓝锥矿耐久坚硬，但是太稀有。

斧石
最美丽的褐色楔形斧石产于法国的布格多瓦山谷地区，它们能显现出灰色和紫色的光泽。它们曾经极度稀有，但是如今在斯里兰卡的宝石沙砾中经常可以找到。

榍石
榍石的颜色以褐色和祖母绿色为主，具有强烈的光泽和火彩。它的质地很软，不适合佩戴。最好的榍石产于阿尔卑斯山、缅甸和美国的加利福尼亚州。

法国的珍藏
法国巴黎自然历史博物馆中的矿物标本最早是从路易十三的药房和植物园中收集整理出来的。

登山者
斯特拉勒从阿尔卑斯山上的晶谷中收集了许多精美的晶体。

坦桑黝帘石
坦桑黝帘石是一种紫蓝色宝石，它于1967年在坦桑尼亚北部被发现。它显现出的深蓝色、红紫色和黄灰色十分引人注目。

赛黄晶
赛黄晶（danburite）是以美国的丹伯里（danbury）命名的，那里的伟晶岩中曾发现了无色的赛黄晶。黄色赛黄晶来自于马达加斯加和缅甸，而无色赛黄晶则产于日本和墨西哥。

堇青石
宝石级堇青石出产于斯里兰卡、缅甸、马达加斯加和印度。堇青石的多向色性表现得尤其明显，它可以从深紫蓝色渐变到淡黄灰色。

蓝锥矿

蓝锥矿晶体能和精美的蓝宝石媲美，它们能显现出和钻石相似的火彩，因为稀有而成为收藏者的珍藏。蓝锥矿产于美国的圣贝托镇，并以此地名而得名。

闪锌矿

闪锌矿是世界上锌的主要来源，通常叫作"blende"。墨西哥和西班牙出产淡红褐色、黄色和绿色的宝石级闪锌矿晶体。闪锌矿太柔软，不适合制作珠宝。

1914年的圣贝托矿场。该图展现了露天切割矿石的情景，左为矿砂铲斗

脉石中的闪锌矿晶体

粗糙的闪锌矿晶体

紫锂辉石晶体

切割后的淡绿色锂辉石

切割后的紫锂辉石

锂辉石

精美的锂辉石晶体大多产于巴西、美国的加利福尼亚州和阿富汗。某些锂辉石宝石重达几百克拉。紫锂辉石（kunzite）是以G.F.Kunz的名字命名的。稀有的祖母绿色紫锂辉石小晶体被称为希登石。

金石窟

这个石窟位于英格兰的布里斯托尔附近，许多珍贵的宝石和珊瑚装饰在石窟的墙壁和支柱上。

方柱石

方柱石宝石呈黄色、粉色和紫色等柔和色彩，有的还是精美的猫眼石。它们主要产于缅甸和中非。

硼镁铝石

硼镁铝石直到1950年才被证明是一种新品种的宝石。英国博物馆的矿物学家用斯里兰卡的古名"sinhala"给硼镁铝石（sinhalite）进行命名。

乔治·弗里德里克·昆士是一位宝石专著作家，曾在纽约蒂凡尼珠宝店工作

硅线石

这块19.84克拉的蓝紫色硅线石是一个稀有品种，产于缅甸，是世界上最大的硅线石之一。宝石级硅线石大多显示出醒目的红色和绿色等多向色性，大多产于巴西和斯里兰卡。

切割后的硅线石

切割后的红柱石

用于雕刻的石头

微结晶的岩石和矿物被用作装饰品已经有几千年的历史了，其中最著名的是碧玉、青金石和绿松石。很多古文明，如埃及人、中国人和苏美尔人，都喜欢用碧玉、青金石和绿松石来制作珠宝，南美印第安人和新西兰的毛利人雕刻绿松石和软玉的历史也已经有几个世纪了。

绿松石传统
美国的西南部的印第安人用绿松石制作珠宝。

孔雀石
孔雀石是一种鲜绿色的铜矿石，通常以具有色带的肾形块状物的形式出现。孔雀石的硬度为4，比重是3.8，主产国有赞比亚、澳大利亚和俄罗斯等。

白色方解石

青金石

青金石不是单质矿物，其中含有方解石和黄铁矿。最好的青金石产于阿富汗，含有大量的琉璃，呈深蓝色。青金石的硬度为5.5，比重为2.7 ~ 2.9。美国和智利等地也是青金石的重要产地。

波斯蓝
青金石名称来源于波斯语"lazhward"，意为蓝色。硫是青金石的基本成分，也是青金石呈蓝色的原因。

绿松石

绿松石的名字来源于法语"pierre turquoise"，意思是"土耳其的石头"。绿松石一般以绿色或蓝色的岩球和矿脉的形式存在，铜使其显蓝色，而铁使其显绿色。其比重为2.6 ~ 2.9，硬度是5 ~ 6。

天然马赛克
绿松石一般是以马赛克图案的形式镶嵌在岩石中。最精美的蓝色绿松石产于伊朗（古代称为波斯），那里制作绿松石饰品已经有近6000年的历史了。

中世纪的油画
中世纪时，青金石常被制作成深蓝色的油画颜料，用来给毡毯画上色。如图所示，这张毡毯画目前藏于伦敦的国家美术馆中。

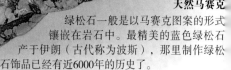

流行的珠宝
青金石广泛用于制作小珠和装饰珠宝。

刻蚀镶金的蓝色波斯绿松石

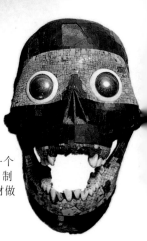

古老的头盖骨
这个面具是阿兹特克人（一个生活在中美洲的古老民族）制作的。它是用绿松石和木材做成的。

碧玉

西班牙人把印第安人的绿色石头叫作肾石或者piedra de hyada，"碧玉（jade）"这个词由此而来。后来，欧洲人把从中国进口的具有相同颜色和硬度的某种矿物也叫作碧玉。1863年，人们才证实这是两种不同的矿物，现在分别叫作硬玉和软玉。

金缕玉衣
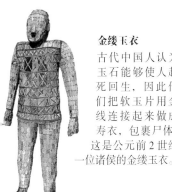
古代中国人认为玉石能够使人起死回生，因此他们把软玉片用金线连接起来做成寿衣，包裹尸体。这是公元前2世纪一位诸侯的金缕玉衣。

硬玉
硬玉的主产地是缅甸。最贵重的硬玉呈祖母绿色，被称为皇家玉石。硬玉的硬度是6.5～7，比重为3.3～3.5。

塑造成球形的硬玉

这个软玉蜗牛是由俄罗斯著名的珠宝设计师法贝热设计的

中国骆驼
这个软玉骆驼是中国制作的。白色和米色的硬玉含有极少量的铁，而铁含量稍微多一点就形成了菠菜绿硬玉和黑色玉石。菠菜绿硬玉主要产于俄罗斯、加拿大和新西兰，黑色硬玉主要产于澳大利亚南部。

软玉
软玉是由连锁的颗粒组成的，很粗糙。新西兰"绿石"就是软玉。软玉的硬度为6.5，比重为2.9～3.1。

蔷薇辉石
蔷薇辉石上的粉色是由镁产生的。它的硬度大约为6，常用来制作雕刻品和镶嵌饰物。宝石级蔷薇辉石产于俄罗斯、加拿大和澳大利亚。

其他石头

有些石头色彩鲜艳也常用来制作珠宝，比如孔雀石、蛇纹石、"蓝色约翰"和蔷薇辉石，此外还有大理石和雪花石膏。

蛇纹石
蛇纹石上的图案很像蛇皮。有些蛇纹石很软，容易雕刻，但是中国雕刻家最喜欢的黄绿色蛇纹石——包文玉却比较硬，硬度可达6。

"蓝色约翰"
这块有着紫色和淡黄色条状的萤石叫作"蓝色约翰"，来自英格兰的德比郡。这种石头很脆，常和树脂黏合在一起才能加工和佩戴。

19世纪的"蓝色约翰"花瓶

贵重金属

金、银和铂（白金）都是晶体，可是没有发现过它们的单晶。金和银在5000多年前就被加工。1735年，哥伦比亚的奇布查族印第安人开始使用铂。现在，铂比金、银更贵重。这三种金属很柔软，容易加工，拥有很高的稳定性。

加利福尼亚的淘金热
1848年，淘金者涌向了美国的加利福尼亚，许多人都因此成了富翁。大多数金子都是从砂积矿床中淘洗出来的。

沉积物
这些碎片是含金岩石被侵蚀后成的沉积物。

金

金是衡量价值的标准物。纯金是一种致密（SG＝19.3）却很柔软（H＝2.5～3）的金属。很多时候，必须把金和其他金属熔合成较硬的合金，才能广泛使用。用作珠宝的金的纯度是以克拉（与宝石的重量单位不同）来衡量的，纯金为24K。

极好的金块
这块精美的结晶型金块就是众所周知的拉特罗布金块，它是1855年在澳大利亚发现的。大块的金很少见。

金三明治
金有时会富集在热液成岩的矿脉中，和石英混在一起。这块新西兰的石英矿脉有一层金晶体片，看起来就像一块金三明治。

重有所值
曼谷著名的金佛像是用固金制作的，重5.5吨，折合价值超过2800万欧元，是世界上最昂贵的宗教物品。

在金子上崛起
1700年到1900年间，阿桑特王国统治着现在的加纳。阿桑特的权力主要建立在黄金资源上。这个金狮环来自于阿桑特王国。

罕见之物
黄金颗粒一般很小。右图中这种大块黄金极为罕见。这块黄金产自津巴布韦。

铂

铂被用来制作标准度量衡、手术器具和珠宝。铂这个名称源于"platina"，意为微量的银。砂积矿床中的铂呈细砾状或小块状。铂沉积地主要分布在俄罗斯、加拿大和南非，但是这些矿藏区的铂含量也非常低。

圆形的铂
这些立方铂晶体产于塞拉利昂。

富集层
这块含铂的辉石岩产自南非的麦仁斯基金矿脉。矿脉仅有30厘米厚，但铂含量很高。

白金皇冠
女王伊丽莎白的皇冠是用铂做的。

罕见的巨大铂块
这块俄罗斯乌拉尔山的巨大铂块非常罕见，重达1.1千克。

银

偶尔能发现银的立方晶体。银通常呈块状或麻花状。银的硬度仅为2.5~3。现在，银被广泛应用于电子工业，以及电镀和制作珠宝，绝大部分用在了影像行业中。

中世纪的银矿
中世纪时，法国圣玛丽地区银矿富集。在这幅中世纪插画中，矿工正从矿井往外运银矿砂。

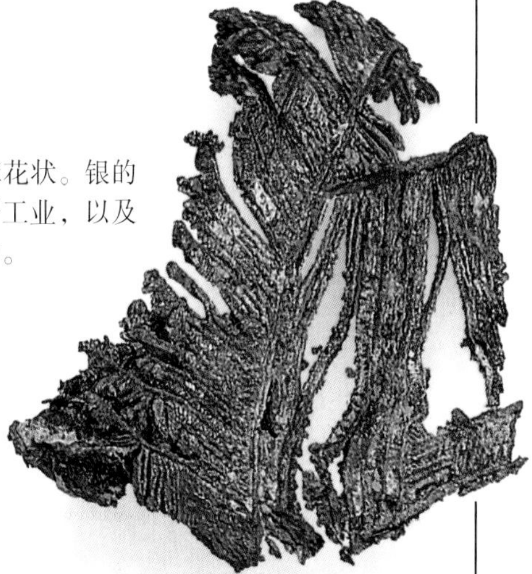

需要抛光的银
这块呈树枝状生长的银生了锈，它来自于智利的Huantajaya矿场。

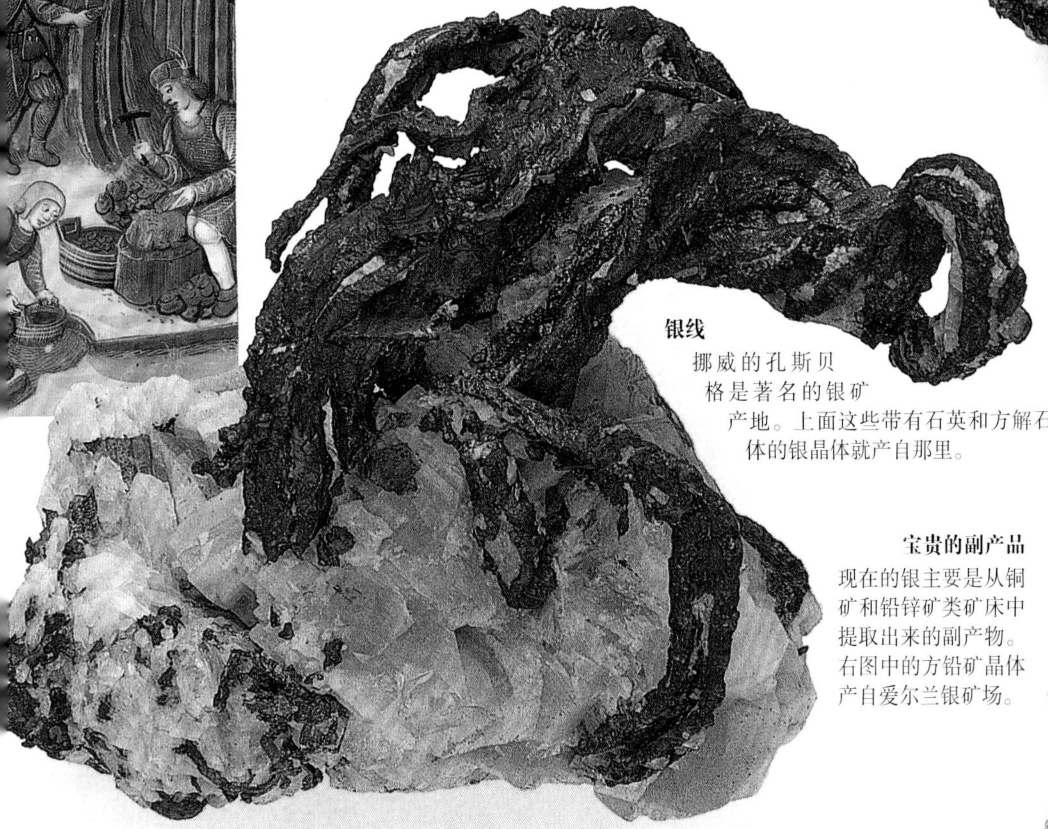

银线
挪威的孔斯贝格是著名的银矿产地。上面这些带有石英和方解石晶体的银晶体就产自那里。

宝贵的副产品
现在的银主要是从铜矿和铅锌矿类矿床中提取出来的副产物。右图中的方铅矿晶体产自爱尔兰银矿场。

有机宝石

我们将琥珀、黑玉、珊瑚、珍珠和贝壳这类从动物和植物中得到的宝石称为有机宝石。它们的硬度一般小于或等于4。比重最小的是琥珀，仅为1.04；最大的是珍珠，达2.78。有机宝石的硬度、密度都不如矿物宝石，但是因为美丽的外表，已经流行了几千年。

史前时代的宝石
琥珀和黑玉是侏罗纪时代的树木形成的。

黑玉和琥珀

琥珀和黑玉都来源于树。黑玉是细粒的黑色岩石，它是枯树在地下高压下才形成的。琥珀是变成化石的树脂。

耐磨的黑玉
这段黑玉含有灭绝了很久的动物化石，包括一只菊石。黑玉很耐磨，可以进行打磨抛光。

菊石化石

古代的旅行者
琥珀主要产于波罗的海东南海岸。大块的琥珀能够漂流很长的距离。这个琥珀标本是在英格兰东海岸发现的。

珊瑚

珊瑚是由腔肠动物群的石灰质骨架累积而成的。不同的生长条件和有机物含量使得珊瑚的颜色十分多样。

这块珊瑚来自于地中海，雕刻着一只小猴子抓着树枝

项链的原料
这枝蓝色珊瑚是由蓝珊瑚虫形成的，产自菲律宾周围的海域。人们经常把这种珊瑚切割、打磨成球珠，用来制作项链。

古代的财富
这些价值很高的红色珊瑚枝是由地中海的赤珊瑚虫形成的。古罗马人极为珍视这些红珊瑚。

热带海域的珊瑚

珍珠和贝壳

珍珠和贝壳内表面的光泽是由珍珠母反射光形成的。外源物体（如沙粒）进入到贝壳中时，贝壳会用珍珠层将它包裹起来，珍珠就是这样形成的。

牡蛎
波斯湾出产高质量天然珍珠已经有2000多年的历史了。过去，藏有珍珠的牡蛎是在海底采集的，而现在许多珍珠都是人工养殖的。

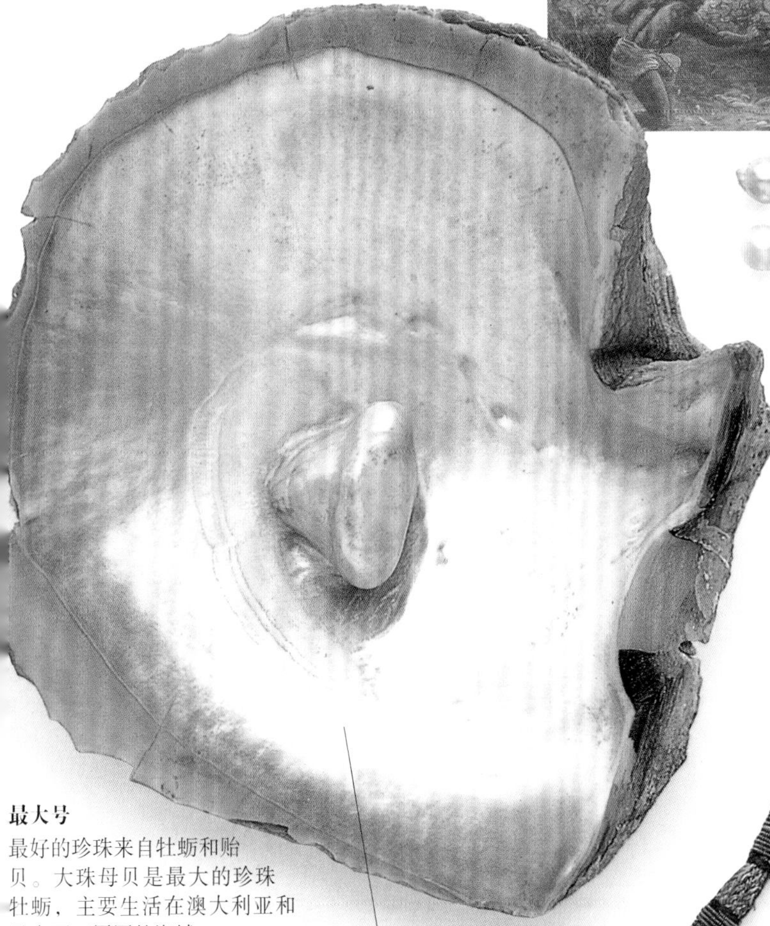

珍珠的颜色
珍珠有许多颜色，包括淡黑色、金黄色、粉色、米色和白色。

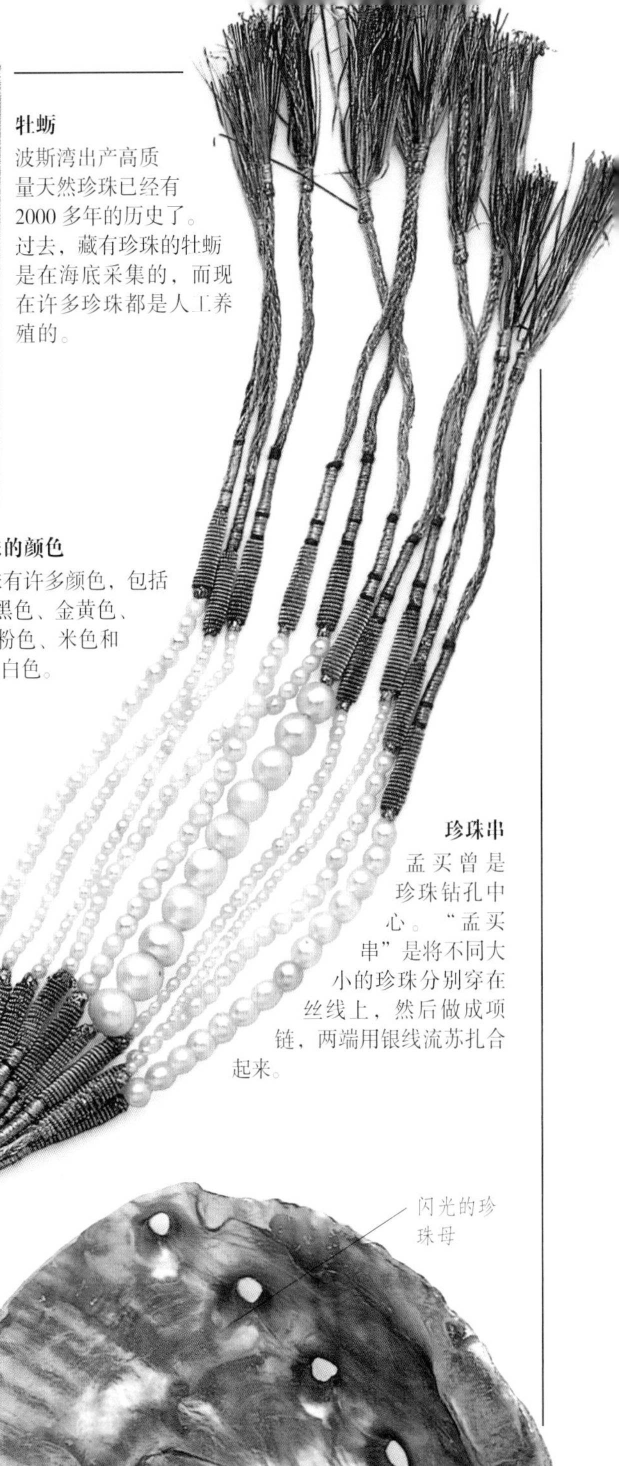

珍珠串
孟买曾是珍珠钻孔中心。"孟买串"是将不同大小的珍珠分别穿在丝线上，然后做成项链，两端用银线流苏扎合起来。

最大号
最好的珍珠来自牡蛎和蛤贝。大珠母贝是最大的珍珠牡蛎，主要生活在澳大利亚和马来西亚周围的海域。

珍珠母

闪光的珍珠母

坎宁珠宝
形状不规则的珍珠叫作巴洛克珍珠。坎宁特赖登（人身鱼尾的海神）珠宝中有四颗珍珠，其中包括一颗人体形状的珍珠。现藏于伦敦的维多利亚-艾伯特博物馆中。

巴洛克珍珠

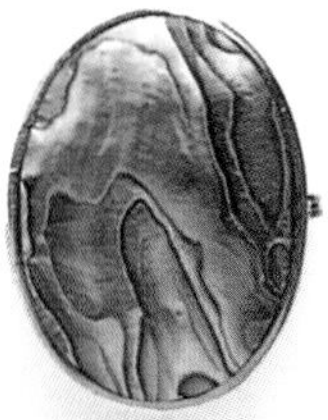

带鲍鱼眼睑的丸剂盒

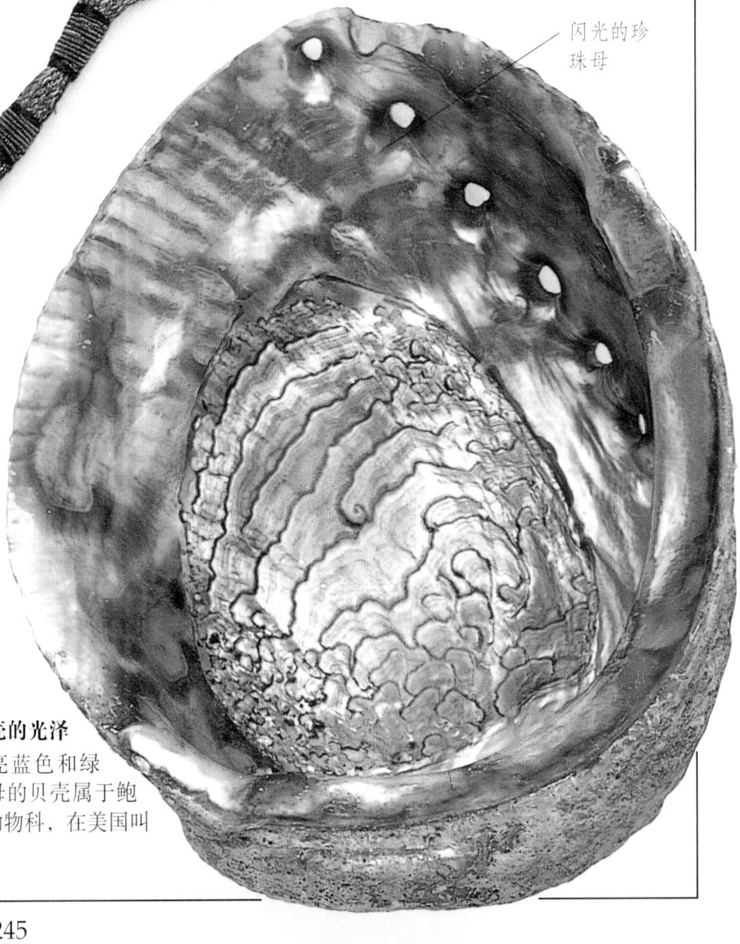

贝壳的光泽
具有明亮蓝色和绿色珍珠母的贝壳属于鲍属软体动物科，在美国叫作鲍贝。

价值几何

宝石的市场价值对顾客是否购买宝石具有很大的影响。潮流一直在变化，19世纪，宝石是无价之宝。在更久远的时代，青金石、绿松石、玛瑙和祖母绿都十分昂贵。从公元14世纪到公元15世纪，宝石通常是不进行切割的，但后来越来越多的宝石被切割，宝石也开始出售，以满足人们展示风度或财富的愿望。从中世纪开始，钻石、红宝石、珍珠、祖母绿和蓝宝石就已经很流行了，可是黄玉、石榴石和海蓝宝石的流行度却不是很稳定。

旅游零售商

让·巴蒂斯特·塔维奈尔是一位17世纪的法国人。他在欧洲和亚洲游历，进行宝石贸易活动。他的旅游见闻记录得十分详细，被人们用来研究著名钻石的起源。

价值多少?

宝石的价值变化很大，即使是同一品种，由于颜色、透明度和切工的不同，价值也不同。这颗57.26克拉的蓝宝石尺寸特别大，颜色也很精美，难以衡量价值。

1克拉的
红宝石

角豆树种子

角豆树
豆荚

无价之宝

目前世界上仅发现三块铝硼锆钙石。珠宝商人A.C.D.潘恩在缅甸发现了这种宝石，以自己的名字命名。

切割好的人造红宝石

价格不便宜的宝石

要合成好的人造晶体，不仅需要时间和耐心，而且设备也很昂贵。因此，切割成的宝石非常昂贵，但是颜色类似的天然宝石仍要比合成宝石贵10~100倍。

人造红宝石
晶体

重量参照物

角豆树种子的质量非常恒定，过去用作衡量宝石质量的标准参照物。后来，人们采用了和角豆树种子质量类似的标准质量，叫作克拉。20世纪初，国际市场规定1克拉为0.2克。

二连晶

由两种材料黏合在一起构成的宝石称为二连晶。顶端为石榴石的二连晶（GTD）是最受欢迎的二连晶宝石。GTD顶端是一片无色的薄石榴石，它比产生颜色的玻璃底座更加耐久。

GTD中一块有缺口的玻璃

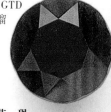

防盗装置

左边这张照片拍摄于1910年缅甸抹谷红宝石矿场。矿场主给分类工戴上了钢丝头盔，以防止他们把宝石藏在嘴里偷盗出去。

昙花一现

随着时间的流逝，红玻璃的光泽和形状会很快改变，红宝石的这些特性能保持很长的时间。

合成金红石

萤石

石英

钛酸锶

就和真的一样！

福克纳名钻的广告宣称"这是一流钻石唯一完美的替代品"。

铌酸锂

钻石仿制品

钻石最古老的仿制品是玻璃和水晶，在20世纪中期，人造石榴石和立方氧化锆也派上了用场。图中这些钻石仿制品是按火彩从小到大顺时针排列的，萤石排在首位。

黄玉

立方氧化锆

下表罗列了尺寸、透明度、颜色等详细信息

GGG（钆镓石榴石）

钻石

人造蓝宝石

锆石

YAG（钇铝石榴石）

人造尖晶石

玻璃

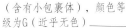

SAMPLE

GEM TRADE LABORATORY, INC.

DIAMOND GRADING REPORT

这颗钻石的透明等级为SI_1（含有小包裹体），颜色等级为G（近乎无色）

百万富翁

过去20年中，市场上最昂贵的宝石是钻石、红宝石和祖母绿，但只有少数能创造拍卖纪录。凡·高的《加舍医生》曾创造了8250万美元的最高拍卖纪录。

四个特征

决定钻石价值的因素有四个：切工、质量、颜色和透明度，它们并称为4C。20世纪30年代，美国的宝石学研究所创立了宝石分级方法，其中包括这四个特征。欧洲各国采用的分级方法从1975年开始标准化。

钻石冠部和底部的轮廓图能显示出杂质的位置

用于搭配

斯洛克石是用玻璃做成的，非常便宜。吉森蛋白石是在实验室中生长数月才形成的，价值居中。黑蛋白石是最稀有、最昂贵的。

聚苯乙烯橡胶

真正的黑蛋白石

吉森蛋白石

斯洛克蛋白石

切割与抛光

大多数晶体都有表面缺陷。一个熟练的宝石工能够巧妙地利用石头的独特性质把它们变成美丽的宝石。对于青金石、电气石、红玉髓和玛瑙，最古老的切割方法是加工成珠宝或凸圆磨光宝石。明亮型切割钻石的方法从17世纪一直流行到现在。

明亮型切工金红石
1919年，马歇尔·托尔科夫斯基确定了明亮型切割最准确的角度和比例。这种切割方法能最好地反映钻石的火彩、亮度和光泽。

玫瑰型切工石英烟水晶
玫瑰型切工宝石具有一个平底面和一个三角形刻面的圆形顶部。

顶面切平型紫水晶
顶面切平法是将晶体顶端锯成一个正方形或长方形。

明亮型切工

宝石工会先用放大镜研究天然宝石，弄清楚纹理和瑕疵。然后在宝石上做标记，最后打磨出刻面。

分段切工型石英
分段切割具有许多矩形刻面。这种切割方法尤其适合颜色鲜艳的宝石，如祖母绿和电气石。

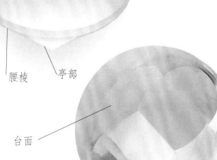

冠部

宝石斜面

1 粗选
选择一块未经加工的钻石进行切割。

2 锯成两半
锯掉钻石顶端的锥体，将其打磨圆润，这叫作粗磨。（右图为模型。）

腰棱

亭部

台面

明亮的转型
钻石"光之山"在1852年被重新切割成了明亮型。惠灵顿公爵磨出了第一个刻面（右图）。

3 开始刻面（从左开始）
钻石被安放在棍棒"Dop"上，先在管形铁轮"Scaife"上磨出第一个刻面——台面。

切割成明亮型的"光之山"

阿姆斯特丹街上的风景，伯多禄·贝雷塔（1805—1866年）
17世纪到20世纪30年代，阿姆斯特丹是世界上最重要的钻石贸易和切割中心。

4 更多的刻面（左图）
在台面和腰棱之间磨出4个刻面，然后把钻石翻转过来，在亭部打磨出8个刻面。然后，在冠部打磨出4个刻面，最后打磨底部刻面。

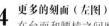

5 完工（右图）
在腰棱上部增加24个刻面，下部增加16个刻面，一块钻石就打造完成了。标准的明亮型切割包括57个刻面或58个刻面（包括底面）。

248

19世纪70年代钻石切割
工人的工作台

玛瑙

紫水晶

古老的样式
球珠是宝石最古老的样式，能用较软的材料制作。现在球珠用自动机器制作。

坚固的宝石
耐磨的不透明材料（如这块石榴石）一般被切割成曲面简单的球形或者椭球形，制作成凸圆磨光宝石。

精湛的切割工艺
这些澳大利亚宝石工正在切割产于阿泽尔矿的钻石。直到20世纪70年代，人们才发明了自动化机器来切割钻石，后来又发明了激光切割技术。

三角形切割
的黄水晶

不规则切割
的蓝宝石

心形切割的
金绿柱石

星光宝石
星光蓝宝石和红宝石只有切割成凸圆磨光宝石时，里面的针状金红石才能反射出星光。

特殊的切割型
如果某块宝石非常稀有，宝石工可能就会发明一种特殊的切割方法，尽可能多地保留它的质量。

这些石英被切割成了凸圆磨光宝石，用来展示"眼睛"效果。

打磨石榴石
留下的槽

周而复始的翻滚
在滚筒中添加水和磨料，不断翻滚，就可以对宝石进行打磨抛光。

印度人的打磨
这块巨大的刚玉曾在19世纪被印度人用来打磨石榴石。

打磨
20世纪的玛瑙打磨工们正在用水力驱动的大型研磨轮打磨宝石。

民间故事和传说

自古以来，晶体就与迷信、神话、传说联系在一起。波斯神话宣称世界屹立在一块巨大的蓝宝石上。祖母绿曾被认为是瞎眼的蛇，钻石则被认为具有奇妙的医学特性。中世纪时，红宝石是权力和浪漫的象征，常被当成示爱信物。许多奇怪的石头据说都受到了可怕的诅咒，会带来灾难，例如"希望"钻石。

晶体罗盘
海盗曾利用透明堇青石晶体的多向色性来导航。

聪明的鸟
鸟类是如何迁徙的？鸟类的大脑里有一块微小的磁性晶体，能够探测到地球的磁场。

驱除邪灵的功能
具有磁性的天然氧化铁被称为天然磁石。古时候，人们相信磁石具有特异功能。据说亚历山大就曾给士兵发放磁石来驱除邪灵。

铁屑顺着磁力线呈扇状闪开

磁铁矿

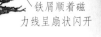

解酒作用
15世纪时，人们认为紫水晶具有许多功能，可是流行下来的只有它的解酒功能。

护胸甲上的宝石
《圣经》中曾描述了以色列主教的护胸甲上镶嵌有四行宝石。这些宝石的命名并不准确，比如其中的蓝宝石实际上是青金石。

流泪的石头
十字石晶体有时会双生形成十字架形状。过去这类石头叫作lapis crucifer，在洗礼中用作护身符。在美国帕特里克郡十字石双晶被称为仙女石。传说在得知耶稣死亡后，仙女伤心地哭了起来，流出的眼泪结晶成了仙女石。

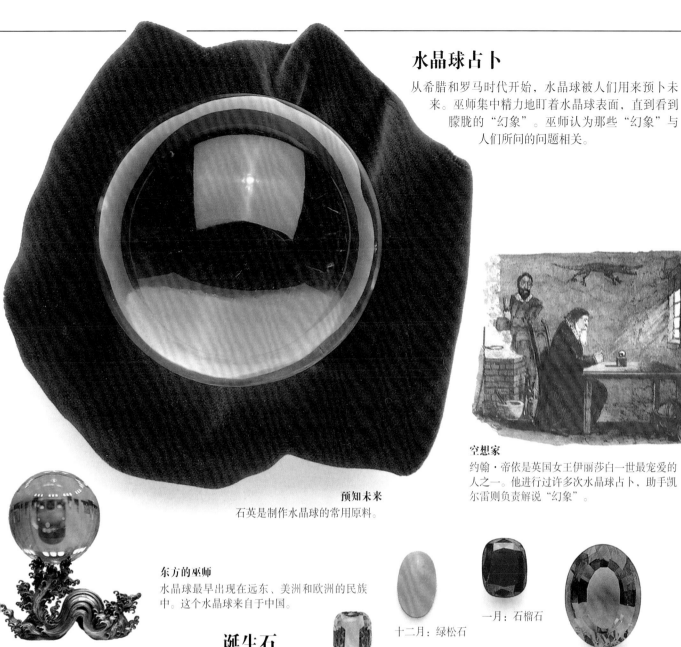

水晶球占卜

从希腊和罗马时代开始，水晶球被人们用来预卜未来。巫师集中精力地盯着水晶球表面，直到看到朦胧的"幻象"。巫师认为那些"幻象"与人们所问的问题相关。

空想家
约翰·帝依是英国女王伊丽莎白一世最宠爱的人之一。他进行过许多次水晶球占卜，助手凯尔雷则负责解说"幻象"。

预知未来
石英是制作水晶球的常用原料。

东方的巫师
水晶球最早出现在远东、美洲和欧洲的民族中。这个水晶球来自于中国。

诞生石

1世纪，有人给每个月赋予一块特别的石头。18世纪，佩戴这些石头的习俗从波兰流行到整个欧洲和世界其他地方。

十二月：绿松石

一月：石榴石

二月：紫水晶

十一月：黄玉

雕刻着黄道十二宫图的水晶

三月：海蓝宝石

十月：蛋白石

四月：钻石

九月：蓝宝石

五月：祖母绿

八月：橄榄石

七月：红宝石

六月：珍珠

宝石与月份
纵观历史，每个月份的象征宝石的种类经常会发生变化。上图这组宝石是现在最流行的月份象征石。

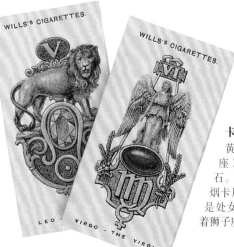
WILLS'S CIGARETTES.

WILLS'S CIGARETTES.

LEO · VIRGO - THE VIRGIN.

卡片上的星宫图
黄道十二宫（十二星座）也被赋予了象征宝石。在这些1923年的香烟卡片上，红玉髓象征的是处女座，而橄榄石象征着狮子座。

生活中的晶体

许多日常用品都是晶质的：冷藏柜中的冰晶，食物和食品柜中的盐和糖，药橱中的维生素C和阿司匹林片，酒瓶里的酒石酸盐晶体，还有冰箱和洗衣机中的硅晶芯片。除了这些，电视机、电话、收音机和照相机都离不开晶体，我们的房子大多数都是用晶质材料建起来的。再看看外面，自行车和汽车正在缓慢地生锈呢，这其实也是在结晶！

一根胡须

图中这个妇女正在使用矿石收音机。收听时，操作员要在一个方铅矿晶体上移动一根细铜线，有时候是一根猫的胡须来接收无线电波。20世纪20年代，矿石收音机逐渐流行起来。

留声机中的晶体

某些唱片留声机中存在两块晶体。一块是用耐磨的钻石或刚玉做成的唱针，一块是磁带盒里的压电晶体。

钻石唱针

钻石唱针穿过唱片纹路的放大照片

一匙糖

糖是从甘蔗或甜菜中提取出来的糖溶液结晶形成的。装糖的银匙是由银晶体构成的。

液晶显示屏

维生素C晶体的放大照片

晶体显示器

许多计算机都是采用液晶显示屏。液晶并不是真正的晶质，但具有和晶体一样的分子结构和某些性质。

不可缺少的摄取

这些药片中含有维生素C晶体。维生素C是植物中的一种白色晶体，它在柑橘、番茄和绿色蔬菜中含量较多。维生素对我们人体必不可少，但需求很小。

珍贵的宝石
这枚银胸针中含有一些钻石、一颗蓝宝石和一颗珍珠。

水垢里针状晶体的放大照片

水垢
自来水中溶有一些无害的矿物。当水烧开时，这些矿物就会在水壶内壁上结晶。

胶卷上的晶体
许多胶卷采用的感光物质是银盐，这使得摄影业成为了银最大的使用者之一。

一张摄影胶片上的硝酸银晶体的放大图

控制时间
许多手表都用石英晶体控制时间，用人工红宝石制作轴承。

红宝石晶体

用来研究晶体主要特征的便携式放大镜

收集晶体

你可以从旷野中收集到晶体，也可以通过购买或交换获得晶体。晶体通常易碎，所以要小心保存。在旷野中发现的晶体应该详细说明发现地点，最好能注明宿主岩石。

钼铅矿晶体

微型晶体
制作几毫米大小的微型标本是现在流行的晶体收藏方法。这种方法占据空间小，还可以用来收集精美晶簇。

紫水晶晶体

晶球
玄武岩熔岩流中经常会出现线状晶球。它们是由渗透岩石的熔岩在空隙中结晶形成的。这些异质晶簇很可能会成为收藏者们的珍藏品。

野外作业
在野外，我们可以使用地质锤来收集晶体。进行野外作业时，要穿上合适的服装和靴子，还要戴上安全帽和眼睛防护罩。

宝石鉴赏

这里提供了一些流行宝石的特征和颜色信息，这些宝石包括矿物和有机物。

祖母绿蜥蜴

混合切割型黄水晶，带有这类宝石中常见的淡橘黄色

黄水晶
黄水晶是一种黄色或金色的石英。天然黄水晶是淡黄色的，极为罕见。

椭圆形混合切割型紫水晶，带有典型的紫罗兰紫色

紫水晶
紫水晶是一种紫色、淡紫色或紫红色的石英晶体。紫水晶里面通常含有斑纹，能看出蓝色或淡红色的光泽。

虎眼石，切割和打磨后显露出条纹

虎眼石
虎眼石是一种玉髓，是由细小纤维组成的石英。它具有蜡质般的表面，黑色中带有黄色和金棕色的条纹。

经过抛光的淡橘红色印度宝石

玛瑙
玛瑙也叫作红玉髓，是一种淡橘红色或棕色的透明玉髓。

这块明亮切割型的无色钻石中含有少量的黑色杂质

钻石
钻石由纯碳构成，特别坚硬，具有强烈的金属光泽。钻石有许多颜色，最常见的是无色钻石。

这颗垫状混合切割型红宝石呈鲜红色

红宝石
红宝石是最昂贵的宝石之一。经典的红宝石是深红色的，但它的颜色还有多种。红宝石的硬度仅次于钻石，居第二位。

淡蓝色的斯里兰卡蓝宝石

蓝宝石
最珍贵的蓝宝石具有透明的深蓝色调。蓝宝石也有黄色、绿色、粉红或者无色的。

这块蓝绿色的祖母绿有许多细小裂缝和斑纹

祖母绿
祖母绿是一种深绿色的绿柱石。最好的祖母绿是透明无瑕的，但许多祖母绿中都有裂缝。

这颗八角形分段切割的海蓝宝石带有少许浅绿色调

海蓝宝石
海蓝宝石也是一种绿柱石，色调处在淡海绿色和深蓝色之间。

这块蛋白石带有绿色和蓝色的光泽

蛋白石
蛋白石具有彩虹般的颜色和光泽。底色较深的彩虹色蛋白石叫作黑蛋白石。"劣质蛋白石"是不透明的，不带任何彩虹色。

浅橙色的黄玉

黄玉
黄玉的颜色从深金黄色（叫作雪利黄玉）、粉红色、蓝色到绿色都有。天然的粉红色黄玉极其罕见。

"西瓜"电气石

电气石
电气石有不同的颜色。"西瓜"电气石是因为具有粉红色和绿色而得名的。

石榴石

石榴石中包含几种宝石。最流行用作珠宝的是血红色的镁铝榴石和深红色的铁铝榴石。

切割成椭圆形的镁铝榴石（石榴石）

尖晶石

红色尖晶石是最受欢迎的尖晶石种类，但尖晶石也有蓝色或黄色的。

八角形混合切割的尖晶石，带有玻璃光泽

玉石

玉石包括硬玉和软玉。祖母绿是最好的硬玉。软玉的颜色从米色到橄榄绿色都有。

含有黑色杂质的透明硬玉

橄榄石

橄榄石呈橄榄色或深绿色，带有蜡色光泽，具有强烈的双折射。

八角形混合切割的橄榄石

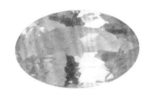

金绿玉

金绿玉因其黄金般的颜色而出名。有一种叫作变色石的金绿玉，在灯光下会从绿色变成淡红色。

切后的黄色金绿玉

青金石

青金石由几种矿物组成，具有鲜艳深蓝色。青金石中经常有黄铁矿和方解石微粒或条纹。

抛光后的黄铁矿斑岩石

月光石

月光石因能发出月光一样的蓝白色光泽而得名。还有一些月光石是灰色、黄色、粉红或者绿色的。

灰色的月光石

锆石

纯净的锆石是无色的，很像钻石，但大多数是金棕色的。通过加热处理后许多锆石能够生成蓝色或无色的。

加热淡红棕色锆石后形成的无色锆石

绿松石

绿松石色彩浓艳，颜色从蓝绿色到亮蓝色都有。绿松石是不透明的，所以通常制作成小球珠或者凸圆磨光宝石。

凸圆磨光宝石

有机宝石

有机宝石来源于植物和动物。琥珀、黑玉、珊瑚、珍珠、象牙和贝壳都是有机物，没有矿物宝石那样坚硬和耐久。有机宝石通常只进行抛光或者雕刻。

黑玉

黑玉是树木化石形成的一种细粒岩石。它呈黑色或深黑褐色，不透明，带有柔和的光泽。宝石工通常会对黑玉进行切割和抛光。

雕有玫瑰的黑玉

刻面的透明金褐色念珠

琥珀

琥珀是硬化的树脂形成的，透明或半透明，通常呈金黄色或深黑红色，有时还包裹有昆虫和植物。

琥珀项链

珊瑚

珊瑚是由珊瑚组织的残留物组成的，呈粉红色、红色、白色或蓝色。天然珊瑚经打磨抛光后才会显现光泽。

这颗红色珊瑚上雕着爬树的猴子

珍珠

珍珠形成于贝壳类生物中，具有独特的光晕。它们的颜色从白色、米色到褐色、黑色都有。

一颗近似球形的珍珠

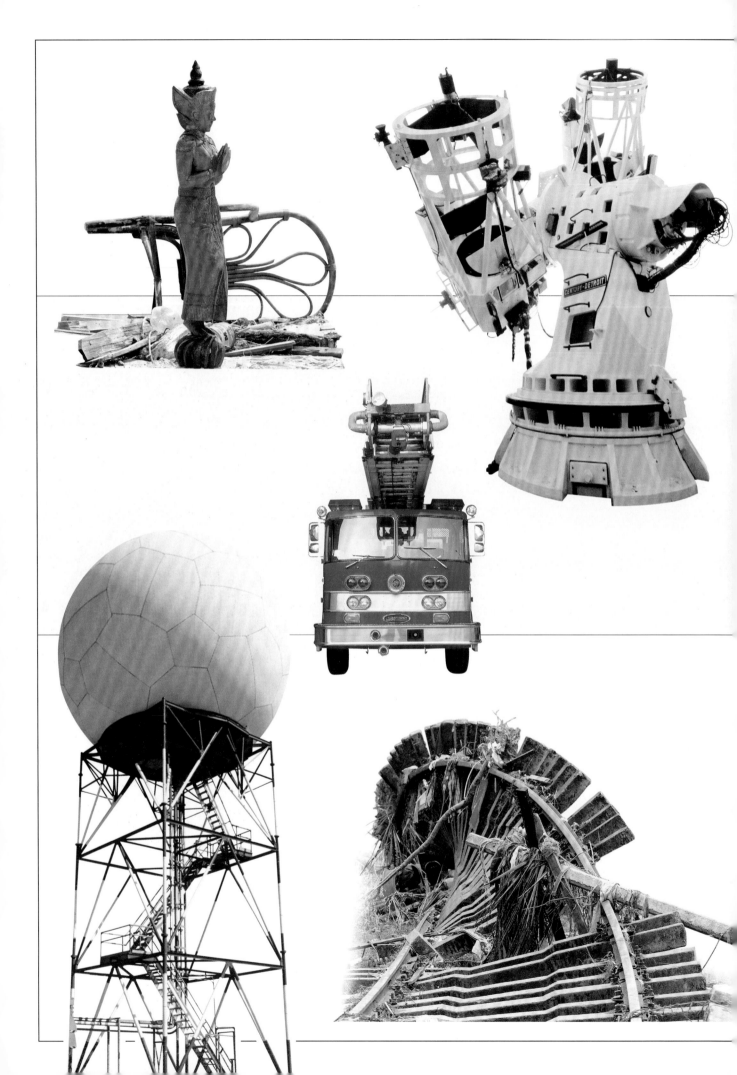

第五章
自然灾害

地球供给我们空气、食物、温暖以及各种赖以生存的物质，但也会制造海啸、山崩、龙卷风等灾难。这些灾难可能会夺去人的生命、破坏环境、毁坏财产，干扰人们的正常生活。

动态的地球

地球为我们提供空气、食物、阳光以及赖以生存的各种物质，但也会制造海啸、山崩、龙卷风和野外火灾等令人恐惧的灾难。灾难发生的过程可能是迅速而剧烈的，例如地震和洪水暴发；也可能是缓慢的，例如旱灾和致命性疾病的蔓延。这些灾难大多是在自然状态下形成的。地球上每年会发生700多起较大的自然灾害，每30个人中就会有1人受其影响。

海啸冲击里斯本
这幅画是1755年发生在葡萄牙首都里斯本的地震和海啸，在现代新闻传媒和摄影技术诞生前，事实往往会被夸大。

不安宁的地球
地球的种种活动都受到了太阳和地球内部活动的控制。太阳的热量是旱灾、洪水和飓风等自然灾害产生的推动力；地球内部的热量会促使地壳运动，这又导致地震、火山爆发和海啸的发生。

地层翘起致使房子严重倾斜

熔岩之河
炽热的熔岩流从夏威夷的基拉韦厄火山口喷涌而出。目前，地球上有1000多座活火山，它们是地球内部向地球表面释放压力和热量的出口。

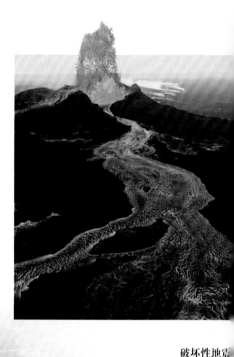

破坏性地震
地震是最恐怖的自然灾害之一。这条街道位于日本北部的小千谷市，2004年10月的一场地震后，它被侧翻到了一边（左图）。纵观20世纪，约有150万人被地震夺去了生命。

燃烧的森林

这场发生在美国加利福尼亚州大瑟尔地区的火灾是一例典型的野外火灾（右图）。它可能是由闪电或人为原因引发的。野外火灾可能会摧毁数百亩茂盛的森林，如果大火被风吹到居民区，人们的生命财产将受到火焰和浓烟的双重威胁。

降雨促使种子的萌发

干旱的土地

人类对水的需求与日俱增，而人类的一些活动（比如砍伐森林）增加了干旱发生的可能性。在非洲、中亚和南美洲有20个国家、超过1亿的人口正遭受干旱。

致命的疾病

大多数导致传染病和死亡的病原体来自微生物，蚊子唾液中可导致疟疾的寄生虫就是其中之一。地球上约有40%的人生活在疟疾的高发病区，时至今日，针对它的疫苗还尚未发明，疟疾每年仍会夺走100多万人的生命。

吸血的口器

携带财物逃离即将喷发的火山

提前撤离

1984年，约有7.3万人撤离了位于菲律宾马荣火山附近的家园（右图）。现在，科研人员已经能够预测火山喷发的大概时间。卫星这类现代科技设备也可以做出准确的气象预报，让人们能有充足的时间来应对危机。

不安宁的地球

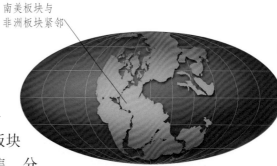
火山岩中的钻石

地球深层巨大的热量和压力能够使碳沉积物变成地球上最硬的物质——钻石。地壳由多个板块构成，它们相互聚集、分离或碰撞。地球内部的能量扰乱了这些板块的运动，当热量或压力释放出来时，就可能导致地震、火山爆发或者海啸。

南美板块与非洲板块紧邻

大西洋分开了南美洲和非洲

泛古陆
36亿年以来，板块一直不断运动和变化。2亿年前，所有板块都聚集在一起，组成的超级大陆被称为泛古陆。

今日地球
在过去的2亿年中，欧洲与美洲之间的构造板块不断分离，大西洋不断扩张。这些板块每年至少会移动1厘米。

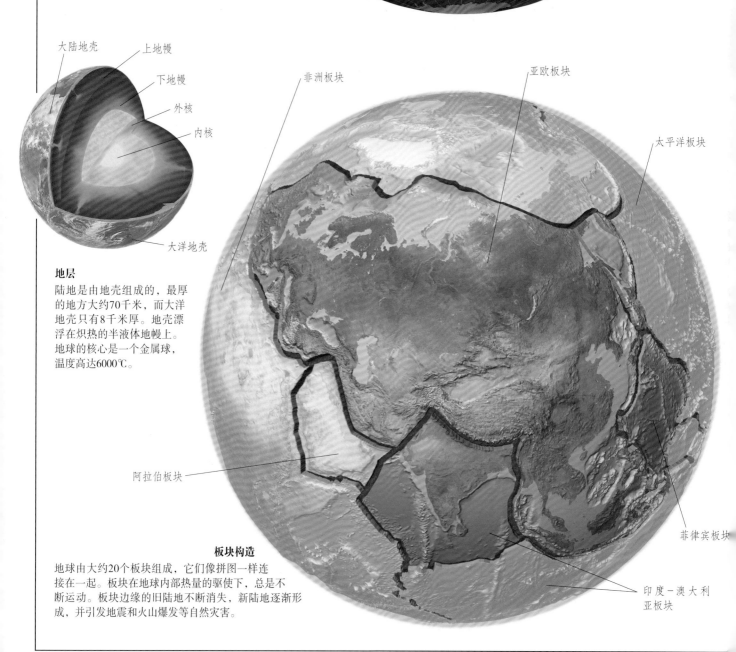

大陆地壳
上地幔
下地幔
外核
内核
大洋地壳

地层
陆地是由地壳组成的，最厚的地方大约70千米，而大洋地壳只有8千米厚。地壳漂浮在炽热的半液体地幔上。地球的核心是一个金属球，温度高达6000℃。

非洲板块
亚欧板块
太平洋板块
阿拉伯板块
菲律宾板块
印度－澳大利亚板块

板块构造
地球由大约20个板块组成，它们像拼图一样连接在一起。板块在地球内部热量的驱使下，总是不断运动。板块边缘的旧陆地不断消失，新陆地逐渐形成，并引发地震和火山爆发等自然灾害。

离散边缘

当板块分离时，地幔岩浆会涌出并形成新的地壳。5000万年以来，红海与亚喀巴湾、非洲板块和阿拉伯板块一直不断分裂。离散边缘会形成洋脊，比如大西洋中部的洋脊。

汇聚边缘

当大洋板块与大陆板块汇集时，大洋板块会俯冲到下方，而大陆板块则会隆起，南美洲的安第斯山脉就是这样形成的。

转换断层

板块错动的地方叫作转换断层，美国西海岸的圣安德烈亚斯断层就是一例。岩层的摩擦积聚的压力会引起板块剧烈震动，可能导致地震或海啸。

新的地壳

地幔岩浆涌出的地方就会形成新的地壳。岩浆从远离板块边缘的薄弱地带喷涌而出，这些地点被称为热点。当板块运动到热点之上时，地幔中的熔岩会涌至表层，形成火山群岛，比如夏威夷群岛和加拉帕戈斯群岛。

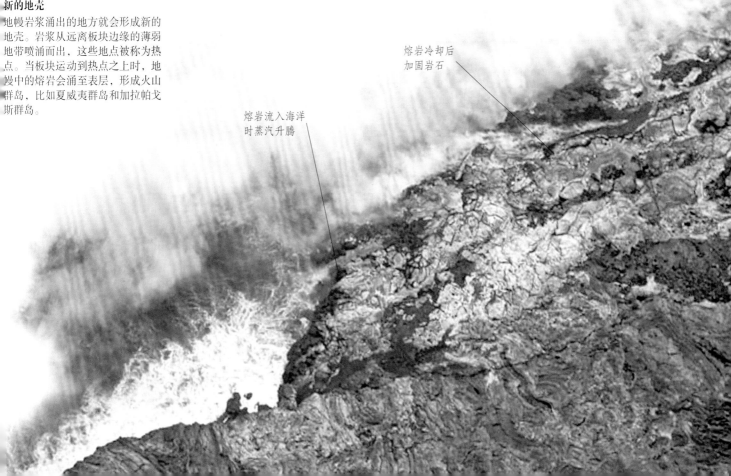

什么是海啸

海啸靠近海岸时，最初的征兆是海面突然波涛汹涌。海啸是由海水大规模移动造成的，而这种海水移动则是由海底地震引起的。它产生的海浪最具破坏性，速度达950千米/时，浪尖可高达30米。海啸由一连串的巨浪组成，会连续冲击海岸数小时。

津波（日语，即海啸）
这是由日本的葛饰北斋创作的版画。

塌方
海啸也被称为海洋的巨大塌方。当海底发生塌方时，泥浆往往会涌入海水，引发剧烈的海啸。不过，这种海啸往往只影响局部地区。

蒙萨拉特岛的苏弗里耶尔火山，1997年

尘埃云从马提尼克岛的培雷火山上空升起

火山爆发
1902年5月7日，马提尼克岛火山喷发，大量的气体、烟尘和岩石碎片形成的火山碎屑流喷涌而出，坠入大海引起海啸，摧毁了岛上的港口。

外太空的影响
每天，数百颗与右图陨石类似的物体从外太空坠入地球，它们大多数会在大气层燃烧而形成流星。这些陨石多数落入了海洋。当一个巨大的物体（例如小行星）坠入海洋时，它撞击海床的能量足以引发海啸。

石头和铁组成的陨石

地震
大多数海啸是由板块边缘的地震引起的。地震时地面会产生巨大的裂缝，上图印度古吉特拉盐沼的裂缝就是一例。当同样的情形发生在海洋中时，地震所产生的剧烈运动足以引发海啸。

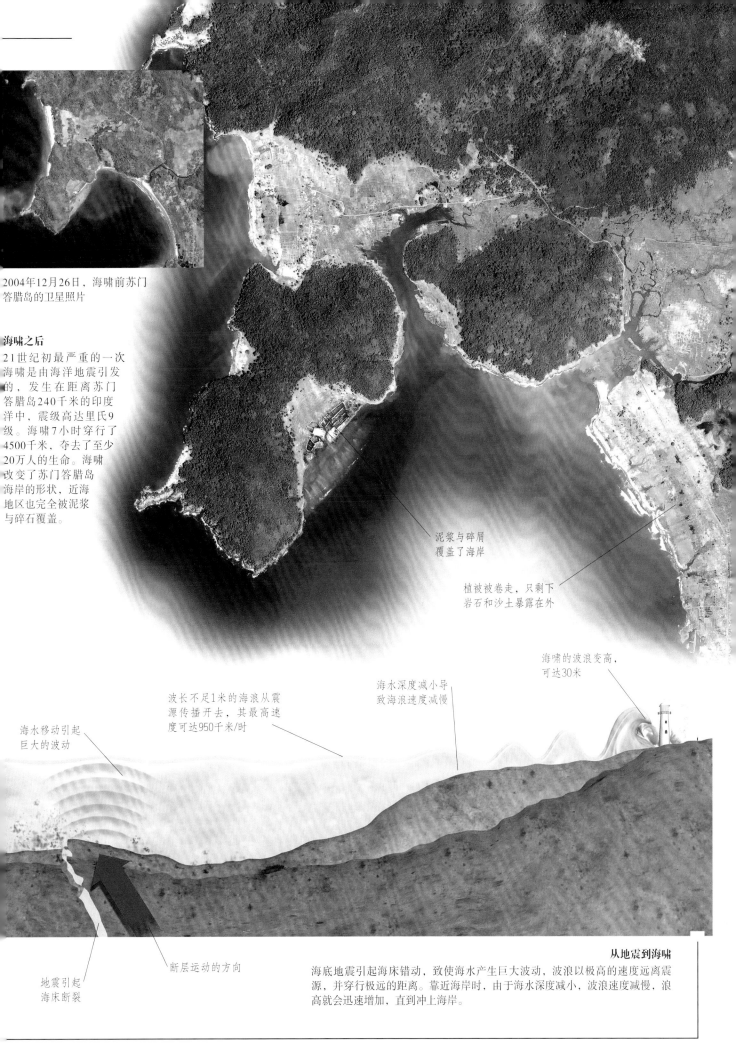

2004年12月26日，海啸前苏门答腊岛的卫星照片

海啸之后
21世纪初最严重的一次海啸是由海洋地震引发的，发生在距离苏门答腊岛240千米的印度洋中，震级高达里氏9级。海啸7小时穿行了4500千米，夺去了至少20万人的生命。海啸改变了苏门答腊岛海岸的形状，近海地区也完全被泥浆与碎石覆盖。

泥浆与碎屑
覆盖了海岸

植被被卷走，只剩下
岩石和沙土暴露在外

海啸的波浪变高，
可达30米

海水深度减小导
致海浪速度减慢

波长不足1米的海浪从震
源传播开去，其最高速
度可达950千米/时

海水移动引起
巨大的波动

断层运动的方向

地震引起
海床断裂

从地震到海啸
海底地震引起海床错动，致使海水产生巨大波动，波浪以极高的速度远离震源，并穿行极远的距离。靠近海岸时，由于海水深度减小，波浪速度减慢，浪高就会迅速增加，直到冲上海岸。

波浪的力量

由地震和火山爆发引起的构造性海啸可以重构海岸的形态，并能够穿行数千千米到达大洋的彼岸；而由塌方引起的局部海啸则可以引发更高的海浪，但无法穿行太远的距离。当地震同时引发构造性海啸和局部海啸时，其破坏力是毁灭性的。特大海啸往往是由陨石撞击引发的。然而，海岸的形态也可以改变海浪的属性，不断升高的海床会迫使海浪变窄、变高，进而破坏力更强。

海浪还是海啸？

普通海风产生的海浪每10秒钟会拍击海岸一次，海浪的波峰间距约为150米。海啸波浪不会停止在海岸边，浪尖间的距离可达500千米，两次浪头之间可间隔一小时之久。

圣托马斯岛海啸

1867年11月18日，拉普拉塔被海啸袭击，这场海啸发生在维尔京群岛中的圣托马斯岛。一次里氏7.5级的地震引发了海啸，高达6.1米的海浪席卷了小岛的港口。

巨浪的力量不亚于航天飞机主发动机的推力

被海啸卷走植被的岩石在14年后依旧裸露着

最大的海啸

1958年7月9日，美国阿拉斯加州的利图亚湾发生了近代历史上最大的海啸。里氏8.3级的地震导致近9000万吨岩石涌入了海湾，岩石滑坡引发了海啸。海啸产生的海浪超过30米高，导致陆地上洪水泛滥，大量树木被毁坏。

海洋雕塑

大教堂岩石位于澳大利亚新南威尔士，其上的石塔和石坑是数千年前由一次巨型海啸在几分钟之内侵蚀而成的。这次海啸很可能是由巨型陨石撞击引起的地震海啸或由海底滑坡引起的滑坡海啸。

被海啸摧毁的油罐车

燃烧的海水

1964年3月27日，美国阿拉斯加州海岸的苏厄德镇发生了浪高9米的局部海啸。海湾中的一艘运油船被摧毁了，石油泄漏到了海面上。20分钟后，一股12米高的海浪席卷着石油涌入苏厄德镇，城镇的大部分地区陷入火中。

海啸与潮汐巨浪

海啸巨浪在入海口或海湾会形成又高又窄且重达数十亿吨的水墙。潮汐巨浪也可以导致类似的效果。左图中展示的是中国东部的钱塘江潮汐浪，其浪高可达9米，速度可达45千米/时。

水墙

引发2004年12月26日印尼海啸的地震所释放的能量不亚于数千颗核弹爆炸所产生的能量。这次地震的震中位于印度洋苏门答腊群岛附近，影响最大的是东面和西面。位于震中北部的孟加拉国并没有多少人员伤亡，然而震中西部的索马里却遭受了严重的海浪撞击。巨大的海浪绕海岛而行，斯里兰卡和印度的西海岸都受到了影响。

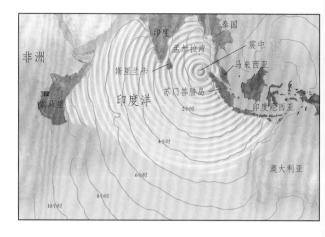

海啸穿行时间

巨浪从震源会向四周辐射散去。图中的粉红色线条代表海啸每过1小时所到达的地方。海啸到达最近的苏门答腊群岛仅需15分钟。7小时后，索马里海岸受到了冲击，澳大利亚的北海岸也产生了轻微的影响。

地震图

这张地震图显示地震发生于当地时间早晨8点前。地震一般只持续几秒钟，而这次地震却持续了近10分钟。地震平静后，海啸随之而来。

在海啸到来前，海水后退了2.5千米，露出沙滩

海啸前的平静

海啸前半小时，海水突然远离海岸。波谷先到达海岸，把海水从海岸边吸走，形成回潮，它是在警示人们赶紧离开海岸。

海啸导致斯里兰卡发生洪水

这张照片显示斯里兰卡西南部的一场洪灾，记录了地震发生两小时后巨浪席卷小镇时的情形。10米高的巨浪在小镇的房屋与树木间穿行。

266

海啸撞击槟榔屿
此图记录的是地震90分钟后海啸到达马来西亚槟榔屿时的情景。由于苏门答腊群岛的阻挡，海啸对马来西亚的影响并不大。

激流向更高处涌去

时针记录了海啸发生的时间

漂流在海洋上
巨浪袭击印度尼西亚齐亚省的海岸时，许多居民被海水卷入海洋里。图中这位小男孩抓住了一棵树，并依靠雨水和可可果保住了小命。9天后他在距离家乡160千米处的海域被救起。

时间停止
第一个受到海啸袭击的是苏门答腊群岛的班达亚齐地区。这只手表停止在8点45分，正是海啸到达的时间。

泥石流
在泰国普吉岛的芭东海岸，巨浪涌到了距离海岸2千米的内陆地区。许多伤亡是由海啸引发的泥石流造成的。

淹没的世界

2005年初，海啸过后的幸存者开始查看这场巨大灾害造成的损失。由于许多人被卷入海洋，具体的伤亡人数已经无法统计，极有可能超过了20万人。海啸摧毁了当地的房屋、渔船，田地被海水淹没，旅游胜地变为废墟，当地居民的生活受到了极大影响。

被毁坏的印度船只
海啸中许多设施遭到了毁坏。印度洋沿岸大部分渔船被彻底毁坏，上图中南印度泰米尔纳德邦2/3以上的渔船在海啸中被毁坏。

道路被冲毁
非洲东海岸受灾最严重的是距震源7000千米的索马里。那里有300多人死于这次海啸，另有5万多名幸存者急需救援。然而，救援工作由于道路被冲毁而延缓。

船只散布在房屋之间

扭曲的铁轨
斯里兰卡西南海岸有1500名乘客在海啸中遇难。海啸不仅摧毁了铁轨上的火车，而且扭曲了铁轨。

绝望的救援
当巨浪停息时，人们奔入海水中援救同胞。上图显示的是位于印度南海岸的马德拉斯地区的灾情，该地区有390人被海啸夺去了生命。

班达亚齐

受灾最严重的是距震源仅250千米的苏门答腊群岛班达亚齐地区。海啸过后，此处变成了一片废墟，仅在15分钟之内就有10万人丧命。

建筑物被彻底破坏

田地被海水污染，很难种植农作物

失踪者名单

灾难后，公告栏里都贴满了失踪者的照片。当地医院挤满了死亡者的遗体和受伤者，人们都在急切地寻找着他们的亲戚、朋友。

抢救上来的财产

灾民们搜寻还可以使用的物资（上图）。100多万人失去了家园。安达曼群岛和尼科巴群岛又发生了数天的余震，清理工作更加困难。

269

重建家园

在受灾地区明确后，世界各地的救援队赶赴到了灾区。救援队的首要任务是向幸存者提供帐篷和医疗援助，而最重要的一项工作是将尸体及时清理掉。一旦清理工作告一段落，人们就可以重返家园和学校。当地的经济收入大部分来源于旅游业，所以吸引游客非常重要。他们需要向外界展示——海啸并没有摧毁这个美丽的热带天堂。

对逝者的纪念
上图佛像被立在泰国奥勒地区的海岸上，以纪念在这场灾难中死去的人们。

医疗救援队
世界各地的政府和救援机构送来了食物、药品、临时帐篷等急需物资。救援队中有数百名医疗服务人员，图中是位中国医生，他们照顾着数以万计的病人。

泰国邦孟地区的一处紧急避难所

帐篷城市
救援队撑起了巨大的帐篷容纳难民。医疗机构为这些难民提供了饮用水、食物和香皂等必需品，并给他们提供足够的卫生设施。

驯象师戴上了口罩，阻挡腐烂尸体的刺鼻气味。

工作中的大象
灾后急需展开的工作是掩埋尸体以防疫情的发生。泰国的大象可以行走到四轮卡车不能到达的地方。工作人员首先用狗去搜寻尸体，然后驱使大象移开尸体上的杂物，或将尸体搬运到掩埋场所。

清理废墟
灾后的泰国皮皮岛成为了一片废墟，人们开推土机来清理现场。

造船
当地居民都在造船。小船对渔船队至关重要，也是游客观赏珊瑚礁和海洋风光的重要交通工具。

救援人员住宿和存放设备的临时帐篷

人们在泰国普吉岛上修造船只

重返校园
海啸严重摧毁了斯里兰卡哈卡杜瓦镇的小学。但两周后学生就重返教室中。遇难者中有1/3是儿童。

海啸警报

日本的海啸撤离通道标志牌

2004年的印度洋海啸在没有预警的情况下夺去了无数人的生命。太平洋海域的海啸发生频率更高。海洋仪器在不间断地进行监控，一旦出现紧急情况，相关部门会立即发出预警。太平洋海啸监控中心的地震监测系统准确地记录了苏门答腊群岛地震，但是在印度洋却没有类似的监测系统，如果存在预警系统，人员伤亡或许会减少。

海啸观测

向卫星传输信号的天线

提供能量的太阳能电池

传感器被置于海床上，另一端被固定在图中的浮标上，它可以监测水压。海啸引起的水纹高度会产生相应的水压变化，从而被传感器记录下来。记录下来的信号会传输到浮标，然后通过天线传输到卫星，继而到达日本的海啸预警中心。

阻挡海浪

这座9.3米的闸门坐落在日本，它由能监测到地震的传感器控制，可以自动阻挡海啸的袭击。这样的监测系统和保护装置对于减少海啸的伤害至关重要。

抬高闸门，较高的船只得以通过

840吨的巨大闸门

海啸警报塔

接到预警信号后，海啸警报中心会立刻将消息传送给民众。图中建筑位于泰国，用于迅速传递消息。印度洋海啸过后，当地建造了很多类似的建筑。它上面安装有报警器，可以传输信号干扰电视或广播，对民众进行预警。

两个雷达高度计监控海平面的高度

从太空观测海洋

发射于1992年的"海神号"监测卫星可以观测洋流动向和海平面的变化。海床地震会立即引起海平面微小的变化，卫星将其记录下来，并提供预警信号。

海啸警报中心

太平洋海啸警报中心的海洋监测仪可以收集地震和海平面变化的信息，并判断是否会引发海啸。在地震后半小时，他们就可以预报海啸将于何时到达何地。目前，印度洋海域也正在建立监控系统。

声呐装置

建立印度洋海啸警报中心的第一步是开始监测海床的活动。班达亚齐是2004年印度洋海啸的源头，图中声呐监测装置正不断被安置到此处的海床上。这个装置可以检测到海床运动产生的声音信号，并绘制出相应的3D图像。

泰国普吉岛海啸警报塔前的游客

陡坡

陆地

海平面下的区域用蓝色或绿色表示

D图像中的海域

这张3D彩图是美国加利福尼亚州附近海域的地貌，正是根据声呐装置提供的信息制成的。声呐图有助于海床地形构造的研究。定期扫描海底，能够发现触发海啸的海床运动，比如沿断层移动以及大陆边缘海床的塌陷等。

地震

地球表面看起来是稳定的，但实际上板块在不停地移动，剧烈运动时就会产生地震。现今常用的地震标度是查尔斯·里克特在1935年制定的。轻微的地震小于里氏3.5级，仅能引起杯子摇晃。危害最严重的地震通常在里氏8级以上，足以毁掉一座城市。地震不可阻挡，但科学家通过研究地震记录和测定岩石压力，可以预测地震发生的概率。

"大地摇动者"波塞冬
古希腊人相信地震是由海神波塞冬引起的。他发怒时，会跺地或用三叉戟插向大地，就会引发地震，因而得到了"大地摇动者"之名。

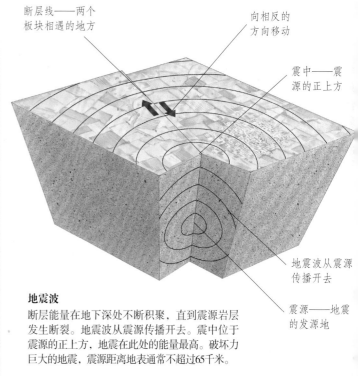

断层线——两个板块相遇的地方

向相反的方向移动

震中——震源的正上方

地震波从震源传播开去

震源——地震的发源地

地震波
断层能量在地下深处不断积聚，直到震源岩层发生断裂。地震波从震源传播开去。震中位于震源的正上方，地震在此处的能量最高。破坏力巨大的地震，震源距离地表通常不超过65千米。

圣安德烈亚斯断层
圣安德烈亚斯断层会产生大量地震。该断层贯穿美国加利福尼亚州，绵延1207千米，将太平洋板块和北美板块分割开，经常会在旧金山和洛杉矶等城市引起小地震。断层某些区域缓慢释放能量，会引起轻微震颤，而剧烈的能量释放则会造成大地震。

洛杉矶交通堵塞
1994年1月17日，洛杉矶发生了里氏6.7级的地震，随即造成了严重的交通堵塞。图中显示的是地震后一所建筑物的底层压到汽车上的情景。

274

墨西哥城地震

1985年9月19日墨西哥城地震达到了里氏8.1级，15层的大型建筑轰然倒塌，近9000人丧命。而接下来的余震使得救援工作极其困难。余震是由于岩石在新位置上不稳定造成的，会使建筑物遭到进一步破坏。

地动仪模型

据推测，公元132年，中国的张衡设计出了第一台用于监测地震的仪器——地动仪。

震中四周的彩色条带比较狭窄，显示大地发生了较大的位移

震中

断层线

指针会随着地面的震动而移动，并记录下震动的过程

地震波的振幅

揭示地震

地震可以被监测、记录，并可以用地震仪（右图）测定强度。地震仪可以监测岩石断裂造成的前震，帮助科学家预测地震。

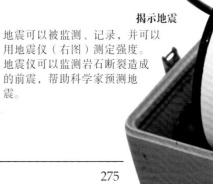

地面运动

这张卫星图片是1999年美国加利福尼亚州的里氏7.1级地震的地面运动。彩色条带代表的是等高线，相邻等高线间颜色相同的区域显示地面大约位移了10厘米。

地震中的幸存者

工程专家说，地震所造成的伤亡大多来自于建筑物倒塌。在建筑区，地震造成的伤害往往是致命的。地震带上的房屋会被建造成可以吸收地震波但不会倒塌的结构，但也不能抵抗较大的地震。地震发生时，政府往往会执行紧急方案，训练有素的救援队会被派去抢救伤员、转移死者、救火、处理危房和保护重要设施。

救火

地震过后，由于电线和输气管道的损坏，往往会引发火灾。在日本的神户市，消防员用完了所有的水，但还是有许多木质古建筑被大火烧光。

废墟中的城市

2003年12月27日之前，下图的巴姆古堡已俯视伊朗的巴姆城11个世纪了。但那天的剧烈地震将巴姆城夷为了平地，同样也对这些古建筑造成了严重的破坏。这场地震中2.6万多人失去生命，7万多人无家可归。

2003年的巴姆古堡

2004年的巴姆古堡

地震致使高速公路下的土地像液体一样流动

日本的地震

1995年1月17日，一场地震袭击了日本神户市，致使路面断裂，公路的一端插入地面（右图）。这场里氏6.9级的地震的震中距离城市只有20千米，地震波摧毁了14万座建筑物，并夺去了大约5500人的生命。

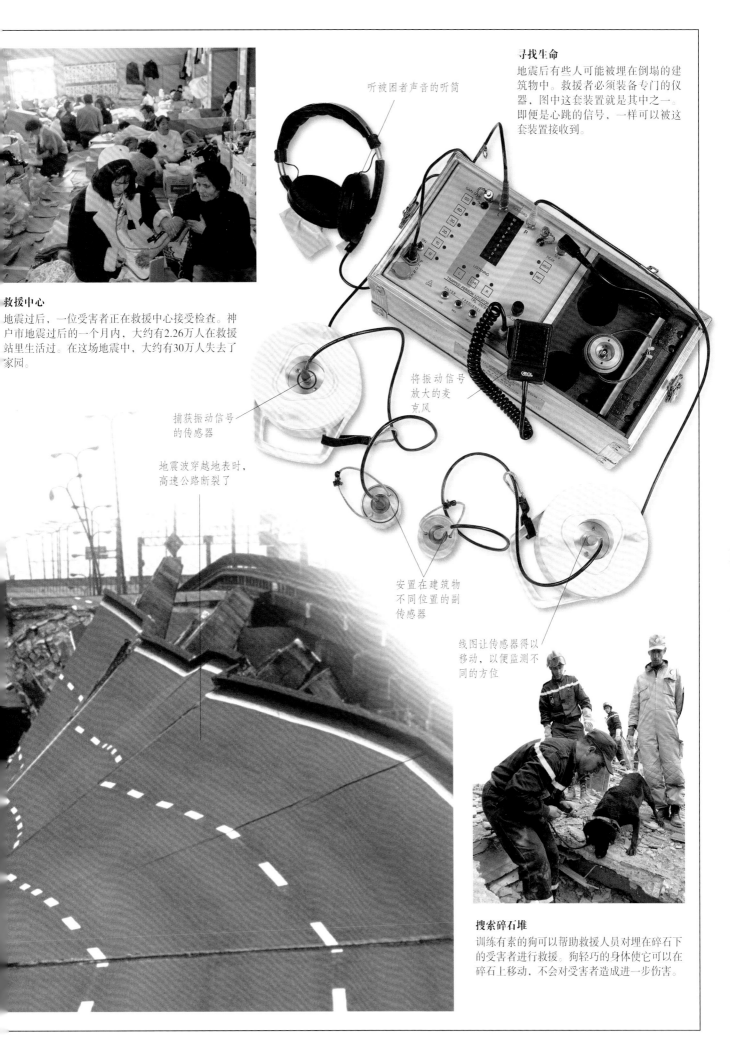

寻找生命
地震后有些人可能被埋在倒塌的建筑物中。救援者必须装备专门的仪器，图中这套装置就是其中之一。即便是心跳的信号，一样可以被这套装置接收到。

听被困者声音的听筒

救援中心
地震过后，一位受害者正在救援中心接受检查。神户市地震过后的一个月内，大约有2.26万人在救援站里生活过。在这场地震中，大约有30万人失去了家园。

将振动信号放大的麦克风

捕获振动信号的传感器

地震波穿越地表时，高速公路断裂了

安置在建筑物不同位置的副传感器

线图让传感器得以移动，以便监测不同的方位

搜索碎石堆
训练有素的狗可以帮助救援人员对埋在碎石下的受害者进行救援。狗轻巧的身体使它可以在碎石上移动，不会对受害者造成进一步伤害。

强大的火山

地球的地壳之下遍布着炽热的熔岩——岩浆。岩浆的密度小于地壳，会沿着地壳的薄弱地带上升至地表。这样的薄弱地带多位于板块的边缘，但也有些分布在热点（地球内部的深热区域）上，如美国的夏威夷群岛和黄石地区等。岩浆不断上涌，压力不断积聚，直到地壳再也承受不了，岩浆就会喷涌而出，大量的岩石、灰烬和熔岩会被带到地表，并形成火山。

夏威夷火山神
传说夏威夷掌管火山的神佩蕾拥有火山的全部能量，其职责在于熔化岩石、摧毁森林，并建造新的山峦和岛屿。

沉睡中的火山
日本著名的富士山上次喷发是在1707年，现在已被列为休眠火山。休眠火山是指那些近期没有活动迹象，但将来仍有可能喷发的火山。活火山则会经常性地喷发。休眠时间达数千年之久的火山被称为死火山。

烟尘从火山口喷涌而出

熔岩之河
岩浆中气体较少时，从火山口奔涌而出后会形成熔岩河，就像这幅夏威夷的照片一样。

熔岩使树木着火

熔岩表层变硬，裂隙和山脊形成了

一座岛屿的诞生
大多数火山位于海洋中。1963年，冰岛海域发生了火山爆发。接下来三年半的时间里，熔岩、灰烬等物质形成了一座2.5平方千米的新岛屿——索夫瑟岛。

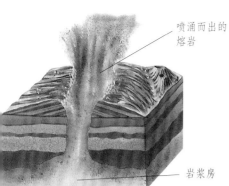

盾状火山
岩浆从火山口涌出，向四周漫流，覆盖较大的面积，最后形成坡度缓和的山体。夏威夷的冒纳罗亚火山就是这样形成的。

喷涌而出的熔岩

岩浆房

火山碎屑锥
火山多次喷发后，喷射出的岩石和碎屑散落四周，堆积成火山锥。此类火山通常只有一个火山口，体积较小，相对高度很少超过300米，比如墨西哥的帕里库廷火山。

火山口

层状火山
当喷出的岩浆极为黏稠时，它就会迅速地冷却、凝固，形成陡峭的对称山体。岩浆和岩石碎屑交替出现，火山锥内部会形成交替组成的层状构造。层状火山可高达2500米，一般为圆锥形或圆屋顶形。

灰烬和熔岩沉积成了锥形的火山山体

中央火山口

周边火山口

测定温度
测定火山口温度可以研究岩浆的活动状况，以便对火山爆发做出预警。某个地区的地表温度升高，极有可能预示一场火山爆发。

取样
对熔岩进行取样时必须穿上防护服，取样工作必须迅速。通过分析样本，可以给出关于火山活动变化情况的信息。

熔岩之河

火山爆发的能量令人震惊。当火山口被冲破时，大量的岩石、火山灰、熔岩和过热气体会喷涌而出。混含火山灰的土壤十分肥沃，人们常常会在火山周围再造农田。现在大多数火山爆发已经能够被预测。火山爆发不仅影响周边地区，甚至可能影响到全球天气变化。

火山灰形成云柱

圣海伦斯火山

1980年5月18日，美国圣海伦斯火山爆发，大量的岩石、火山灰和浮石被喷射到24千米的高空，形成了一道喷发柱，整个山体矮了400米。喷射的物质散布在5万平方千米的区域，给飞机的飞行造成了极大的困难。

火光四射

2001年，意大利西西里岛的埃特纳火山爆发。埃特纳火山高3390米，是欧洲最高、最活跃的火山，平时喷发得很温和。该地区的人们一直都在与火山抗争，但收效甚微。

被拔起并烧毁的杉树

喷发的后果

圣海伦斯火山喷发毁灭了600平方千米的森林，使该地区的生态遭受了严重的破坏。

蕨类

苔藓

地衣

新生命

火山爆发后，首先在火岩灰上出现的植物是苔藓、地衣和小野草。将岩石分解成肥沃的土壤需要数个世纪，之后大型植物才可能在此扎根。

火山灰流

在600年的沉睡后，菲律宾的皮纳图博火山再次爆发了。由岩石和火山灰组成的巨大柱体直冲云霄达40千米。当柱体散落时，火山碎屑流以160千米/时的速度扩散开去，粉尘甚至扩散到了整个地球。

致命的灰尘

皮纳图博火山爆发后，空气中弥漫灰烬云，尘埃覆盖了大地，当地居民只得牵着耕牛寻找新家园。许多人因吸入火山灰而染上肺炎，农作物也因此颗粒无收。

庞培城中的恐慌

庞培古城坐落在意大利维苏威火山的北侧。公元79年8月24日，沉寂了几个世纪的维苏威火山爆发了，左图描绘的是火山灰正在吞没整个城镇的情景。

灰烬完整地保留了遇难者身体的形态

熔岩从斜坡流下来

致命的灰尘

庞培古城中大约2000人被夺去了生命。他们大多是死于令人窒息的气体，尸体被掩埋在30米下的火山灰中，直到1860年才在挖掘中被发现。

山崩和雪崩

圣伯纳德搜救犬

有一种自然灾害在世界各地都可能发生，它就是泥石流。当地球引力大于斜坡的支撑力时，岩石和泥土就会沿着斜坡滚落下来。岩石或泥土构成的斜坡会导致山崩。积雪覆盖的山坡上会发生雪崩，覆盖途经的人或建筑物。数百年来，人们一直训练狗来搜寻埋在泥石流或雪层下的幸存者。

雪崩警示牌

在某些滑雪胜地，如阿尔卑斯山或落基山，有许多雪崩警示牌。人们尚无法预测雪崩的具体时间，但当雪层不稳定时，专家就会发出警告。

飞往救援地

在雪山上，直升机被作为快速运输工具。救援人员可通过绞梯降下，并把受伤者绑在担架上，拉升到直升机中。直升机的引擎不能发出太大的声音，以免导致进一步的雪崩。

雪崩

松散的结构会加大雪崩发生的概率。引发雪崩的因素大多是小地震或巨大的声响，雪球会越滚越大，雪崩面可达800米长，人的生还概率只有5%。

预防雪崩

人们在雪崩常发地筑起围栏，将引发大型雪崩的雪块拦住。有时，为了防止积雪加重而产生大型雪崩，也可以用人工引发小型雪崩。

山崩的类型

山崩有四种类型。第一种为土潜动，表现为缓慢的小幅移动。第二种是土滑坡，往往是大片泥土迅速滑下。第三种是泥石流，滑落的成分为泥水混合物。第四种为岩崩，一般是由大雨或霜冻天气引起的。

饱含水分的陡峭斜坡

松散的岩石碎屑

岩崩

泥石流

土滑坡

土潜动

被山崩毁坏的旅馆

在睡梦中滑落大海

1993年，雨水过多导致英国斯卡布罗地区的一处海岸滑落到海中，一同滑落的还有一座建筑物的局部。

被岩石堵塞的道路

1983年，美国加利福尼亚州的约塞米蒂国家公园发生了一起岩崩事件，一块直径长6米的巨大岩石从山坡上滚落下来堵在了高速公路上。道路沿线的岩崩大多是由于筑路工人对山体开凿后并未进行加固工作。

救援人员搬运遇难者的尸体

致命的泥石流

2001年1月13日，圣萨尔瓦多地区发生了里氏7.6级的地震，并引发了一场巨大的泥石流。泥石流直冲到山下村庄中，沿途的建筑物被毁坏殆尽，有63人丧命。

大气层的划分

依据温度和湿度，大气层可分为四层。最外面为最厚的热层，一直延伸到外太空。重力使大多数水汽积聚在最底层，也就是对流层。

地球大气层

地球的大气层是由氮气、氧气和少量其他气体组成的，被引力束缚在地球的外围。不同的气团相互作用，产生了所有的天气类型。一个地区长时间的天气变化叫作气候。某些地区的气候变化十分迅速，而有些地区的气候变化幅度较小。

某些卫星位于热层顶端

极光发生在热层底部

热层从此处开始，延伸到距地表650千米外的太空

多数陨石在中间层时已燃烧殆尽

中间层延伸到距地表约80千米处

平流层延伸到距地表48千米处，其间的臭氧层可以被紫外线吸收

对流层延伸到距地表19千米处，天气变化在此层产生

大气中的云朵

从太空向地球俯视，大气就像薄雾一样笼罩在地球周围，在大气的对流层中，巨大的云朵映着落日，发出橙色光芒。天空之所以呈蓝色，是因为太阳光被大气中的氮气、氧气和水蒸气散射造成的。下图中，蓝天中的云层是由菲律宾的皮纳图博火山和美国阿拉斯加州的斯普耳火山爆发产生的。

高空中的云团

云形成于对流层，可以穿越对流层的顶部到达距离地表24千米的高处。大型暴风雨云团内可蕴涵27.5万吨的水。这些云团可能会引发雷雨、冰雹、龙卷风和大雪之类的天气。

在赤道两侧，风在三个温度带之间或某个温度带内移动

地球自转方向

盛行西风

赤道

高空风

地表风

东北信风——帆船时代大多数船只的动力来源

极地东风，源于极地的东风

在赤道周边，地表风大多向赤道吹去

信风，吹向极地的地表风

什么是风?

太阳加热地球的陆地和海洋，热量又被传给空气。低空的空气温度高，相对密度较小；高空的空气温度低，相对密度则较大。它们之间会产生流动，进而形成风。信风的方向通常是不变的。

天气图

下图用等压线标示出了气压相等的区域。气压是指特定区域所受到空气压力。高压会带来晴朗的天气，而低压则会产生阴雨天气。图中画有三角形和半圆形的线表示气团的边缘，当高压气团与低压气团相遇时，天气变化便产生了。

高压区

低压区

密集的等压线预示一场风暴的诞生

三角形表示冷气团的边缘

半圆形表示暖气团的边缘

三角形与半圆形在一条等压线上，表示冷暖气团在此相遇

气压相同的区域标有等压线

1036
1028
1024
1044
996
1006
980

冰暴

雪降落到暖气层时就会融化，而穿越较冷气层时又会迅速凝固成块，冰暴就产生了。1998年，一场冰暴袭击了加拿大魁北克省的蒙特利尔，造成了严重的自然灾害。冰块毁坏了输电线路，致使400万居民断电。

沙尘暴

在沙漠地区，干热的高压气流盘旋在陆地上方，使白天温度高达60℃，晚上却降到0℃。偶尔会有湿空气上升到高空，遇到冷空气变成雨水落下，产生雷雨天气。随后，干冷空气会降到地表并席卷起沙石，以高达100千米/时的速度前行。右图是一场发生在伊拉克的沙尘暴。

狂野的天气

全球每刻都在发生约2000场雷暴。闪电可以产生30000℃的高温，这是太阳表面温度的5倍，巨大的能量可在瞬间致人死亡。雷雨天气多发生在夏季，湿暖气流上升会带来大雨和雷电交加的天气。气象学家们会通过气象卫星和陆地气象设施，以及飞行器来对雷雨进行相关研究。

埃菲尔铁塔受到闪电的袭击
这张图片是法国埃菲尔铁塔正在遭受闪电的袭击。埃菲尔铁塔配置了避雷针，可以将电流导向大地。

雷与闪电
暴风云内部的水滴与冰晶上下运动积聚了大量静电。当电能从云团传向大地时，叉形的闪电便产生了。电能在云与云之间传输形成的是片层状闪电。闪电的巨大热量会导致云内气体膨胀，产生巨大的轰鸣声，这便是雷。

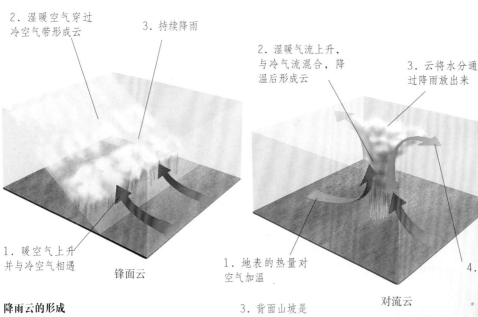

2. 湿暖空气穿过冷空气带形成云

3. 持续降雨

1. 暖空气上升并与冷空气相遇

锋面云

2. 湿暖气流上升，与冷气流混合，降温后形成云

3. 云将水分通过降雨放出来

1. 地表的热量对空气加温

4. 冷空气下沉

对流云

3. 背面山坡是干燥的

2. 云团形成并产生降雨

1. 暖空气遇到高山时被抬高而变冷

高山的抬升作用

降雨云的形成
太阳的热量辐射到海洋或陆地，促使水分形成水蒸气。地表的湿暖气流上升遇冷，水蒸气就会凝结为小水珠而形成云。云中的小水珠不断凝聚，变成水滴。当云层足够厚，其间的水滴就会以雨水、冰雹或雪花的形式降落。湿暖空气形成暴风云（降雨云）的情况有：密度较小的气团会被密度较大的气团抬升至上空；湿暖空气温度升高，密度变小，上升时与冷空气相遇；还有就是气团被高山等地貌抬升至高空。

穿越暴风雨
美国常使用飞行器监测天气，图中是WC-130"大力神"号飞行器，气象学家们用这些飞行器采集风暴的速度、强度和方向等数据，然后判断出暴风雨发生的地点及破坏的程度。

飞行器前端装有雷达

管子代表闪电的分支

闪电雕像
这个凝沙雕塑是由闪电形成的。闪电高温使地表的沙石达到熔点，沙石熔合形成了这个中空的雕塑。闪电的热量还会引发火灾。

美国怀俄明州吉列地区
阴云密布

乌云和冰雹
雨滴在雷雨云中翻滚时，表面凝结成一层冰，形成冰雹。冰雹有可能比棒球大，但通常仅有豌豆大小，小冰雹同样会产生极大的危害。

棒球

巨大的冰雹

飓风的力量

海上风景

夏末赤道两侧海域常会出现极大的风，时速可达120千米以上。人们将产生于大西洋上的风暴称为飓风，产生于印度洋上的称为龙卷风，始于太平洋上的称为台风。飓风的旋涡半径长达500~800千米，可以行进数千千米，所经之处一片狼藉。飓风会卷沉船只、拔起树木、摧毁建筑物，引发洪灾。

被风吹斜的大树
这棵位于海边的大树在海风长年累月地吹袭下长成了现在的形状。

飓风的形成
这张卫星图片是2004年9月"伊凡"飓风途经大西洋开曼岛时的云卷。海洋表面温度必须在27℃以上，风速在118千米/时以上，飓风才能形成。飓风每天可以吸取20亿吨的水蒸气，移动到海岛时会引发倾盆大雨。

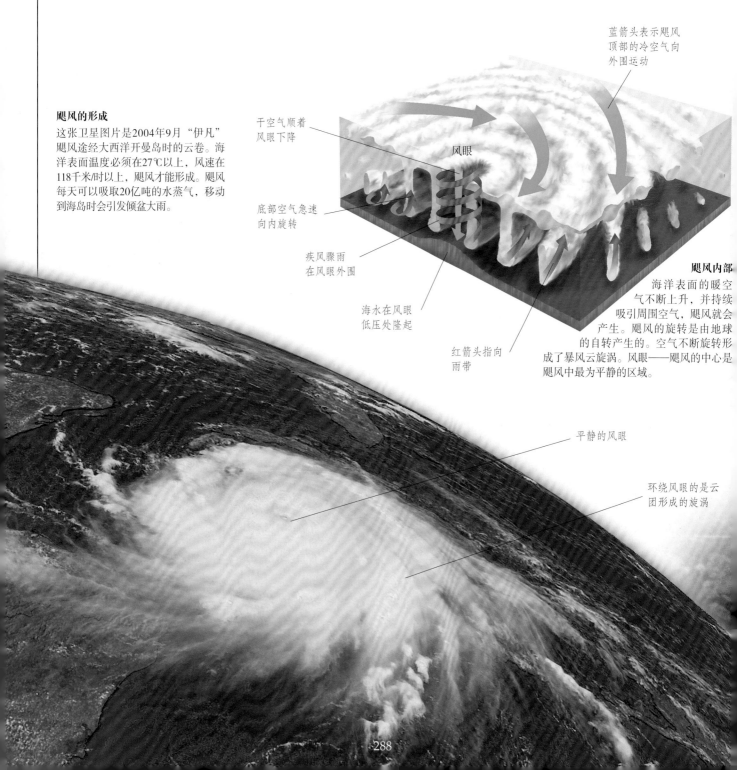

蓝箭头表示飓风顶部的冷空气向外围运动

干空气顺着风眼下降

风眼

底部空气急速向内旋转

疾风骤雨在风眼外围

海水在风眼低压处隆起

红箭头指向雨带

飓风内部
海洋表面的暖空气不断上升，并持续吸引周围空气，飓风就会产生。飓风的旋转是由地球的自转产生的。空气不断旋转形成了暴风云旋涡。风眼——飓风的中心是飓风中最为平静的区域。

平静的风眼

环绕风眼的是云团形成的旋涡

厄尔尼诺

每过3～7年，太平洋上就会发生一次厄尔尼诺气候灾害。这张卫星图片（左图）展示的是1997年世界海洋温度的分布情况。风将湿暖空气吹向南美洲，产生风暴，而北侧会出现干旱天气。

红色表示温度
过高的海面

紫色表示温度过低的海面

风暴之眼

1996年，美国加利福尼亚州北部经历了一场严重的飓风。飓风过后会有一段平静时间，这是风眼经过此地的表现。紧随其后的又会是强风和暴雨。

飓风警报

上图中的旗子用来提醒飓风即将来袭。电视、广播和网络上会给出天气的变化情况。一旦确定将有飓风发生，紧急警报就会发布。最安全的避难处是较结实的混凝土建筑物，并且要远离窗户。

风与海浪

1998年，飓风"乔治"袭击了美国佛罗里达州的海岸。风眼的低压导致海面上升了3米，大量人员死亡。

棕榈树在飓风中会被吹歪

3. 8月25日，"安德鲁"飓风途经墨西哥湾上空

2. 8月24日，"安德鲁"飓风途经佛罗里达州

1. 1992年8月23日，"安德鲁"飓风在海上

与风抗争

为了能够准确预报飓风，气象人员需要测定飓风的气压和风速等参数。卫星可以侦察飓风的形成，侦察机去飓风中探测能够获得详细且精确的信息。侦察机中最著名的是"飓风猎手"。飓风经过陆地时，能量会减小，但进入海洋会再次加大风速。全世界每年都会发生约90起飓风袭击事件。

"飓风猎手"

1999年，"飓风猎手"与"弗洛伊德"飓风进行了一场长达12小时的殊死搏斗。在战斗中，它准确地记录了飓风中心的风速、气压和湿度，这些数据被传送到气象中心，气象人员可以根据这些数据判断飓风的走向，但飓风有时也会出其不意地改变方向。

红外卫星图有助"飓风猎手"制订出与飓风对抗的方案

被倾覆的游艇

1992年8月，美国历史上最严重的飓风之一——"安德鲁"飓风途经佛罗里达州。风暴掀起了5.2米高的巨浪，所到之处一片狼藉。飓风经过佛罗里达州后，能量有所减弱，但到达墨西哥湾后再次得到加强。

"安德鲁"飓风

这张卫星图片是1992年8月"安德鲁"飓风自西向东运行的路线。在监测设施被破坏之前，其持续风速高达228千米/时，瞬时风速高达321千米/时。

木质建筑易被破坏

"特雷西"飓风

在1974年圣诞节前夕，"特雷西"飓风袭击了澳大利亚北部的达尔文市。时速高达217千米的飓风夺去了65人的生命，有22只船在海上被毁，16人下落不明。

1987年的巨大风暴

1987年10月中旬，一场巨大风暴袭击了英国南部。这场风暴源于大西洋，达到了196千米/时的飓风级风速。这场风暴拔起了1500万棵树，摧毁了无数建筑。

树木被拔起

巨浪掀翻了船屋

1998年的"乔治亚"飓风

图中是"乔治亚"飓风袭击佛罗里达州时的情形。为了避免被时速高达144千米的大风吹走，图中这几个人正手拉手走向避难处。

"卡特里娜"飓风

2005年8月，"卡特里娜"飓风袭击了美国南部，造成了1000多人死亡，这是美国历史上最严重的飓风灾害之一。飓风过后，100万多人无家可归，500万人缺乏能源。具有悠久历史的新奥尔良市甚至成为"水下的城市"。

"卡特里娜"飓风的路径
在2005年8月23—31日"卡特里娜"飓风穿越了巴哈马群岛、南佛罗里达州、路易斯安那州、密西西比州和亚拉巴马州。它的风速维持在每小时280千米，瞬时风速更高，致使超过320千米的海岸线遭受到了海浪侵袭。这场飓风最终在密西西比州逐渐失去能量，风速降到每小时240千米以下。

风暴引起的海浪
风眼跨越密西西比州时掀起了浪高10米的风暴潮。大量轿车被潮水席卷堆积在建筑物前。

大号非常贵重

离家出走
在8月28日飓风即将到达新奥尔良市时，市长下令所有人都逃离。直到风暴过后的第5天，这个城市仍旧是一片荒凉，人们只带走了一些最贵重的财产。

水下的城市
8月30日，城市80%的地区都被洪水淹没了，积水深达6米。花费了3周时间，人们才将防洪大堤重建好，并将积水抽干。

破碎的玻璃

旅馆的窗帘被飓风撕碎。这栋较新的混凝土建筑含有钢筋结构，抵抗住了飓风破坏力。但那些历史悠久的古建筑被彻底破坏掉了。

乘船逃离

飓风到来时，还有数万民众尚未逃离，大多聚集在救援中心。灾害过后，救援人员乘船进行救援，并寻找幸存者。

风眼

风眼外围的强风

只有这一辆车向城中心驶去

感受"瑞塔"飓风

在"卡特里娜"飓风停息三周后，有消息称"瑞塔"飓风将袭击得克萨斯州的休斯敦市。人们开始疯狂地逃离这座城市，这给交通带来了巨大障碍。事实上"瑞塔"飓风的破坏力与"卡特里娜"相去甚远。

龙卷风

地球陆地上最强烈的风——龙卷风的时速可达200千米。它可以将极重的物体卷上天空，可以揭掉屋顶吸出家具，可以将纸张和照片吹到数千米之外。龙卷风曾经侵袭过美国的每一个州，世界上大多数龙卷风发生在北美洲中西部的草原上，每年5月至10月是高发季节。

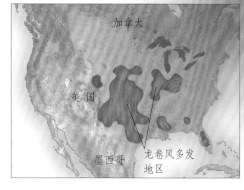

美国的"龙卷风之廊"

美国中部"龙卷风之廊"跨越了堪萨斯州、俄克拉何马州和密苏里州。夏季，来自加拿大的冷空气将来自墨西哥湾的湿暖空气和来自平原地区的干热空气抬升，此处的大气极其不稳定。地球上80%的龙卷风都发生在这个地方。

空中的鱼

龙卷风途经海洋或湖泊时，会将鱼和青蛙吸上来，然后丢弃在陆地上。

被称为雷暴云砧的云塔

风暴云

当左图那样的乌云布满天空时，龙卷风就要来临了。风从各个方向吹来，造成云朵底部气压变低。湿暖气流上涌，与上部冷空气对流形成中气旋。

中气旋吸起尘土

漏斗结构出现

中气旋出现的第一个迹象是地表尘土不断旋转，水汽漏斗结构从云团延伸下来。

柱体结构形成

湿暖空气上涌遇冷变成水汽后，与漏斗底部混为一体，漏斗的底部逐渐接近地表，龙卷风就形成了。

停息

当底部的暖空气被吸光或者上面的冷空气沉降下来后，龙卷风会就逐渐地停息下来。龙卷风持续几秒钟到一小时，甚至更长，但多数为3分钟。

恐怖的龙卷风

龙卷风风柱内的气流会形成一股时速500千米的旋风，是飓风速度的两倍。旋风内的气压很低，可以将其经过的所有物体吸到空中。龙卷风穿行10千米就是其上限，但可以引发另一场旋风。

风柱内风速更高

旋风沙柱

沙漠热空气上升时也可以扬起地表的沙尘，被称为沙尘暴，高度可达2千米。它的时速在100千米以下，破坏力远不及龙卷风。

龙卷风造成的破坏

龙卷风过后，人们发现一切都被破坏掉了（左图）。遍地都是被损坏的汽车，树木被劈成两半，能源输送管道也被切断了。

风暴猎人

大风暴后，被称为"风暴猎人"的科学家紧跟其后，观察它的动向。他们的卡车中安装着多普勒雷达仪，可用来监测云层中旋风的形成情况。

水龙卷

海上或湖上的龙卷风会将水流吸引到空中，形成水龙卷。水龙卷可以将水面上的船只吸起。

洪水警报

水资源是人类赖以生存的重要资源，它可以用来饮用、洗衣、灌溉庄稼。河流和海洋为人类提供了重要的运输途径，但它们也会变成致命的力量。洪水可能会卷走人和动物，冲毁建筑物，尤其是古城中的木质建筑。在陡峭的斜坡上，倾盆大雨可以导致洪水暴发，水流极为迅猛，使民众遭受重创。

雨季
印度的孩子们会庆祝雨季的第一场雨。在雨季，雷雨过后伴随着数天的倾盆大雨，这会带来洪水。但雨季预示着湿热天气的结束，也给干旱的庄稼带来雨水。

尼罗河冲积平原

肥沃的冲积平原
古埃及人依靠尼罗河为生，河水造就了两侧的冲积平原。尼罗河每年都会有一次洪水暴发，在土地上留下许多营养物质。然而，1970年，埃及人建起了阿斯旺大坝，减少了洪水发生的概率，但也使土壤不再肥沃。

2002年8月，澳大利亚麦克兰德地区的民房被洪水淹没

内陆洪水
2002年，中欧在一场倾盆大雨后，多条河流溃堤，奥地利、捷克和德国的多处地区遭遇到了洪涝灾害。在捷克首都布拉格，洪水注满了地铁系统，致使多处古建筑被破坏。

世界年降雨量分布图

大潮汐威胁西欧的低海拔城市

欧洲

北美洲

大西洋

非洲

亚洲

热带气旋会在澳大利亚北部引发洪汛

美国东南部经常受到洪汛影响

太平洋

南美洲

印度洋

亚马孙河在雨季冲毁堤岸

澳大利亚

暴风雨可能在南美洲的太平洋沿岸引发洪水

中非地区每年都会受到雨季洪汛的影响

季风会在孟加拉湾沿岸引发洪汛

■ 多于2474毫米　　　■ 474～2474毫米　　　□ 少于474毫米

世界年降雨量
世界年平均降雨量为1000毫米，但这个数据在各地相差很大。每个地方的降雨量是由多种因素决定的，其中包括温度、地形和季节。

融化的冰河
当尚没有完全融化的冰块堵塞了河流时，就有引发洪水的危险了。

冰雪融水形成的堰塞湖

分洪
人们在很多河流上筑起了泄洪大坝，以疏导洪水。相关人员密切关注着水位的变化，一旦水位上升，泄洪闸就会被打开，水流向湖泊中。

中国三峡大坝的泄洪闸

保护伦敦
泰晤士河是一条潮河，发生洪灾的诱因可能是其外部水域的涨潮或暴雨引发的汹涌波涛。泰晤士水闸就是用来保护伦敦免受洪水袭击的。当涨潮时，大堤闸门会关闭，以防潮水灌入市区。

闸门被打开，以使河运畅通

红色区域表示接近风暴

用颜色表示风暴的强度

多普勒雷达仪接收返回的信号

灾害天气警报
如今，借助先进的多普勒雷达系统，气象学家们能够对天气进行精确的预报。雷达系统向云层发出电波，通过分析返回的信号就可知道暴风的速度和方向。上面这幅气象图显示的是美国堪萨斯州的一次雷雨天气。

狂暴的水流

洪水发生时，道路被阻塞，交通工具无法通行。因此，当洪水发生时，大多数人只有不断地往高处走，等待船只或直升机的救援。但由于历史的原因，已经有很多城市建在了洪水多发处。而某些人口密集而又海拔较低的国家，比如孟加拉国和荷兰，根本就没有足够的高地供人们逃避洪水。

诺亚方舟
据《圣经》描述，世界曾连续 40 天降雨，引发了大洪水。这场洪水历经一年才退去，诺亚和一些生灵躲在诺亚方舟上才逃脱灾难。

球状
香炉

风调雨顺
雨水对人类至关重要，既可以灌溉庄稼，也会导致洪灾。古代玛雅人会祭祀雨神恰克，祈求这一年风调雨顺。

长江河道

控制长江
中国的长江流域经常会发生洪灾，大雨往往引发洪水，导致数千人死亡。2002年8月，长江流域的洪灾致使90万人无家可归。长江三峡工程于1994年正式动工修建，现在大坝已经竣工，除了防洪，还可以用于发电和航运。

淹没在1米深水中的房屋

从水中逃离

1993年，密西西比河及其支流发生了洪灾，人们逃到屋顶或树上以躲避洪水。在这场洪灾中，有45人丧命，约7万人无家可归。

救援工作者帮助一个妇女从屋顶逃到船上

无路可走

1993年，美国最大的河流——密西西比河及其支流密苏里河发生了洪灾，受灾面积超过了8000平方千米。上图塌陷的大桥位于伊利诺伊州昆西市。这场洪灾是由于中部平原的春季降雨量过多引起的，该年的降雨量是往年的10倍。

乘客爬到车顶等待救援

山洪暴发

2004年11月，菲律宾在"温妮"台风的影响下发生了山洪暴发。两辆客车被洪水卷走，车上乘客爬到车顶上躲避洪水。

装救济粮的容器

在洪水中求生

图中排在洪水中的队伍正在等待发放救济粮。孟加拉国的海拔较低，而且位于恒河和雅鲁藏布江之间，几乎每年的雨季都会暴发洪水。然而，由于厄尔尼诺气候的影响，1997－1998年的洪灾使孟加拉国三分之二的领土受灾，1000万人失去了家园。

干旱与饥荒

人们很难预测旱灾什么时候发生。当雨水少于往年，水位下降，庄稼死亡，河床干枯，旱灾到来了，饥荒紧随其后。预防旱灾的办法是储备充足的水。然而，在某些地区，干旱是不可阻止的，但及时提供食物和水，就可以避免饥荒。

不断消失的海洋

位于哈萨克斯坦和乌兹别克斯坦之间的咸海正在逐渐变小，目前只有原来面积的一半了。由于灌溉和河水改道，流入的水变少，而蒸发量却没有改变，所以海水的含盐量不断升高，鱼类无法存活。而在以往，它的鱼产量占到了整个苏联的3%。

航船如今停在沙滩上

地下水

2003年，印度古吉拉特地区发生了10年来最严重的旱灾。仅存的水大多在下图中这样的深井中。人们步行很远来到深井中取水。当旱灾发生时，唯一的水资源位于地下深处，必须打深井才能获得。

西班牙南部干旱而死的向日葵

干渴的庄稼

旱灾中首先受到影响的是农民。在某些富裕国家，只有当生活用水短缺时，政府颁布禁令后，非农人员才会受到影响。但通常备用水资源足够应付干旱结束前的日常生活。

阻止沙漠化

沙漠边缘的降水量通常难以预测，就像图中撒哈拉沙漠边缘的尼日尔地区一样。当地居民在此处种植了一些可以固沙的植物。

坟堆

干旱尘暴区

20世纪30年代，干旱袭击了美国的大平原地区。由于过度种植夺走了土壤中的营养，干旱发生后，此处的土壤迅速变成尘土，被风扬起。该地区变成了著名的干旱尘暴区。农作物死亡和饥荒紧随而来，到1937年，约有50万人被迫放弃家园。

砖墙防止泥土
落入井中

用绳索将罐子放
到井中取水

动物骸骨在旱灾
中很常见

饥荒

1984—1985年，非洲的苏丹和埃塞俄比亚发生了严重的饥荒。首先，农作物因干旱死亡，然后家畜饿死，人们也开始慢慢地饿死。大约有45万人死于这场饥荒中。

难民营

在旱灾中，人们会聚到难民营，直至干旱过去才重返家园。政府和救援组织向难民营提供水、食物、药品和帐篷等物资。

森林防火警示牌

野外火灾

从第一处明火开始，野火迅速地蔓延。风势会促使火苗从一棵树传到另一棵树；从燃区逃窜出来的动物也可能将火苗扩散到附近。野外火灾在干旱季节里经常发生，尤其是澳大利亚、美国加利福尼亚州和南欧等地区。有些野火可以任其自生自灭，而当火灾无法控制并向居民区袭来时，消防员就必须行动了。

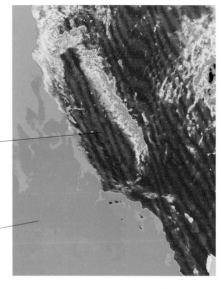

深红色区域是最热的，地表温度超过55℃

浅绿色区域代表太平洋

热浪

2004年5月，一场热浪袭击了美国加利福尼亚州，这张卫星温度图显示了当时的情形。热浪使得野外火灾提前到来了。干旱会使植被干枯，成为引火的好材料。

闪电引发火灾

地球约有一半的野外火灾是人为原因造成的。另一半则是自然产生的，闪电就是常见的自然原因。干燥的植物被闪电的热量点燃，火苗借着风势迅速蔓延。

浓烟升起

黄石大火

1988年，干燥天气和大风在美国黄石国家公园引发了一起极大的野外火灾。火势持续8个月，一天就有6.07万公顷树木被烧光。全国消防员和军队被调集到此处开展救火工作。

热气上升，新鲜空气给大火补充了氧气

农民引发的火灾

在东南亚和南美，农民会烧掉某地的树木，在那开垦农田。农民点燃的大火有时会引发野外火灾。

新生的植被

野外火灾是美国黑松林生态循环至关重要的一环，黑松的松果只有受热时烧掉坚硬的外壳才会释放种子。森林火灾会使种子落到地面，重新生长。灰烬可以给土壤带来丰富的营养，而且火灾还可以杀死害虫，并消灭一些疾病。

战斗中的消防员

消防员用各种方式与火灾抗争，比如洒水或化学物质来降低火焰温度，从而减小火势；有时会拔掉火焰外围的植被使得大火没有燃料而熄灭；有时还会挖一些深沟，隔断大火。

火焰在风力作用下可以跨越高速路，引燃路对面的森林

救火

要控制一场大火，往往需要消防员在地空配合下工作一周。在边远地区，消防员还必须穿越跳动的火焰、焚倒的树木和500℃的热浪，才能到达火灾的中心。有些大火无法控制。1997年，数月干旱后的印度尼西亚境内出现了100多处着火点。世界各地的救火专家会聚于此但是火灾还是无法控制。最后，雨季到来使大火减小，直到下一个旱季大火才被完全扑灭。

救火车
在城区，救火车会利用受灾地点的消防闸来引水熄灭着火的房屋。在野外，它们会装载着水赶去火灾现场或从离火灾最近的场所运水。

巡航机速度可达203千米/时

直升机载着1名飞行员、2名队长和8名消防员

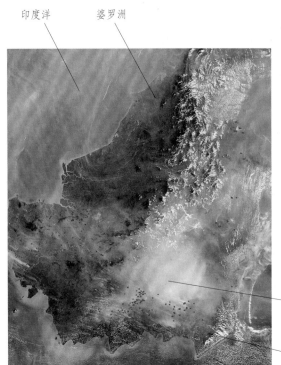

印度洋　婆罗洲

岛屿在燃烧
2002年夏季，婆罗洲一直在燃烧。伐木公司故意放火，但火势很快失去控制，甚至蔓延到苏门答腊岛，烧掉了相当于瑞士领土一半大小的森林。雨林火灾被扑灭后，地下煤层依旧在燃烧，可能会引发新火灾。

浓烟

红点表示大火

滚滚浓烟
1997年，东南亚的大火烧毁了30万公顷森林，7000万居民受到了影响。为了减轻烟尘对肺的伤害，许多人戴上了口罩。

向路人发放口罩

燃烧的大树

燃烧的树

澳大利亚的桉树富含植物油，帮助它在干旱的天气下保存水分，但也使它极易燃烧。在当地夏季的高温下，这种树有时可以自燃。桉树的种子可以抵御火灾，过后就会迅速生长出来。

储水箱可装1360升的水或化学灭火剂

防火服

抵御林区火灾

2002年，澳大利亚新南威尔士地区的一场林区火灾燃烧到了居民区附近，有70处房屋被烧毁。而今，消防员会定期在林区外围烧掉一部分植被，以防止大规模的林区火灾发生。

水被火焰转化为蒸汽

高领可以保护队员不被树枝划伤

空降灭火员

在边远地区，空降消防员在火势蔓延开前赶到现场，对火势加以控制。抽水机及其他重型工具也会被空投下来。

熄灭火焰

在加利福尼亚州南部，野外火灾每年都会发生。2004年该区域发生了5500起火灾，有6.8万公顷的土地受灾，1000处建筑物被损毁。加州火灾救援处专门为此配备了直升机，以便从附近的水源运水灭火。

带有面部防护网的头盔

工具包

气候变化

数百万年间，地球经历了
暖期与寒期的多重交替。
这主要是由于太阳释放出的
热量及地球与太阳之间的距
离在不断改变。在过去的100
多年里，地球在不断变暖，最近
几十年越来越剧烈了，这主要是由
于温室气体排放过量造成的。有些科
学家预测暴风雨和干旱等灾害天气的概率
也会增加。

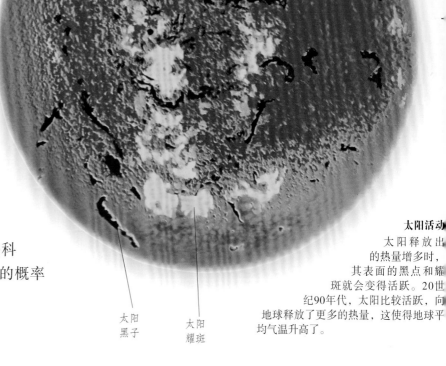

太阳活动
太阳释放出
的热量增多时，
其表面的黑点和耀
斑就会变得活跃。20世
纪90年代，太阳比较活跃，向
地球释放了更多的热量，这使得地球平
均气温升高了。

太阳
黑子

太阳
耀斑

俄罗斯

格陵兰岛

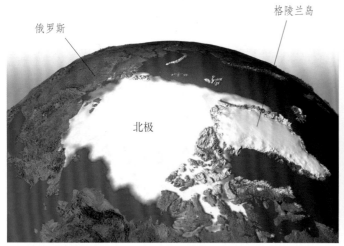

北极

1979年的北极冰区
全球变暖的一个重要后果就是北极冰区变小。左图摄于1979年，显示
当时北极冰圈覆盖了波兰以北的大部分区域，以及格陵兰岛，并延伸
至俄罗斯的北部海港。

2003年的北极冰区
这张摄于2003年的图片显示北极冰区缩减的程度。科学家们估计，在
过去的25年里，整个冰区至少缩减了15%。如果全球气温继续升高，海
平面将可能会大幅上升。

极地生物遭受威胁
由于北极冰区减小，北极熊的生活受到了极大影响。随着气候变暖，这
里的海冰会在夏季消融，大块的冰逐渐被海水冲走。

浮冰更容易消融

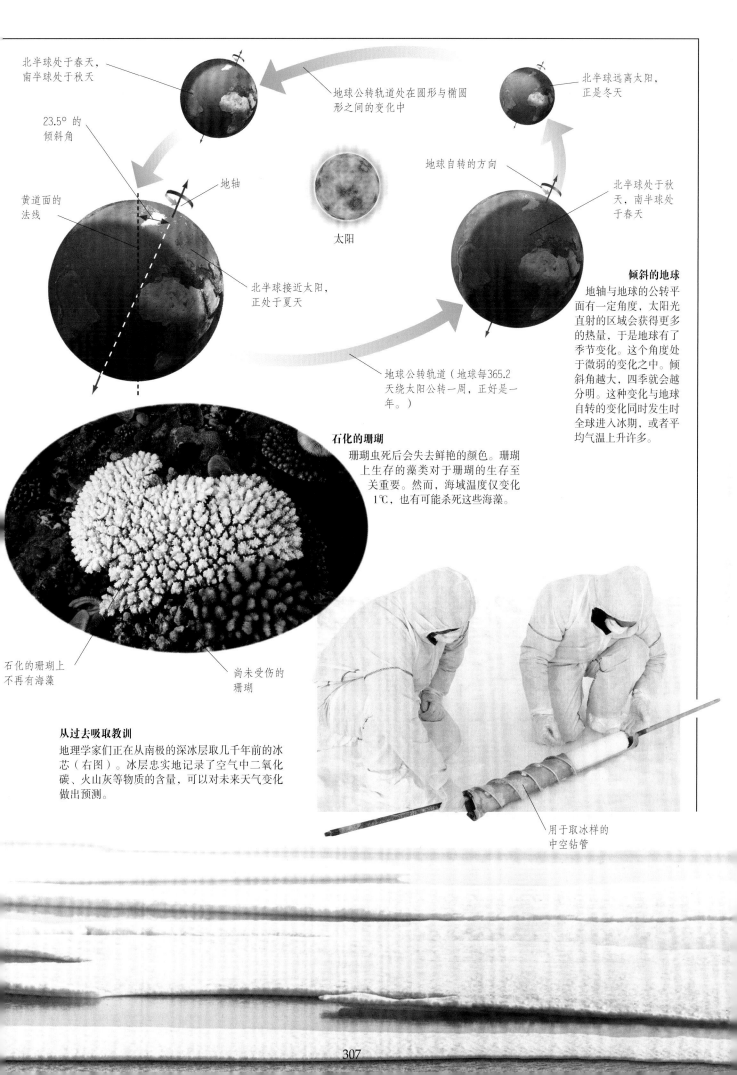

北半球处于春天，南半球处于秋天

地球公转轨道处在圆形与椭圆形之间的变化中

北半球远离太阳，正是冬天

23.5° 的倾斜角

地球自转的方向

地轴

黄道面的法线

北半球处于秋天，南半球处于春天

太阳

北半球接近太阳，正处于夏天

倾斜的地球

地轴与地球的公转平面有一定角度，太阳光直射的区域会获得更多的热量，于是地球有了季节变化。这个角度处于微弱的变化之中。倾斜角越大，四季就会越分明。这种变化与地球自转的变化同时发生时全球进入冰期，或者平均气温上升许多。

地球公转轨道（地球每365.2天绕太阳公转一周，正好是一年。）

石化的珊瑚

珊瑚虫死后会失去鲜艳的颜色。珊瑚上生存的藻类对于珊瑚的生存至关重要。然而，海域温度仅变化1℃，也有可能杀死这些海藻。

石化的珊瑚上不再有海藻

尚未受伤的珊瑚

从过去吸取教训

地理学家们正在从南极的深冰层取几千年前的冰芯（右图）。冰层忠实地记录了空气中二氧化碳、火山灰等物质的含量，可以对未来天气变化做出预测。

用于取冰样的中空钻管

非自然灾害

有些灾害是由于人类的过度开发造成的。交通工具和工业气体污染空气。燃料向大气排放温室气体，使得全球气温不断上涨。人类对资源的需求正在增长，但能够利用的资源却不断减少。科学家们警告我们，必须改变掠夺式开发，以减少自然资源的耗费和污染物的排放。

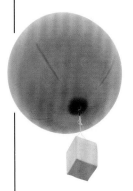

污染监测设备

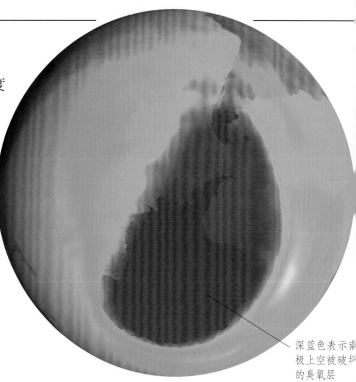

深蓝色表示南极上空被破坏的臭氧层

越来越薄的臭氧

在大气层的高处有臭氧层，是由臭氧组成的。氧气可以在太阳光的照射下生成臭氧，而臭氧又可以吸收太阳光中的某些有害射线。氟利昂可以与臭氧发生反应，致使臭氧层变薄，目前有些国家已经禁止使用含有氟利昂的产品。

空气污染

图中为智利圣地亚哥市，大城市每天都在排放污染气体。这层烟雾是由多种有害气体组成的，其中包含汽车尾气中一氧化碳形成的光化学烟雾，可以引发诸如哮喘、支气管炎和眼睛发炎等各种疾病。

美国加利福尼亚州北部的红杉林

去森林化

现在，每年森林的种植面积比砍伐的少。森林对于人类至关重要，能通过光合作用吸收二氧化碳，释放出氧气。随着森林被砍伐，植被会受到严重破坏，野生生灵也将惨遭涂炭。

中国某地的人们正在
忍受沙尘暴侵袭

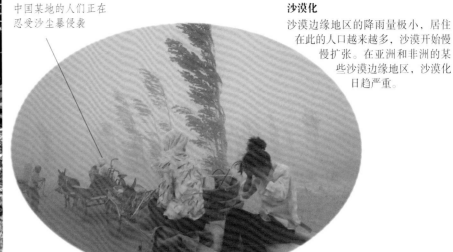

沙漠化

沙漠边缘地区的降雨量极小，居住
在此的人口越来越多，沙漠开始慢
慢扩张。在亚洲和非洲的某
些沙漠边缘地区，沙漠化
日趋严重。

一艘挪威捕鱼船捕
获大量鲱鱼

不断减少的资源

图中捕鱼船一天可以捕获数百吨的鱼。人们对捕
鱼量的需求不断增加，而世界的总鱼产量不断下
降，有的鱼种已经灭绝。

砍伐森林对野生动
物的危害是极大的

灰色区域是由于爆
炸被破坏的珊瑚

爆炸捕鱼

在世界上某些海域，珊瑚礁正在遭受严重的破
坏。这些地区的人们用炸药将鱼炸出水面，对
珊瑚造成致命的伤害。要使珊瑚恢复原来的状
态，至少需要20年。

酸雨

图中这些树木是被酸雨摧毁的。氮化物和二
氧化硫在大气中会转化为酸，以酸雨的形式
降落下来，摧毁树木、污染河流。

传染病

对人类最致命的伤害来自一些只有在显微镜下才能看到的小生物。它们可以传播艾滋病、疟疾和肺结核等多种疾病，造成每年全球1300万未成年人死亡。细菌、真菌和病毒可以通过各种渠道进入我们的身体，比如隐藏在食物或饮用水中，有时利用蚊虫之类来传播。它们甚至可以摧毁人类赖以生存的庄稼。

可刺破皮肤的锐利口器

致命的跳蚤

14世纪，黑死病横扫亚洲和欧洲，造成了4000万人死亡。它是由老鼠传播的，致病细菌寄生在老鼠身上的跳蚤中。当跳蚤叮咬了人类以后，病菌随着跳蚤的唾液进入人体，从而酿成瘟疫。

细长有力的腿

气流以150千米/时的速度喷出

致病的液滴

致病微生物有时会通过打喷嚏时的小液滴传播，流感病毒和许多危害严重的病也是通过这条途径传播的，例如肺结核和天花。

卢旺达难民舀取泥沼中的水以供饮用

脏水

难民营中，供应清洁的水成了一个难题，这时极易引发霍乱。霍乱弧菌藏匿在不干净的水中，受害者饮用后会出现腹泻和呕吐症状，并因此脱水。

显微镜的力量

科学家利用扫描显微镜对致病微生物进行分类和研究，目前电子显微镜可将微生物放大25万倍，并可得到样本的黑白三维图像，而颜色则是由电脑添加上去的。荷兰的科学家列文虎克是第一个使用显微镜观察到细菌和血细胞的人。

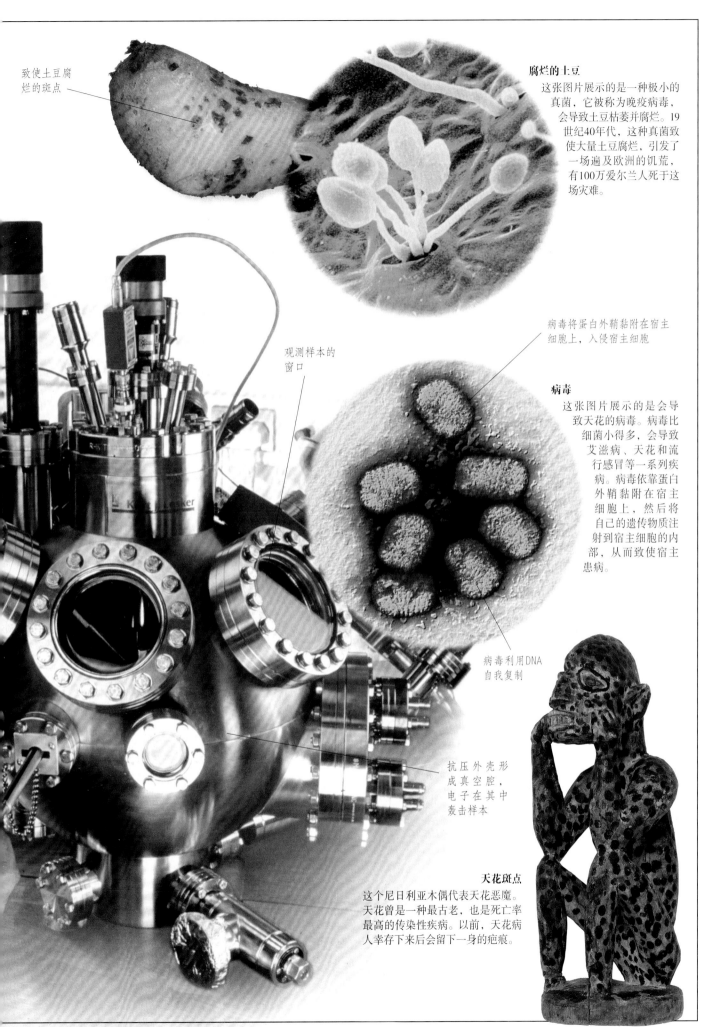

致使土豆腐烂的斑点

腐烂的土豆
这张图片展示的是一种极小的真菌，它被称为晚疫病毒，会导致土豆枯萎并腐烂。19世纪40年代，这种真菌致使大量土豆腐烂，引发了一场遍及欧洲的饥荒，有100万爱尔兰人死于这场灾难。

病毒将蛋白外鞘黏附在宿主细胞上，入侵宿主细胞

观测样本的窗口

病毒
这张图片展示的是会导致天花的病毒。病毒比细菌小得多，会导致艾滋病、天花和流行感冒等一系列疾病。病毒依靠蛋白外鞘黏附在宿主细胞上，然后将自己的遗传物质注射到宿主细胞的内部，从而致使宿主患病。

病毒利用DNA自我复制

抗压外壳形成真空腔，电子在其中轰击样本

天花斑点
这个尼日利亚木偶代表天花恶魔。天花曾是一种最古老，也是死亡率最高的传染性疾病。以前，天花病人幸存下来后会留下一身的疤痕。

流行病

暴发后迅速蔓延的疾病叫作流行病。这种蔓延趋势扩大就有可能殃及很大一片地区的人们。如今，艾滋病成为危害人类生命最严重的流行病。预防流行病可以采用杀灭携带流行病菌宿主（例如消灭蚊虫等）的方法；天花和囊虫病等流行病可通过注射疫苗来预防；而像霍乱，只要给予足够的洁净水资源就可以减小发病概率。

流感中死亡者的姓名

研究流感病毒

上图中所示的黑色块状物是从一名流感死者的肺和脑中提取出来的。1918—1920年暴发的这场流感在世界范围内导致了2000万人死亡。科学家们希望通过研究弄明白，为何这次流感会有这么高的致死性。流感病毒是不容易预防的，因为它们具有高突变性。

接种疫苗

1967年，天花在世界范围内导致了2000万人死亡，于是世界卫生组织希望通过开展注射疫苗的方式控制这种流行病的发生。他们携带疫苗来到边远地区，挨家挨户地送药，尤其针对那些处于高危发病状态的群体。这种行动最终被证实是有效的，到1980年，天花病毒成为第一个被人类消灭的危害较大的流行病毒。

瘟疫爆发

1994年，流行性肺炎在印度苏拉特市致使51人死亡，人们正烧死携带病菌的老鼠。这场流行性肺炎的致病菌与14世纪黑死病病菌是一样的。

多发式接种枪用高压将药穿透皮肤，注入血液中，无须使用针头

控制疟疾

在孟加拉湾的尼克巴群岛上，卫生工作者正在向池塘喷洒药水，以消灭蚊虫。2004年印度尼西亚海啸过后，岛上蚊虫的大量繁衍，可能会导致疟疾的产生。

蚊子的幼虫

蚊子将卵产到水中。成年雌性蚊子可以通过叮咬人类而传播疟疾和登革热之类的疾病。及时消灭蚊子的幼虫成为控制流行病的必要措施。

控制传染

消毒是抗击致病微生物的一种有效手段，这些微生物中的某些成员，如金黄色葡萄球菌，目前已经对抗生素产生了耐药性，所以治疗它们引起的传染病变得极为困难。

防止传染的一次性棉球

医院感染

金黄色葡萄球菌在医院中可以通过伤口或不干净的器具传播。因为它们对甲氧苯青霉素具有耐药性，所以很难治疗。这样的病人必须隔离治疗，以防传播。

金黄色葡萄球菌

红色的艾滋病毒正在侵入血细胞

艾滋病毒与艾滋病

艾滋病毒也叫人类获得性免疫缺陷病毒，它可以杀死白细胞。白细胞被消耗殆尽后，人类将无法抵御外界的感染。目前，世界上有4200万艾滋病毒携带者，艾滋病很快成为人类历史上最大的杀手。

绿色的是白细胞

艾滋病教育

在艾滋病日，人们点起蜡烛纪念因艾滋病而死的人。为防止艾滋病进一步扩散，志愿者正在不断对民众进行预防艾滋病的教育。

未来的灾害

随着人口越来越多，受自然灾害影响的区域会越来越大，受到火山爆发和海啸等自然灾害影响的人口数量也在增长。科学家预测，美国将来会遭遇一场巨大的火山爆发，而加那利群岛也会发生一场极大的海啸。在我们的有生之年，地球上可能会再发生一场全球性的流行病，会夺走数千万人的生命。对人类威胁最大的是靠近地球的天体，被它们撞击的后果可能威胁整个人类的生存。

超级火山爆发

黄石国家公园内著名的间歇泉烟雾弥漫。如果能量不断积累，此处将会发生历史上最严重的火山爆发，爆发释放的烟尘将会覆盖地球，导致全球气温降低。科学家们认为，这场火山爆发已经近在眼前。

流感杀手

一旦某种病毒可以从一个物种传染到另一个物种，它就可能造成巨大的危害。禽流感通常只会感染家禽，然而，1997年中国香港地区发生了禽流感传染到人身上的事件。卫生专家称，如果爆发全球性的禽流感，死亡人口将会超过5000万。

维苏威火山

意大利的威胁

意大利的维苏威地区是世界上人口最密集的地区之一，仅在火山的南部地区就有6座城市，而那不勒斯市的人口就高达100万。它们都处于火山的威胁之下。

与时间竞赛

在中国发生禽流感后，家禽行业工作者都戴上了口罩和面具，以防被感染。目前，这种流感只能通过直接接触家禽感染，但是人与人之间的传播只是时间问题。

巨型海啸

某些科学家认为火山爆发可能会导致西班牙加那利群岛中的拉帕尔马岛的西半部分滑入海洋。届时，引发的超级海啸将会穿越大西洋，波及美国的东海岸。从纽约到迈阿密，都将会出现20米高的巨浪。

红色表示流感病
毒颗粒

蓝色表示用于研究流感
病毒的细胞株

第二个口
径1.2米
的射电望
远镜

昆布维禾山脊
将会陷入海洋

底部可以旋
转，让望远镜
能够跟踪天体

第一个口径1.2
米的射电望远镜

巡天

图中望远镜安置在夏威夷群岛的毛伊岛观测中心，用来监测近地天体的运行。美国国家航空航天局目前正监测着1855个近地天体，它们不会在短时间内撞击地球。

艺术家们想象的陨星撞击

撞击过程

有种假说认为，6500万年前，一个直径10千米的天体撞击了墨西哥。由此引发了一场浪高1千米的巨型海啸，导致地球进入了"寒冬"并持续了数月之久。同时，造成包括恐龙在内的地球上2/3的物种灭绝。目前科学家们正在密切监测近地天体，同时也在寻找避免这类灾害的方法。

暴龙化石（6500万年前）

大事年表

下面列出的是世界史上较大的自然灾害。科学家研究灾害发生的原因，以求对未来的灾害进行预测，减小损失。

1348年，发生在伦敦的黑死病

2.5亿年前
最严重的物种灭绝，地球上90%的物种消失了。科学家们推测这可能与火山爆发造成的全球气候改变有关。

6500万年前
巨大的陨石降落在了今天的墨西哥，毁灭了地球上包括恐龙在内的2/3的物种。

公元前2200年
土耳其的特洛伊城被流星雨袭击，在城中引发火灾，致使大部分居民丧命。

公元前340年
希腊哲学家亚里士多德《气象学》主要论述了天气的形成和类型。此后2000年里，他的理论被奉为真理，直到实验证明其中大部分都是错误的。

公元79年
意大利的维苏威火山爆发摧毁了庞培古城。

公元132年
中国的张衡发明了第一台地动仪。

1348年
黑死病传播到欧洲的东部，造成3000万人死亡，占到了欧洲总人口的1/4。

1492—1900年
美洲大陆90%的土著居民死亡，主要是由于欧洲人带来的天花等传染病导致的。

1703年
日本东京被地震和海啸同时袭击，20万人死亡。

1755年
地震引发的海啸袭击葡萄牙，15米高的巨浪夺走了6万人的生命。

1792年
日本长崎附近的雪崩引发了海啸，致使1.4万人死亡。

1798年
英国医生爱德华最先研制出了预防天花的疫苗。

1815年
印度尼西亚坦博拉火山爆发是有史以来最严重的火山爆发，灰烬和烟尘弥漫在天空，改变了全球的气候。这一年被称为"没有夏天的一年"。

19世纪40年代
土豆晚疫病席卷欧洲，造成了严重的饥荒。爱尔兰有100万人死于这场灾难。

1846年
爱尔兰科学家托马斯发明了测定风速的仪器。

克诺索斯的克里特宫殿，公元前1640年

1851—1866年
中国黄河流域和长江三角洲地区频发洪水，15年里有5000万人在洪水中丧命。

19世纪60年代
全球开始兴建气象观测站，不同地区的数据得以相互比较，为准确地预报天气奠定基础。

1752年，本杰明·富兰克林对雷电进行研究

1864年
在瑞士慈善家亨利的倡导下，第一个红十字会组织在瑞士成立。

1874—1876年
由欧洲人带去的囊虫病害死了波利尼西亚斐济岛上1/3的人口。

1882—1883年
德国科学家柯赫鉴别出了导致霍乱和结核病的病菌。

1883年
印度尼西亚火山爆发引起海啸，导致爪哇岛和苏门答腊岛上3.6万人死亡。

1885年
英国地理学家米尔恩发明了能够测量震级的装置。

1900年
美国暴发了最严重的自然灾害，飓风和巨浪在得克萨斯州的加尔维斯敦夺去了6000多人的生命。

1902年
5月8日，培雷火山爆发致使圣皮埃尔地区3万人只剩下2名幸存者，还在加勒比海域引发了海啸。

1908年

俄罗斯北部的通古斯地区遭到了陨石撞击。陨石爆炸摧毁了2200平方千米的森林。

1917—1918年

流感在全球范围内造成2000万人死亡。

1921—1922年

俄罗斯的伏尔加地区由于干旱和战乱出现饥荒，2000万人受到影响。

1923年

日本东京大地震造成14万人死亡，36万栋建筑被毁。

1928年

英国科学家弗莱明发现青霉素，但直到1941年青霉素才得到应用。

20世纪30年代

美国的大平原地区发生旱灾，灾情遍布堪萨斯州、俄克拉何马州、得克萨斯州、佛罗里达州和新墨西哥州等地区，30万人因此背井离乡。

1931年

大雨后，中国长江的水位超出正常水位29米，洪灾暴发。洪灾和饥荒导致370万人死亡。

1935年

美国的查尔斯·里克特创立了里氏震级。

1946年

在夏威夷的一场海啸过后，太平洋海啸警报中心在火奴鲁鲁岛建成。

1948年

联合国成立世界卫生组织，其宗旨之一是消灭流行性疾病。

1958年

阿拉斯加州的利图亚湾发生了近代最严重的海啸，巨浪涌到了525米的高处。

1972年，具有抗震能力的泛美摩天大厦建成

1953年，英国暴发洪水

1960年

4月1日，第一颗气象卫星在美国升空。

1960年

5月，智利发生了历史上最大的地震，震级达里氏9.5级，引发的海啸影响到了智利、秘鲁、夏威夷和日本。

1968—1974年

非洲西部的荒漠草原发生了持续7年的干旱。

1970年

一场里氏7.7级的地震在秘鲁发生，地震引起的雪崩和泥石流导致了1.8万人死亡。

1971年

史上最严重的飓风袭击了孟加拉国，飓风最高时速达250千米，还引发了浪高7.5米的海浪。这场灾害导致的死亡人数在30万~100万之间。

1976年

7月28日，中国唐山发生了里氏7.8级的地震，导致该地93%的砖混建筑损毁，24.2万人死亡。

1984—1985年

波及埃塞俄比亚和苏丹的干旱造成了45万人死亡。

1985年

11月13日，由哥伦比亚圣路易斯火山爆发引发的泥石流淹没了阿尔梅罗市，致使2.28万人死亡。

2005年，巴基斯坦地震

美国中西部的龙卷风

1985年

里氏8.1级的地震袭击了墨西哥城，造成8000人死亡，3万人无家可归。

1988年

里氏6.9级的地震发生在亚美尼亚，造成2.5万人死亡。

1991年

菲律宾的皮纳图博火山在6月爆发，大量的烟尘被喷射到大气中，致使此后15个月全球气温都有所降低。

1992年

12月，海啸袭击了印度尼西亚的弗洛里斯港，造成2000人死亡，9万人无家可归。

1993年

密西西比河和密苏里河发生夏季洪汛，造成了120亿美元的财产损失。

1883年，印度尼西亚的喀拉喀托火山爆发

1998年

厄尔尼诺在孟加拉国造成洪灾，导致2000人死亡，3000万人无家可归。

1998年

10月，"米奇"飓风袭击了美国中部，造成了1.1万人死亡，150万人无家可归。

2002年

致命性疾病非典型性肺炎（SARS）首先在中国广东出现。

2003年

12月27日，地震袭击了伊朗的古城巴姆，造成了2.6万人死亡。

2004年

12月26日，印度洋海啸导致20多万人死亡。

海洋

生物发光

深海平原 海洋盆地中覆盖着一层沉积物的平坦区域。

南极 南极圈以南的地区。

北极 北极圈以北的地区。

环礁 生长在沉没的火山岛边缘的围绕着礁湖的珊瑚礁。

堡礁 在距岸较远的浅海中，呈带状延伸分布的大礁体。

盆地 地壳上天然的巨型盆状凹处，大西洋、太平洋和印度洋中有3个这样的盆地。

深海潜水器 一种可潜入深海的装备，一般由一艘装满燃料的浮舟和悬挂在其下的球形舱组成。

深潜球 一种连接缆绳的载入球形舱，它是最早使用的一种研究深海的潜水器。

生物发光 一种生物活体产生光线的现象，某些深海生物是自身会发光，而有些生物则是通过寄生在其体内的细菌发光。

双壳贝 一类生活在贝壳中的软体动物，如蛤和牡蛎。

黑烟囱 海底的一种高大的烟囱状通气口，从其中喷涌而出的含硫热水中夹杂着许多浓黑的化学污染物，这些物质能给某些深海生物提供营养。黑烟囱大多出现在大洋中脊火山活动频繁的地方。

硬骨鱼 一类生有骨质骨架和鳔的鱼类，例如鲭鱼的鳕鱼。

软骨鱼 一类生有类软骨或软骨骨架而没有鳔的鱼类，例如鲨鱼和虹鱼。这类鱼如果不保持游动就会沉下去。

头足类 一类生有柔软的身体以及吸盘触手的软体动物，如乌贼。

陆壳 形成大陆的地壳。

大陆漂移 一种理论，它认为全球大陆曾经是一个整体，千百万年间慢慢漂流、分离，现今仍在移动。

大陆架 大陆向海洋的自然延伸，通常被认为是陆地的一部分。

大陆坡 从大陆架下降到深海平原斜坡，它构成了海洋盆地的侧面。

桡足虫 一类形状像龙虾的微小生物，它是海洋浮游动物的一个组成部分。

海百合 一种生长在海底100米下的海百合类动物，它与羽星具有亲缘关系。

磷虾

甲壳类 一种腿上有节，身上覆有粗厚带节的外骨架的动物，例如龙虾和螃蟹。

洋流 海水沿着一定方向有规律的水平流动，海洋表面和内部都有洋流。

无光层： 也叫海洋深层，上邻弱光层，下接深海，大约处在1000～4000米深的水域。这个区域的唯一亮光来自于能发光的生物体。

硅藻 一种漂流在海洋表面的单细胞藻类，它们处在海洋食物链的底端，在寒冷海域中很常见。

甲藻 一种单细胞藻类，也是一种浮游植物，在温暖的热带海水中很常见。

DNA 脱氧核糖核酸的简称，细胞内主要的遗传物质，组成了基因和染色体。

背鳍 鱼背部的鳍，有利于鱼在游泳时保持平衡。

棘皮动物 一类皮肤上生有刺突的海洋无脊椎动物，例如海星。

厄尔尼诺 每隔几年，温暖的海水就会从东向西流向南美西海岸，从而引起全球气候变化。

食物链 由捕食关系联系在一起的一系列植物和动物，食物链通常包括植物、植食动物和肉食动物。

食物网 由几个相关的食物链组成的生物关系网络。

岸礁 沿岸线附近的礁石，在礁石与陆地间只有很少的空间或者没有空隙。

飓风的回旋风团在大西洋上空形成

海星（一种棘皮动物）

平顶海山 一类像火山岛一样曾经耸立在海洋表面的平顶的海底山，它们的表面被海风和海浪慢慢侵蚀。

飓风 一种在大西洋上空形成的风速超过119千米/时的热带风暴。它们在太平洋上被称为台风，而在印度洋则叫作龙卷风。

冰山 由冰盖或者冰川破碎而成的在洋流的推动下四处漂流的巨大冰块。

无脊椎动物 没有脊骨的动物。

磷虾 一种生活在北极和南极海水中形状像龙虾的小型甲壳类动物，它们数量巨大，是须鲸的主要食物来源。

岩浆 位于地壳之下的熔化的岩石。

海洋动物学 专门研究海洋生物的学科。

大洋中脊 两个构造板块分离处形成的极长海底山脉，它是由从地表下涌出的岩浆冷却而成的岩石堆积起来的。

软体动物 一类身体柔软、外覆硬壳的无脊椎动物，其中包括双壳贝类（如蛤）、腹足类动物（如海参）、头足类动物（如乌贼和章鱼）。

海洋学 研究海洋的学科。

浮游植物 一类漂流在海洋透光层中的微小的单细胞藻类。

浮游生物 漂流在海洋表面的微小的植物和动物，它们大多数处在海洋食物链的下层。

板块构造学 研究地球岩石圈板块的成因、运动、演化、物质组成、构造组合、分布和相互关系以及地球动力学等问题的学科。

水螅 一种口腔周围被触手围绕着的海葵或珊瑚，坚硬的珊瑚虫组成了石灰石骨架来保护自己的身体。成千上万的水螅聚集在一起生活，最终就形成了珊瑚礁。

ROV 远程操纵潜水器的简称，一种被潜水器或者轮船操纵的小型机器。

海水盐度 海水中溶解的盐量，以海水中含盐分质量与海水质量的千分比来衡量。海洋平均含盐量为35‰。

SCUBA 自动控制水下呼吸器的简称——SCUBA潜水员需在后背上携带自己的氧气供应桶。

海 大洋边缘靠近大陆的水域。它们是陆地与大洋连接的部分，例如黑海与加勒比海都与大西洋相连。

海底山脉 从海底平原上隆起的数千米或者更高的水下火山。

沉积物 被江河从陆地上冲洗下来的包含了无数生物遗骸的泥沙。沉积物通常会积聚在海底。

声呐 声响导航与测距的装置的简称，它是一种通过发出声音，然后测定回声的返回时间来定位的系统。

潜水器 一种可抵挡深海水压、能进行的水下研究的装置，它既可载人，也可以远程操控。

透光层 又叫作浅海层，指能被阳光穿透的海洋表层，一般只能延伸到大约在200米深的水下，大部分海洋生命生活在这个区域。

共生 两种或多种生物之间的一种紧密相互作用，既可以是其中一方从这种关系中受益，也可以是双方都从中受益。

潮汐 由太阳和月球对地球的重力牵引造成海水有规律的起落。

海沟 海底侧面陡峭的沟或谷。

海啸 由水下火山喷发或地震引起的海浪。如果它传播到海岸边，就会造成严重的破坏，因为它在浅水中会掀起非常高的巨浪。有时，它会被错误地称为"潮汐波"。

弱光层 也叫作中海层，海面下大约200~1000米深的区域，上邻上面的透光层，下接无光层。

台风 一种产生于西太平洋中的热带风暴。

潜水器

上升流 从海洋深处升到海面的富含营养的海水。

水压 由水的重量和密度而产生的压力，水每加深10米，水压就会增加1个大气压。

浪高 波浪波峰（波浪的顶部）到波谷（波浪的底部）之间的距离。

波长 两个连续波峰（波浪的顶部）间的垂直距离。

浮游动物 浮游生物的一部分，一类在海水中漂流的极微小的动物，如桡足虫和微型甲壳类动物。

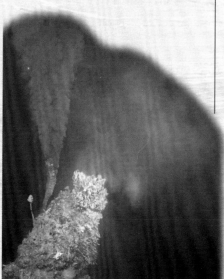

黑烟囱

火山

块状熔岩 块状熔岩在冷却时会形成棱角分明的岩块。

余震 发生在主震之后的规模较小的地震。

火山灰和火山尘 指火山爆发时形成的较小的熔岩碎片。小熔岩碎片被称为火山灰，而更小的呈颗粒状的熔岩碎片则被称为火山尘。

玄武岩 一种常见的火山岩。玄武岩是由熔岩流形成的，呈黑色，质地比较细密。

黑烟囱 它是位于洋底的一个火山热点。它喷出的黑水中含有金属硫化物和氧化物。

火山弹和火山块 火山爆发中被喷出的大块熔岩。火山弹的形状近似于圆形，而火山块则棱角分明。

破火山口 一个巨大的火山口或火山顶部凹陷的碗状部分。这是由于山顶倒塌进岩浆房形成的。破火山口的直径可达数千米。

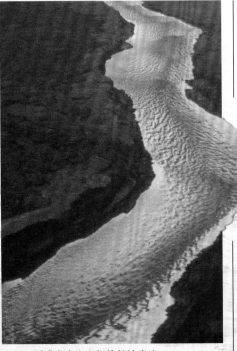

夏威夷火山上炽热的熔岩流

炭化 如果没有足够的氧气，含有碳的物质不会按照通常的方式燃烧，而是变成炭（或木炭），这个过程就叫炭化。

大陆漂移 板块构造运动引起大陆移动。

地核 地球的中心，由致密的金属（尤其是铁）构成。地球的内核是固体，外核是由液态金属组成的。

火山口 锥形火山向内塌陷时形成的空洞。

火口湖 水充满火山的火山口或破火山口时形成的湖。

来自于庞培的炭化核桃

休眠火山 在过去的几千年里喷发过，但近几百年没有喷发过的火山。

震中 震源正上方的地表。

死火山 在过去几千年里从来没有喷发过的火山。

断层 地壳岩层因受力达到一定强度而发生破裂，并沿破裂面有明显相对移动的构造。

火山通道 岩浆从岩浆房流到地表的通道。

裂缝 地面上的一道裂缝。火山喷发时，熔岩流会沿着裂缝流到地表。

震源 地球内部岩层破裂引起震动的地方。

冰岛的一座间歇喷泉

喷气孔 地球表面一个可以喷出蒸汽和其他气体的开放的洞穴。

地质学 研究地壳的历史及其发展的科学。

间歇喷泉 不定期地喷射出混杂有蒸汽的热水的温泉。

热点 位于构造板块的内部，地幔岩浆会穿过地壳形成火山的区域。

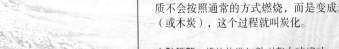

意大利维苏威火山的火山口

热液喷口 被地下的热岩浆加热的富含矿物元素的水喷发到地表。间歇喷泉、黑烟囱和温泉都是热液喷口。

火成岩 由热的熔岩和岩浆冷却形成的岩石。

烈度 一个度量地震对某个特定地点所受到的影响的量度单位。地震的烈度常用麦加利烈度来表示。

火山泥流 由大量的火山岩碎片和水混合而成的泥石流。

火山砾状熔岩 火山喷发出岩浆时喷发出来的小熔岩碎片。

熔岩 从火山或地面裂缝中喷溢出的高温岩浆。

熔岩管 当熔岩流的表面冷却、变硬时，其内部会形成的一些熔岩隧道；熔岩管内部通常还流动着炽热的熔岩。

岩浆 地幔内部的炽热的熔化的岩石。

岩浆库 火山爆发前其下方积聚岩浆的地方。

震级 根据地震波记录测定的一个没有量纲的数值，用来在一定范围内表示各个地震的相对大小。最常用的有里氏震级。

地幔 地球内部介于地壳和地核的区域。地幔的厚度为大约2.3万千米。

大洋中脊 大洋海底的山脊，构造板块在这里生成。

泥石流 山区沟谷中，由暴雨、冰雪融水等水源激发，含有大量的泥沙、石块的特殊洪流。

火山云 火山喷发时产生的一种由云和炽热火山灰混合而成的火山碎屑云。

绳状熔岩 一种流动迅速的炽热、松软的熔岩，这种熔岩通常比较浅。

枕状熔岩 水下的熔岩逐渐喷发时形成的形状浑圆的熔岩。

板块构造 一种有关地球构造形成的学说。它认为地球表面由很多板块组成。板

块一直在以每年几厘米的速度漂移着。很多火山活动和地震常发生于板块边界处。

火山栓 火山颈部被凝固的熔岩阻塞的区域。

浮石 一种内部充满了熔岩泡沫形成的空洞密度较小的火山岩。

火成碎屑流 火山爆发后，燃烧的气体、尘

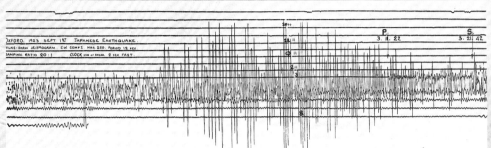

1923年，东京地震的地震图

埃、火山灰、碎石和火山弹混合而成的云团涌向山下。如果云团中含有的气体比火山灰多，我们就称它为火成碎屑流。

P波 传播速度最快也是最先传播的地震波，或者称为"初至波"。

里氏震级 通过计算地震爆发释放出的总能量来衡量地震的震动强度。人们可利用地震仪来检测地震的冲击波，从而计算出地震的级数。里氏震级分为1到10级，而10级地震就表示强度最高的地震。

环太平洋火山地震带 太平洋周边火山和地震活动频繁的区域。

地震波 从震中传播出的冲击波。

浮石

地震检波器 一种用来检测地震冲击波的仪器。用来记录地震检波器获得的信息的仪器称为测震仪。

地震图 地震仪记录的地震波图像。

俯冲带 当两个构造板块相遇时，其中一个板块被挤到另一个板块下方的地幔中，这两个板块交界的地方就称为俯冲带。

S波 地震爆发时传播出去的较慢的第二个冲击波，它的传播速度比P波要慢。

海啸 当海底发生火山爆发或地震时，海底地形的颤动，而形成的强大的波浪。

火山口 火山喷出时形成的空洞。

火山学家 研究火山的科学家。

块状熔岩

绳状熔岩

火山学家在墨西哥的科利马火山上采集气体样本。

天文

北极光

远日点 行星轨道上离太阳最远的点。

小行星 太阳系中体积和质量较小的类行星物质。

占星术 根据恒星和行星的运动预测人的性格和行为的迷信学科。

天文单位 地球和太阳之间的平均距离——1.5亿千米。

天体物理学家 研究天体的性质及其演变规律的学者。

大气层 被行星引力束缚在行星周围的气体。

原子 分子的组成部分，由亚原子粒子——质子、电子和中子——构成。

极光 北极上空出现的彩色光幕，它是带电的太阳风粒子撞击地球大气时产生。

轴 一条假想的穿过行星或恒星中心的线，星球绕它自转。

电荷耦合器件（CCD）

大爆炸 大约130亿年前发生的一次巨大爆炸，它产生了宇宙。

黑洞 一种密度非常大的天体，它的引力很大，没有任何物体能从它里面逃脱。

电荷耦合装置 现代望远镜中用来记录图像的感光器件。

彗星 一种由冰和石头组成的天体。当接近太阳时，它会产生一个由发光气体构成的核和一个由尘埃和气体组成的尾巴。

凹 向内弯曲。

星座 夜空中由若干恒星组成的图形。

凸 向外弯曲。

日冕 太阳最外层大气。

日冕观测仪 一种用来观测太阳日冕层的仪器。

宇宙背景辐射 大爆炸留下的微弱的辐射波。

多普勒效应 当光源或声源朝向或背向观测者运动时引起的频率变化。

蚀 一个天体的投影落在另外一个上。月蚀是地球的投影落在了月亮上；日蚀是月影落在了地球上。

黄道 一条假想的线，表示太阳在天空中穿行的视路径。

电磁波辐射 太空中以光速运行的能量波。

春分或秋分 一年两次昼夜时间相同的时刻。日期分别为3月21日和9月23日。

焦距 透镜的中心到光线汇聚点的距离。

化石 自然界保存下来的动植物遗体或痕迹。

频率 1秒内经过一个点的电磁波个数。

星系 一个由亿万颗恒星、气体和尘埃受引力作用聚集在一起形成的天体系统。

γ射线 波长非常短的电磁波辐射。

地质学家 从事研究形成地球的物质和地球构造、探讨地球的形成和发展的科学工作者。

地球同步轨道 位于赤道上空35 800千米的轨道，这个轨道上的卫星的运转周期和地球自转周期相同。

引力 存在于任何两个有质量的物体之间的吸引力，比如地球和月亮之间的潮汐力。

红外线 电磁波辐射的一种，也称为热辐射。

纬度 表示地点南北位置的标度。

地球同步轨道上的通信卫星

天平动 月球在运动时产生的微小振动，它使地球观测者能够看到稍多于半球的月球表面。

光年 光在1年内传播的距离——大约是9.5万亿千米。

经度 表示地点东西位置的标度。

质量 物体中包含物质的量的量度，以及它受引力影响的程度。

物质 任何有质量和体积的东西。

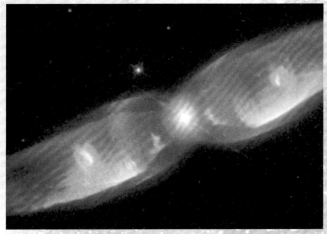

M2-9行星状星云

掩星 当一个天体经过另外一个天体时，把对方遮住的现象。

奥尔特云 一个假想中包围着太阳系的球状彗星云团。

轨道 一个物体绕另外一个质量更大的物体运行的轨迹。

视差 从两个不同的点看一个物体时，观测物的位置相对于远处的背景会产生移动的现象。它可以用来测量近处的恒星的距离。

亚原子微粒 比原子小的微粒，比如质子、中子和电子。

太阳黑子 太阳表面的黑点。它是由于太阳磁场产生的。

超新星爆发 一颗超大恒星燃烧或者白矮星爆炸时产生的现象。

潮汐 地球上的海水由于受太阳和月球的引力而产生的规则涨落。

紫外线 比可见光波长短一些的电磁波。

真空 空无一物或者接近空无一物的空间。

波长 相邻波峰或者波谷之间的距离。

X射线 波长非常小的一种电磁波辐射。

十二宫图 太阳、月亮和行星经过的12个星座。

子午线 连接北极和南极的一条假想的线。穿过格林尼治的为0度子午线。

流星 当太空中的尘埃物进入地球大气层时看到的一串发光体。

陨星 落到行星和卫星上面的太空碎片。

气象学 研究天气和气候的学科。

微波 波长最短的无线电波。

星云 太空中由尘埃和气体组成的巨大云团。

微中子 恒星的核变或大爆炸产生的亚原子微粒。

中子星 超新星爆发后留下的密度极大的恒星。

新星 当白矮星得到邻近恒星的物质后，突然开始燃烧，发出比原来亮1 000倍的光的现象。

核聚变反应 原子核结合在一起产生能量的物理变化。

天文台 天文学家研究太空的场所。

有效载荷 太空舱或卫星携带的物体质量。

近日点 天体轨道上离太阳最近的点。

相 从地球上看行星或者卫星的明亮部分的大小。

光球 恒星的可见表面，可见光产生的源头。

行星 围绕一颗恒星运转的由岩石、液体或者气体构成的天体。

棱镜 一种可以折射光线方向的棱形镜片。

日珥 日冕层喷出的一团弧状气体。

脉冲星 旋转的中子星。

类星体 一种在极远处活动着的星系，它从极小的中心区向外释放出大量的能量。

射电望远镜 探测太空中物体辐射的射电波的望远镜。

反射式望远镜 用一个凹面镜汇聚光线的望远镜。

折射式望远镜 用一组透镜汇聚光线的望远镜。

卫星 一种因受另一个天体的引力作用而绕着其运行的天体。卫星包括天然卫星和人造卫星。

恒星时 恒星时是一种用恒星测定而不是用太阳测定的计时单位。

太阳系 以太阳为中心，和所有受到太阳的引力约束天体的集合体。

至日 一年中地球处于近日点和远日点的时候。日期是6月22和12月22日。

光谱学 研究一个物体发出的辐射的光谱的学科。

恒星 一团炽热的质量很大的明亮气团，它们由核聚变反应产生能量。

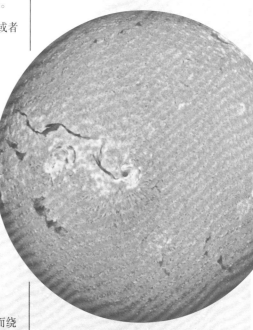

太阳的伪彩色图，可在其中看到暗红的太阳黑子

带有磁场的脉冲星（用紫色表示）

晶体和宝石

他色 意思是"被其他物质染色"，用来形容天然无色的宝石因为含有微量的杂质而显现的颜色。

冲积物 岩石的风化碎片被河水和溪流携带，并在其他地方沉积下来。

非晶质 形容内部原子结构或者外部形状没有规则的宝石。

星芒 出现在某些宝石中星状图形，经过凸圆磨光型切割的红宝石和蓝宝石上通常可以看到这种效果。

双折射（DR） 某些晶体的特性之一，当一条光线透过晶体时被分裂成两条光线。

明亮型切工钻石

明亮型切割 这是钻石和许多其他宝石最流行的切割方法。标准的明亮型有57个刻面，如果宝石底部再切割出一个平面就是58个刻面。

凸圆磨光型切割 一种切割方法，将宝石切割成圆形或椭圆形，并带有一个半球形的平滑上表面。

经过凸圆磨光型切割的星芒红宝石

克拉 宝石质量的标准计量单位。1克拉等于0.2克。

猫眼效应 某些宝石（如猫眼石）经过凸圆磨光型切割后显现出来的猫眼一样的光效应。

解理 晶体受到内部结构影响，受力后常沿一定方向的平面破裂的性质。

组分 矿物中固定不变的化学组成部分。

化合物 由两种或两种以上的元素结合而成的化学物质。这些元素只有处在强热或强压下时才会分开。

地心 处在地球中心的铁镍核心。

地壳 地球最外层的岩石薄层。

晶体 一种具有规则内部结构和光滑外表面的天然固体。

晶质 具有晶体结构的（物体）。

切工 把宝石切割成多个刻面的方法，或专指对宝石进行打磨、抛光。

方解石晶体

树枝石 常出现在岩石裂缝和连接处的形似蕨类植物的晶体。

两向色性 宝石的一种光学特征，从不同角度看具有此种特征宝石会显示两种不同颜色。

软锰矿中的树枝石

色散 各种颜色的光从白光中分散出来。

二连晶 两块晶体黏结在一起形成的晶簇。

耐久性 持续很长时间而不会被磨损的性质。

侵蚀 水、冰或海浪等事物对土地和岩石表面进行磨损的行为。

刻面（名词） 宝石的一个切割平面。

刻面（动词） 把宝石切割和打磨出多个平面的过程。

火彩 一种发散的光。具有强烈火彩的宝石通常很明亮。

荧光 矿物暴露在不可见的紫外光线中时发射出来的带有颜色的光线。

发荧光的晶体

宝石 一种装饰性矿物或有机物质，因为美丽、耐久和稀有而珍贵。

晶球 具有空洞的岩石，中间排列着不断向空洞中心生长的晶体。

腰棱 切割后的宝石中间最宽的部分，也就是上半部（冠部）和下半部（亭部）相交的地方。

习性 晶体天然的结构和性质。晶体习性是矿物鉴定最关键的因素。

自色 表示矿物（如硫）颜色能反映组成它的化学成分颜色。

杂质 包裹在矿物中的其他物质（通常也是矿物）。

共生 两种或两种以上的矿物一起生长并相互联结。

自色的硫

彩虹色（晕色） 矿物表面像彩虹一样浮动的颜色，类似于水面上浮动的油的颜色。

宝石工 熟练的宝石切割工匠切割的宝石能获得最佳的光学效果。

熔岩 从火山中喷发到地表的地下岩浆。

晕色的赭石晶体

天然磁石 一种磁石，一般是天然存在的磁性氧化铁。

光泽 矿物发光的方式。光泽受光线从矿物表面反射方式的影响。

岩浆 地下很深处熔化的岩石。

地幔 地心和地壳之间的地层。

无定形矿物 用来形容没有特定形状的矿物。

基质（母岩） 岩石的主体部分。

变质作用 固态岩石内发生重结晶现象时，会导致矿物的成分和结构发生变化。岩石的变质作用通常是高温所致。

微晶质 一种矿物结构，其中的晶体太小，用肉眼无法观察到。

矿物 天然存在的无机物固体，它们的晶体结构和化学组分具有规律。

混合切割 宝石切割的一种方法，腰棱上下的刻面样式不同，通常上面采用明亮型切割，而下面则采用分段切割。

莫斯硬度计 奥地利矿物学家弗里德里克·莫斯发明的一种量度，它通过检验矿物能否在硬度为1~10的标准参照物上留下划痕来测量矿物的硬度。

珍珠母 碳酸钙的微小板层，反射光线时形成了珍珠和一些海洋贝壳里面的柔和光泽。

乳光 乳蓝色的晕色。

不透明物 光线无法穿透的物质。

有机宝石 源于一种或多种生物的宝石，也可以指由这些生物制成的宝石。

伟晶岩 一种含有大型晶体的火成岩，它是由残留的含水岩浆结晶而成的。

垂滴形琢型 也称为梨形切割，通常用于切割有瑕疵的宝石。

幻影 存在于晶体中的规则包裹体，如平行生长的层面。

压电性 石英晶体的一种性质，石英晶体遇到压力时会在晶体中产生正负电荷。

多向色性 形容一种宝石从不同的方向看时，会显示两种或多种不同的颜色。

习性 矿物、晶体或宝石的某种特征，如颜色或性状。

折射率（RI） 光线进入宝石时发生折射的程度，它是宝石的习性之一。

树脂 从某种树中流出的黏稠物质。

菱柱 与立方体相似的一种形状。

河沙 从母岩上脱落并被冲刷到下游的矿物沉积物。

岩石 矿物颗粒的集合体。有些岩石含有多种矿物，而有些岩石仅含一种矿物。岩石可以是无机物，也可以含有有机物。

闪光 指光泽或者晕色。

比重（SG） 矿物的一种特性，是指纯净的单矿物的质量与同体积水的质量的比值。

分光镜 一种用来鉴定不同宝石的仪器，能显示宝石吸收的光带。

分段切割 将矩形或正方形的宝石切割出几个与宝石边缘平行的刻面的方法，这种方法一般用于切割有颜色的宝石。

层纹 矿物中的平行纹理、槽或刻痕。

对称轴 晶体中假想的一条直线。如果晶体绕这条直线旋转，每转一次，同一类型的晶面会出现多次。

珊瑚，一种有机宝石

透明石膏

贝壳里的珍珠母

合成宝石 实验室中制作的人造宝石，化学成分和性质与复制它们的天然宝石类似。

顶面切平型 一种分段切割宝石的形式，具有一个正方形台面、腰棱以及多组平行的正方形刻面。

双晶 同种材料构成的两块晶体结合在一起，具有一个共同的平面，这个平面叫作双生晶面。

半透明物 允许部分光线穿透的物质。

分段切割红宝石

透明物 允许光线穿透的物质。

矿脉 填充在岩石裂缝中呈脉状的矿床。

玻璃质 用来形容一些具有类似玻璃性质的宝石，通常用来描述宝石的光泽。

岩浆岩

双生方解石晶体

自然灾害

酸雨 工厂和各种机动车辆将废气排放到空气中产生的酸性过高的雨水。

余震 大地震后接连发生的小地颤，它可能会持续数月之久。

气团 一团在温度上较为一致的气体，它可以在大气中弥散数千千米。

大气层 包裹在地球周围的那层气体。

雪崩 大块的雪从山坡滑落。

细菌 单细胞微生物，有些会导致疾病。

巨浪 异常大潮所引发的巨大波浪，有时会冲坏堤坝。

浮标 固定漂浮在水上的物体，多用来标示位置。海洋监测装置可以固定在浮标上，给卫星传送信息。

气候 某个地区相对稳定的天气类型。

环形坑 火山爆发后的火山口或陨石撞击产生的陨击坑。

地壳 地球外面的岩石薄层。

积雨云 一种能够带来雷雨或冰雹的白色或灰色的云。

干旱 长时间少雨甚至无雨引起的自然灾害。

沙尘暴 一种因强风将地面大量沙尘吹起后导致空气混浊的灾害天气。

地震 地壳的一系列震动，大多数是由板块之间或板块内部的断层运动造成的。

厄尔尼诺 大气和海洋的变化，导致太平洋中的暖流由向西运动变为向东运动。该气候每隔数年就会发生一次，会影响全球的气候。

防洪堤 一个由泥土或石头筑起的可以用来防洪的设施。

环境 事物存在的条件与状况。

震中 震源正上方的地表处。

流行病 能够迅速蔓延传播的疾病。

火山爆发 炽热气体、熔岩和其他物质从火山口喷出。

紧急避难所 受灾地区民众有组织地撤退、聚集生活的地方。

断层 地壳中断裂的地方，此处岩石发生错动。转换断层就是两个板块相对滑动的地方。

意大利维苏威火山的碗状凹陷

山洪暴发 暴雨后突然发生的洪水。

洪水 因大雨或融雪引起四处泛滥的河水。

防洪设施 用来引导洪水流向、抵御洪水灾害的一些设施，其中包括大坝、防洪堤和泄洪闸等。

冲积平原 位于河流下游由河流冲积形成的平坦地带，经常会发生洪涝灾害。

震源 地震发生的起始位置，断层开始破裂的地方。

化石燃料 有机生物埋藏在地底多年所生成的石油等燃料。

美国阿拉斯加州的冰河

锋面 气团移动的前沿，暖锋为热气团前行的边缘，冷锋则是冷气团前行的边缘。

冰川 河床上多年累积而成的冰层，它可以慢慢地移动。世界上最大的冰川是南极冰川和格陵兰冰川。

全球变暖 全球气温逐渐升高。

地下水 藏匿在地下岩石间的水。

栖息地 特定物种生活和生长的地方。

冰雹 在冰暴积雨云中降下的固体冰颗粒。

热点 远离板块边缘的一些火山活动频繁区域，它们是因地幔岩浆上升而产生的。

飓风 一种恶劣天气，其中包含能量极大的旋风和暴雨。它在印度洋又被称为龙卷风，在太平洋则被称为台风。

意大利埃特纳火山的熔岩流

冰河期 冰川覆盖大部分地表的那段时间。

灌溉系统 向农田供水的设施。

滑坡 大块的岩石或泥土从山坡滑落或从悬崖向下脱落。

熔岩 从火山喷出的熔化的岩石。

防洪堤 自然形成或人工筑成的用于抵御洪水的设施。

闪电 云层与大地或云层与云层之间电荷进行传递时发出的可见的闪光。

岩浆 地下熔化的岩石，它们喷出地表后则被称为熔岩。

印度的高哈蒂地区，黄包车夫正在穿越雨季洪水

构造板块 地壳大约是由20块构造板块组成的，大陆板块的密度和厚度比大洋板块都要大许多。

雷 空气被闪电加热，急剧膨胀时发出的声音。

龙卷风 发生在地面附近的一种黑色旋风。

地颤 地壳的震颤运动。

支流 汇入大河的小型河流或溪流。

对流层 最接近于地表的一层大气，天气现象多发生在此层。

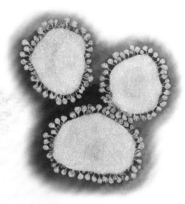

冠状病毒颗粒

陨石 从太空坠落到地球上的石块。

气象学家 研究天气和气候的学者。

熔化 固体转化为炽热的液体的过程。

季风 一种季候性的风。夏季，印度洋季风会从西南方向吹到亚洲南部，给该地区带去大量降水。

臭氧层 一个位于平流层中的气体层，它可以吸收太阳光中的有害射线。

全国性流行病 一种影响范围比较广的流行传染病。

火山碎屑流 火山喷出的一种流动很快的炽热烟尘、岩石和气体流。

雷达 一种可以监测远处物体的设施。它可以获取物体的形状、大小和运动方向等信息。目前，它在龙卷风等灾害性天气的监测中起着重要作用。

里氏震级 一种表示地震大小的标度，它对地震强度进行了分级，最高震级为9.5级。

萨菲尔–辛普森分级 一种对飓风强度进行分级的方法，5级为最高级。

卫星 围绕大行星运动的天体，人造卫星被用来监测地球的天气、地壳运动和海平面变化。

地震 一种由地球震动所产生的自然灾害。

地震图 地震仪在纸上或电脑上绘制出的记录地震强度的图谱。

地震仪 监测、记录和测量地震的装置。

泄洪闸 人工开凿的带有闸门的渠道，用于引导水流，以防止洪水暴发。

烟雾天气 烟尘污染导致的大雾天气。

超级雷暴云砧

声呐 一种可通过回声监测水下物体的装置。

风暴海潮 一种由飓风造成的波峰极高的海浪。

平流层 对流层上方含有臭氧层的一层大气。

太阳黑子 太阳表面的暗淡区域，此处由于受到磁场的影响，而致使部分光线被吸收。

超级雷暴云砧 一种可能会引发龙卷风的大型风暴云。

海啸 板块运动或陨石撞击海洋造成的海水急剧运动。

火山口 火山中熔岩和火山灰排出的口子。

病毒 一种具有传染性的生物。它们具有蛋白质外鞘，其内包裹着遗传物质。病毒会先侵入细胞，然后将细胞摧毁以便自身增殖。

火山 地壳中熔岩喷发的出口。

旋涡 由空气或水的旋转生成的一种形状，飓风和龙卷风的中心就是旋涡形的。

火山学家 研究火山的专业人员。

海上龙卷风 发生在水上的龙卷风，会产生一个旋转的水柱。

波峰 一个波形的最高点。

波谷 一个波形的最低点。

感 谢

海洋

DK出版社衷心感谢以下各位许可使用他们的图片：

For their invaluable assistance during photograph:The University Marine Biological Station,Scotland, especially Prof.Johon Davenport, David Murden, Bobbie Wikie,Donald Patrick, Phil Lonsdal,Ken Cameron, Dr. Jason Hall-Spencer,Simon Thurston, Steve Parker,Geordie Campbell, and Helen Thirlwall.Sea Life Centres (UK), especially Robin James, David Copp, Patrick van der Menve, and Ian Shaw (Weymouth);and Marcus Goodsir (Portsmouth);Colin Pelton, Peter Hunter, Dr. Brian Bett, and Mike Conquer of the Institute of Oceanographic Sciences;Tim Parmenter, Simon Caslaw, and Paul Ruddock of the Natural History Museum, London; Margaret B;rdmead of the Royal Navy Submarine Museum: GosporYt;IFREMER for their kind permission to photograph the model of Nautile; David Fowler of Deep Sea Adventure. Mak Graham, Andrew and Richard Pierson of Otterferry Salmon Ltd; Bob Donalson of Angus Modelmakers; Sally Rose for additional research; Kathy Lockley

for providing props; Helena Spiteri, Djinn von Noord.en, Susan St. Louis, Ivan Finnegan, joe Hoyle, Mark Haygarth, and David Pickering for editorial and design assistance; Stewart J. Wild for proof-reading; David Ekholm-JAlbum, Sunita Gahir, Susan St. Louis, Carey Scott, Lisa Stock, and Bulent Yusuf for the clipart; Neville Graham, Sue Nicholson, and Susan St. Louis for the wallchart.

The publishers would also like to thank Trevor Day for his assistance on the paperback edition.

DK出版社衷心感谢以下各位许可使用他们的图片：

The publisher would like to thank the following for their kind permission to. reproduce their photographs: a=above, b=below, c=center, l=left, r=right, t=top American Museum of Natural History: 11tl (no. 419(2));Heather Angel 42bc; Ardea/Val Taylor 66 cr; Tracy Bowden/ Pedro Borrell: 59tc. Bridgeman Art Library/Prado, Madrid 13tr; Uffizi Gallery, Florence 20tr: Bruce Coleman Ltd/Carl Roessler 26c;Frieder Sauer 30tr; Charles & Sandra Hood 31tc; Jeff F. oott 32tr, 60tr; Jane Burton 42bl; Michael Rogg0 61tr Orion service & Trading CoF58br; Atlantide SDF 63tr; Nancy Selton

67br; to Library: 7br; Steven J. Cooling 64br. Corbis: Jerome Sessini 64-65b; Ralph White 71c. 75bc; Roger Wood 71tr; Tom Stewart 66br.

The Deep, Hull: Craig Stennet/ Guzelian 72cr. Mary Evans Picture Library 15tr, 16tr, 23tl, 24tl, 32tl, 37tr, 38tr, 44cl. 49tr, 52tr, 53tl, 54bl, 56tr. 58c.

Getty Images: Nikolas Konstatinou 73tl; Will & Den Mclntype 70bl.

Ronald Grant Archive 46cl, 59bl.

Robert Harding Picture Library 29tl, 36tr, 36bc, 43br, 61tr, 67tl. Institute of Oceanographic Saences: 50l c. Jamstec: 70cl.©Japanese Meteorological Agency/Meteorological Office 121.

Frank Lane Photo Agency/M. Neqwman 15br. Simon Conway Moiris: 10tr. N.H.P.A./Agence natur 48c, Linda and Brian Pitkin 71tl; Peter Parks 68bl. National Oceanography Centre, Southampton: 57br. Nature Picture Library:' ~avid Shale 70tl: Doc White 69b; Fabio Liverani 69tr; leff Foott 73cl; Jurgen Freund 68-69; Peter Scoones 69cl; Thomas D. Mangelsen 73b. Oxford Scientific Films/toi de Roy 33t; Fred Bavendam 47 tl; David Cayless 72bl, 72-73; Howard Ha11.68rr; Rick Price/SAL 67b; Scott Winer 70-71.

Planet Earth Pictures/Peter Scoones

13tl; Norbert Wu l4-15c, 24cl, 44tr, 44tl, 45t, 46tr; Gary Bell 27br, 59tr; Mark Conlin 29c, 40br; Menuhin 32tc; Ken Lucas 34tl; Nevilje Coleman 33cr; Steve Bloom 41c; Andrew Mounter 42br; Larry Madin 47 br; Ken Vaughari 55 cr; Georgette Doowma 67cr. Science Photo Library/ Dr. G. Feldman 30bl; Ron Church 57 cr; Douglas Faulkner 70cr; Simon Fraser 66bl; NASA/Goddard Space Flight Centre 74br, Tom Van Sant, Geosphere Project/' .

Planetary, Visions 68cl. Frank Spooner Pictures: 51tr, 51cr, 58br, 58bl, 64cl, 65tr. Tony Stone Images: Jeff Rotman 571c. Stoll Comex Seaway Ltd: 65tl. Town Cocks Museum, Hull 67tr. ZEFA:40c1,60ct.

Wallchart credits: Corbis: Gary Bell / zefa cl (shoal); Martin Harvey / Gallo Images br (oilspill) All other images©Dorling Kindersley.

For further information see:www. dkimages.com Wallchart credits: The Art Archive: British Museum / Harper Collins Publishers cra.

All other images©Dorling Kindersley. For further information see:. www.dkimages.com

火山

DK出版社衷心感谢以下各位对本书的帮助：

John Lepine & Jane Insley of the Science Museum, London; Robert Symes, Colin Keates & Tim Parmenter of the Natural History Museum, London; the staff at the Museo Archeologico di Napoli; Giuseppe Luongo, Luigi Iadicicco & Vincenzo D' Errico at the Vesuvius Observatory for help in photographing the instruments on pp. 117, 102 & 158; Paul Arthur; Paul Cole; Lina Ferrante at Pompeii; Dott. Angarano at Solfatara; Carlo Illario at Herculaneum; Roger Musson of the British Geological Survey; Joe Cann; Tina Chambers for extra photography; Gin von Noorden & Helena Spiteri for editorial assistance; Celine Carez for research & development; Wilfred Wood & Earl Neish for design assistance; Jane Parker for the index; Stewart J. Wild for proof-reading; David EkholmJAlbum, Sunita Gahir, Susan St. Louis, Carey Scott, Lisa Stock, & Bulent Yusuf for the clipart; Neville

Graham, Sue Nicholson, & Susan St. Louis for the wallchar Illustrations JohnWoodcock Maps Sallie Alane Reason Models David Donkin (pp. 76-77, 118-119)& Edward Laurence Assoaates (pp. 80-81) Index Jane Parker

DK出版社衷心感谢以下各位许可使用他们的图片：

a-above; b-below; c-centre; l-left; r-right; t-top Ancient Art & Architecture Collection: 115t.

B.F.I.: 114cr, 125cr. Bridgeman Art Library: 74tl & c. Musee des BeauxArts, Lille: 112tl. British Museum:95tr & c. Herge/Casterman: 88tl. Dr Joe Cann, University of Leeds:93bc. Jean-Loup Charmet: 95bl, 99tl, 114bl, 119tl. Circus World Museum, Baraboo, Wisconsin: 100br. Corbis: Bettmann 135tl; Danny Lehman 133cr;Vittoriano Rastelli 138tc; Roger Ressmeyer209br; Jim Sugar Photography 135b. Eric Crichton: 109tr, 109bl. Culver Pictures Inc: 128br. DK Images: Satellite Imagemap©1996-2003 Planetary Visions 77c. Earthquake Research Institute, University of Tokyo: 131cr.

EdimedialRussianMuseum, Leningrad: 96cl. E.T.

Archive: 117c, 126tr, 130tl. Mary Evans Picture Library:76tc, 84tl, 94tl, 95br, 96c, 97cr, 114tl, 132cr,134br.

Le Figaro Magazine/Philippe Bourseiller: 87t, 87cl 87bl,87br, 103tr. Fiorepress: 117br. Gallimard: 112tr.

Getty Images: 127bl. G.S.F.: 81tl, 82bl; lFrank Fitch: 88c. John Guest c.NASA: 112bl. Robert Harding Picture Library: 80tl, 82tr, 83cr 85tr, 85cr, 88tr, 89br,131br, 92tl, 106br, 107br, 108tr, 110c, 111br, 116br, 117bl, 119tr, 128l c, 130bl, 130-131c, Explorer 134bl. Bruce C. Heezen & Marie Tharp, 1977/c.Marie Tharp: 79c. Historical Pictures Service, Inc.: 78cr. Michael Holford: 90tr.

Illustrated London News: 128bl.

ImageState: 136bc. Katz Pictures: Alberto Garcia/Saba 132b. Frank Lane Picture Agency: 91rct, 91c.

Frank Lane Picture Agency/S. Jonasson: 109tc, 117cr. Archive Larousse-Giraudon: 100cl. London Fire Brigade/LFCDA: 126bl. Mansell Collection: 99tr. NASA: 92bc,123cr, 136-137. Natural History Museum:

102tl. National Maritime Museum: 76tl. Orion Press: 75tr, 129bl. Oxford Scientific Films/Colin Monteath: 137br; /NASA: 137cl; /Kim Westerkov: 79bl; 83tl. PA Photos: Andy Eames/AP 125cl. Planet Earth Pictures/Franz J. Camenzind: 75cr; 厂D.Weisel: 85br; / James D. Watt: 91rcb; [Robert Hessler: 93tr, 931c.

Popperfoto: 74b, 79tr, 122tl. R.C.S. Rizzoli: 1161c. Rex Features:135tr. Gary Rosenquist: 82tl, 82br, 83tr, 83br. Scala: 75c, 117bl(inset); /I.ouvre:131tl. Saence Photo Library/Earth Sattelite Corp.: 75tl; /Peter Menzel: 75br, 88br, 110cl, 133bl; /David Parker:81tr,129tl, 1291tr, 133tc; /Ray Fairbanks: 86c; / Inst Oceano-graphic Saences: 92c;] Matthew Shipp:92bl; /NASA:103c, 111cr, 112cr, 112c, 112-113b; /U.S.G.S.: 113tr; /Peter Ryan: 123tr; / David Weintraub: 66t. Frank Spooner Pictures: 76cl, 84cr, 85tl, 90bl, 91tr, 91br, 103tc,110cl, 115cl, 117cl, 124tl,124c, 124bl, 125bl, 126tl, 127tr, 127br, 1291cb;/Nigel Hicks 137tr. Syndication International: 99cr; /Inst. Geological Saence: 100tc, 103br, 109tl, 115br; /Daily Mirror: 122tr, 125tr.

Susanna van Rose: 107bl. Woocls Hole Oceanographic Institute/Rod Catanach: 92br; /Dudley Foster: 93bl;

行. Frederick Grassle: 93tc; /Robert Hessler: 93tl. ZEFA: 77tl, 89t, 102bl, 113br, 125br.

Jacket credits Brjdgeman Art Library,London/New York:Back br. Corbis:Sygma fromt.

All other images©Dorling. Kindersley. For further information see:www. dkimages.com

天文

DK出版社衷心感谢以下各位对本书的帮助：Blyzinsky for her invaluable assistance in helping with the objects at the Royal Observatory, Greenwich; Peter Robinson & Artemi Kyriacou for modelling; Peter Griffiths for making the models; Jack Challoner for advice; Frances Halpin for assistance with the laboratory experiments; Paul Lamb, Helen Diplock, & Neville Graham for helping with the design of the book; Anthony Wilson for reading the text} Harris City technology College & The Royal Russell School for the loan of laboratory equipment; the Colour Company & the Roger Morris Partnership for retouching work, lenses supplied by Carl Lingard Telescopes, 89 Falcon Crescent, Clifton, Swinton, Manchester; Jane Parker for the index; Stewart J. Wild for proof- reading; David Ekholm-JAlbum, Sunita Gahir, Susan Reuben, Susan St. Louis, Lisa Stock, & Bulent Yusuf for the clipart; Neville Graham, Sue Nicholson, & Susan St. Louis for the wallchart.

Illustrations Janos Marffy, Nick Hall, John Woodcock and Eugene Fleury Photography Colin Keates, Harry Taylor, Christi Graham, Chas Howson, James Stevenson and Dave King.

DK出版社衷心感谢以下各位许可使用他们的图片：
t=top b=bottom c=centre l=leftr=right American Institute of Physics:Emilio Segre Visual Archives/Bell Telephone Laboratories 164cl; Research Corporation 164bl; Shapley Collection 192cl; Anaent Art and Architecture Collection: 141tl, 141cr, 152tl; Anglo-Australian Telescope Board: D. Malin 193tr; Archive ftir Kunst und Geschichte, Berlin: 151tl; National Maritime Museum 178c; Associated Press: 140tl; The Bridgeman Art Library: 160tl Lambeth Palace Library, London 149tr; The Observatories of the Carnegie Institution of Washington: 171cr; Jean-Loup Charmet: 192tl; Bruce Coleman Ltd: 175c; Corbis: Russeil Christophe/Kipa 201tl; Sandy Felsenthal 201r; Hulton-Deitsch Collection 200tl; ESA: 180br; CNES] Arianespace 167tl; ET Archive: 141tr; European Southern Observatory:197tr; Mary Evans Picture Library:138tl, 146bl, 150cb, 174tl, 193tcl; Galaxy Picture Library: Boomerang Team 198b; JPL 196bl; MSSS 181tr, 181br; Margaret Penston 199br; Robin Scagell 200bc; STScl 199tl; Universit) r of Chicag0 198cl; Richard Wainscoat 159tl, 196br; Gemini Observatory:Neelon Crawford/Polar Fine Arts/US National Science Foundation 157cl; Ronald Grant Archive: 200cl; Robert Harding: R. Frerck 164bc; C. Rennie lObr; Hulton Deutsch: 152c; Henry E. Huntington Library and Art Gallery 194tl; Images Colour Library 139tl, 139tr, 139c, 148tl, 148cl, 150cl; Image Select 151br, 153tc,155tl, 158cl, 160cr; JPL 135cr, 169cr, 181c, 181cr, 182tr, 183crb, 184cl, 184br, 187tr, 188cl, 195tr; Lowell Observatory 48tr; Magnum:E. Lessing 151tr; NASA: 135cr,140cl, 167cr, 167cl, 167bl, 173cr, 176bl, 176cl, 178br, 179b, 188-189bc, 189tl; Dana Berry/ SkyWorks Digital 196c; ESA and Erich.

Karkoschka (Universit)r of Arizona) 185t; Hubble Space Telescope Comet Team 183t; JPL/Space Science Institute 166bc,1719tc, 181tl, 182br, 183bc, 185br,185c, 187c, 187cr, 188cb, 193cr; LMSAL 171c; WMAP Science Team 66tr; National Geophysical Data Centre: NOAA 159cl; National Maritime Museum Picture Library:138cl, lOcr, 147tl, 147tr, 157tl,159br, 161tr, 186tl; National Radio Astronomy Observatory: AUI/ J M Uson 164ytl; Novosti (London): 160br, 167cl, 179tr; Plan6tarium de Bretagne: 200-201; Popperfoto: 179tl; 199crb; Rex Features Ltd: 166clb; Scala/Biblioteca Nationale: 152cr; Science Photo Library: 150tl, 157bc, 163tl, 163bl, 180c, 185bc, 188tl, 189cr; Dr. J. Burgess 158tl; Chris Butler 202-203 bckgrd, 203br; Cern 199tr; Jean-Loup Charmet 143tl, 169tl;J-C Cuillandre/ Canada-France-Hawaii telescope 200-201 bckgrd; F. Espenak 178tr; European Space Agency 167tl, 174-175bc; Mark Garlick 189cra; GE Astrospace 202cr; Jodrell Bank165tr; Mehau Kuiyk 199c; Dr. M.J. Ledlow 165tl; ChrYjs Madeley 202tl; F. D. Miller 163c; NASA 139crb, 152bc, 152bcr, 152br,166cr, 173crb, 176-177bc, 181tc,189cr, 190bl, 191br,196t, 198-199 bckgrd, 199bc; NOA0 193cl, 203cr;NASA/ESAlSTSCI/E. KARKOSCHKA, U.ARIZONA 186-187b.; Novosti 179cr; David Nunuk 157br, 197tl, 201tc; David Parker 202bl; Physics Dept. Imperial College 162crb, 162br; P. Plailly 170cl; Philippe Psaila 197br; Dr. M. Read162tl; Royal Observatory, Edinburgh191tr; J. Sandford 173t, 193bl; Space Telescope Saence Institute/NASA 196-197 bckgrd, 203tl;' Starlight/R. Ressemeyer 144tl, 159tr, 165cr, 187tl, 194-195c; U.S. Geological Survey 169br, 1801; Frank Zull0200tr; SOHO y(ESA & NASA): 170-171b; Tony Stone Images: 174cl; Roger Viollet/ Boyes 170tl; Zefa UK: 138-139bc,140bl,165b, 193br,194bl; G. Heil 158bc.

With the exception of the items. listed above, the object from the British Museum on page 140c, from the Science Museum on pages 153b, 154 cl, and from the Natural History Museum on page 43tl, the objects on pages 133, 134t, 134c, 134b, 135t, 1351, 135b, 135tr,136, 143b, 144b, 146c, 146bc, 146r, 147tl, 147b, 148bl, 148br, 149bl, 149br, 152bl, 156bc, 157tr, 160cl, 160c, 160bl, 161tl, 161c,161b, 163b, 168b, 170b, 172cl,172bl, 172/6b, 174bl, 184bl, 186bl, 190tr, 192b, are all in the collection of the Royal Observatory, Greenwich.

Wallchart credits: Corbis: Roger Ressmeyer crb (optical telescope), fcl; DK Images: ESA fcr; London Planetarium fcla, fcrb (Jupiter); Science Museum, London cla (Galileo's telescope); NASA: fbr, fcra (Moon); Science Photo Library:David Nunuk bl All other images©Dorling Kindersley. For further information, see:www. dkimages.com

晶体与宝石

DK出版社衷心感谢以下各位对本书的帮助：
Peter Tandy at the Natural History Museum for his expert advice and help; Karl Shone for additional photography (pp. 224-225, 258-259); De Beers Industrial Diamond Division for the loan of diamond tools (p. 225); Gemmological Association of Great Britain for the gem certificate (p. 253); Keith Hammond for the loan of the beryl crystal (p. 217); Nancy Armstrong for the loan of the prospector's brooch (p. 237); Jane Parker for theindex. Dr Wendy Kirk for assisting with revisions;Claire Bowers, David Ekholm-JAlbum, Sunita Gahir, Joanne Little, Nigel Ritchie, Susan St Louis, Carey Scott, and Bulent Yusef for the clipart; David Ball, Neville Graham, Rose Horridge, Joanne Little, and Sue Nicholson for the wallchart.

DK出版社衷心感谢以下各位许可使用他们的图片：
Picture credits c=centre; b=bottom; l=left; r=right;t=top Alamy Images: vario images GmbH & Co KG 224bl; Peter Amacher: 224cl; Ancient Art and Architecture Collection: 205cl; Archives Pierre et Marie Curie:227bc; Art Directors & TRIP: 265cr; Aspect Picture Library/Geoff Tompkinson: 224br; Dr Peter Bancroft: 241cr; Bergakademie Freiberg: 208cl, 215br; Bibliotheca Ambrosiana, Milan: 209cr; Bibliotheque St. Die: 249cl; Bridgeman Art Library, London/New York: Egyptian National Museum, Cairo, Egypt 261tc, 18tl, 248tr, 254bl; Bibliotheque Nationale, Paris: 238tr; Paul Brierley: 212cr; F. Brisse, "LaSymetrie Bidimensionnelle et le Canada",Smithsonian Institution, Washington DC: 233tr, 234t, 238br, 265tr; Canadian Mineralogist, 215, 217-224 (1981): 13tc; British Geological Survey: 259br; A. Bucher/ Fondation M.S.A.:226tl;

自然灾害

反侵权盗版声明